Gordon Gillespie

DAS ORAKEL DER ZAHLEN

Gordon Gillespie

DAS ORAKEL DER ZAHLEN

Eine kleine Philosophie der Mathematik

C.H.Beck

Mit 48 Illustrationen von Christine Gundelach

www.chbeck.de
Umschlaggestaltung: Kunst oder Reklame, München
Umschlagabbildung: © VectorStock by hatza
Satz: Fotosatz Amann, Memmingen
Druck und Bindung: Pustet, Regensburg
Gedruckt auf säurefreiem und alterungsbeständigem Papier
Printed in Germany
ISBN 978 3 406 79883 2

myclimate
klimaneutral produziert
www.chbeck.de/nachhaltig

Inhalt

Vorwort 9

Einleitung: Zwischen den Kulturen 13

Teil 1: Mathematische Grundlagen

1. Vom Zählen und den Zahlen

Henne oder Ei? 24
Zählen ohne Zahlen 27
Zahlen und ihre Stellvertreterinnen auf Erden 31
Mit Zahlen muss man rechnen 34
Die Babylonische Zahlenverwirrung 36
Weiter, immer weiter über Gottes Werk hinaus! 40
Divide et impera 44
Welt und Zahl 50
Alles bloß ein «soziales Konstrukt»? 54
Zahl ohne Welt 58

2. Punkte, Geraden, Dreiecke & Co.

Geometrie, bloß ein Hobby für Geeks? 61
Geometrie und Welt 69
Der Satz des Pythagoras und die Schockgeburt
der irrationalen Zahlen 74
Die große Vereinigung 81
Und wieder neue Zahlen 89
Die zweite Schneide des scharfen Schwerts 93

3. Die Erkundung des Unendlichen

Die Eins, Achilles und die Schildkröte . . . 99
Die Zähmung des verschwindend Kleinen . . . 110
Der Dämon kehrt zurück . . . 122
Die Ruhe nach dem Sturm . . . 132

Teil 2: Mathematik und Welt

4. Die Geometrie der Speziellen Relativitätstheorie

Weltlinien . . . 142
Raum und Zeit – absolut! (zumindest teilweise) . . . 148
Der Eimer, das Licht und der absolute Raum . . . 155
Verdampfender Äther und die Verschmelzung von Raum und Zeit . . . 163
Paradoxa und Missverständnisse . . . 170
Alles bloß Messunterschiede? . . . 182
Inertialsysteme relativistisch errichten . . . 186
Vom Speziellen zum Allgemeinen . . . 191

5. Welt und Modell

Die Sprache der Natur? . . . 198
Abgehoben und doch fest geerdet . . . 207
Cum grano salis . . . 214
Determination und Explanation – die ungleichen Schwestern . . . 225
Künstliche Intelligenz – Totengräberin des erklärenden Modells? . . . 232
Von Quanten und Wundern . . . 237

6. Geist und (mathematische) Abstraktion
Die Lotsin aus der Unmündigkeit 248
Von falschen Vorbildern zu neuen Inspirationsquellen . . 255
Mathematik und Philosophie –
die gar nicht so ungleichen Schwestern 260
Jenseits von Kausalität 267
Das Wahre und das Schöne 274

Nachwort 284
Danksagung 286
Anmerkungen 287
Literaturverzeichnis 302

Vorwort

Ich will die Buntheit der Mathematik erklären.
Ludwig Wittgenstein in seinen
Bemerkungen über die Grundlagen der Mathematik

Wer sich daranmacht, ein populär-mathematisches Buch zu schreiben, begibt sich in große Gefahr! Es droht zweierlei: Entweder man kratzt bloß an der Oberfläche und gleitet ins Belanglos-Anekdotische ab, wo niemand irgendetwas Interessantes über die Mathematik an sich erfährt. Oder aber man bohrt tiefer und geht wirklich auf mathematische Ideen und Gedankengänge ein, verliert dabei allerdings die meisten Leserinnen und Leser. Ich versuche mit diesem Buch das Unmögliche, nämlich zu bohren und Sie trotzdem nicht zu verlieren. Ich will, dass Sie darin tatsächlich etwas über die Mathematik als die teils höchst nützliche Wissenschaft, teils tiefe und wunderschöne Denkkunst erfahren, die sie meines Erachtens ist. Und ich hoffe, dass Sie das darin gezeichnete Bild der Mathematik und ihrer Bezüge zu den anderen Wissenschaften sowie zu Kunst und Kultur anregend und erhellend finden werden.

Darüber hinaus soll die Vermittlung selbst möglichst leichtfüßig voranschreiten. Wenn Sie am Ende sagen: «Das hat sich doch ganz nett weggelesen», bin ich froh. Deshalb verzichte ich weitgehend auf jeglichen Formelapparat. Allerdings, ganz darauf verzichten kann ich nicht. Denn es sollen auch mathematisch versiertere Leserinnen und Leser etwas aus diesem Buch ziehen können, das sie nicht schon wissen bzw. so noch nicht gesehen haben. Hierzu sind ein paar Integralzeichen und dergleichen mehr wohl unumgänglich. Doch keine Sorge, den allermeisten Ausführungen werden Sie auch dann folgen können, wenn «Mathe nie Ihr Ding» gewesen ist. Die wenigen mit Formeln gespickten Passagen brauchen Sie nur zur Kenntnis zu nehmen; Sie müssen sie nicht durchdringen. Ich gebe

Ihnen an den entsprechenden Stellen rechtzeitig Bescheid und berichte, was Sie wissen müssen, um den roten Faden nicht zu verlieren. Dennoch appelliere ich an die mathematisch nicht ganz so Kundigen: Versuchen Sie auch da bei der Stange zu bleiben, wo es ein bisschen anstrengender wird; es lohnt sich.

Was erwartet Sie konkret? Nun, zunächst kommt die Einleitung, worin ich unter der Überschrift «Zwischen den Kulturen» die klägliche Lage der Mathematik im Dunstkreis weitaus angesagterer intellektueller Disziplinen schildere, wie der Astrophysik, Klimaforschung oder Neurobiologie auf der einen Seite und der Wirtschaftspsychologie, soziologischen Medienwissenschaft oder Critical Race Theory auf der anderen. Wie die *IT Crowd* aus der gleichnamigen britischen Sitcom-Serie, so fristet auch die Mathematikerzunft ihre Tage zurückgezogen im tiefsten Keller des Büroturms der Wissenschaften – vom Rest der Belegschaft zwar als «irgendwie wichtig» anerkannt, von einigen Kollegen sogar regelmäßig konsultiert, aber von allen unverstanden und als Langweiler gemieden. Das ist gemein und ungerecht! In der Einleitung möchte ich aber nicht bloß lamentieren, sondern Ihnen einen ersten Eindruck von der immensen Fülle an erstaunlichen Ideen, eleganten Begriffsbildungen und bewusstseinserweiternden Sichtweisen vermitteln, welche die Mathematik zu bieten hat. Das Hassfach aus Schulzeiten schlechthin wird Ihnen danach vielleicht in gefälligerem Licht erscheinen.

Nach dem sanften Einstieg gehen wir in den ersten drei Kapiteln, die den ersten von zwei Teilen des Buches bilden, etwas mehr in die Tiefe und untersuchen die engen Verflechtungen zwischen scheinbar völlig getrennten Dingen: Zählen und Zahlen, Punkte, Dreiecke und Kreise sowie das unendlich Große oder Kleine. So wie das weiträumige, in der Erde verborgene Geflecht von Pilzen dem Ökosystem Wald überhaupt erst den Nährboden bereitet, so bilden die in den drei Kapiteln aufgezeigten Zusammenhänge meines Erachtens das eigentliche Fundament der gesamten Mathematik. Wenn Sie diese Zusammenhänge verstehen, wird Ihnen die Mathematik nicht mehr wie ein loses Sammelsurium mehr oder weniger nützlicher Formeln erscheinen. Sie werden sie als eine Hauptakteurin im nie endenden Menschheitsprojekt erkennen, sich nicht bloß irgendeinen Reim auf alles zu machen, sondern einen gleichermaßen sinnigen, wahren und kunstvollen Reim.

Im zweiten Teil, bestehend aus dem vierten bis sechsten Kapitel, gehe ich näher auf das teils unterkühlte, teils rein instrumentelle Beziehungsverhältnis zwischen der Mathematik und den anderen Akteurinnen in diesem Projekt ein, den übrigen Wissenschaften und den Künsten. Im vierten Kapitel geht es um die Spezielle Relativitätstheorie und darum, wie ein solides Verständnis ihres mathematischen Fundaments ein viel klareres Verständnis der Theorie insgesamt ermöglicht. Dies soll als Beispiel für meine feste Überzeugung dienen, dass auch Physikerinnen und sonstige Naturwissenschaftler davon profitieren, wenn sie sich auf genuin mathematische Sichtweisen einlassen. Entgegen der landläufigen Meinung unterscheidet sich mathematisches Denken in wesentlichen Aspekten deutlich von naturwissenschaftlichem Denken. Dies führt bei vielen Gelehrten in Sachen belebter und unbelebter Natur dazu, dass sie die Mathematik lediglich nutzen, das ganz eigene Weltverhältnis der Mathematik aber verkennen. Das ist schade. Es zu kennen, erweitert nämlich den Forscherblick und eröffnet neue Perspektiven, die sich sogar in konkreten Forschungserfolgen niederschlagen können.

Im fünften Kapitel widmen wir uns gemeinsam eingehender der Frage, wie die enorme Nützlichkeit der Mathematik für Naturwissenschaft und Technik zu verstehen ist. Ist sie ein im Kern unerklärliches Mysterium? Ich meine, man kann mehr dazu sagen und die Faszination für den Gegenstand damit sogar noch steigern. Doch dabei will ich es nicht bewenden lassen. Das gestörte Verhältnis zwischen der Mathematik und den Geisteswissenschaften muss ebenfalls auf den Tisch kommen. Das geschieht im sechsten und letzten Kapitel. Dort soll deutlich werden: Die Mathematik mag zwar für diese Disziplinen in keinem so direkten Sinne nützlich sein wie für Naturwissenschaft und Technik. Die besonderen Weisen der begrifflichen und strukturellen Analyse zu kennen, wie sie die Mathematik auszeichnen, kann sich aber in einem indirekten und nicht weniger bedeutsamen Sinne für Philosophen, Historikerinnen, Soziologen, Psychologinnen u. a. als nützlich erweisen. Mehr noch, selbst für «Kreative, deren Geist in keinem starren Denkkorsett einer Wissenschaft eingeschnürt ist, sondern eher frei-assoziativ arbeitet», lohnt es sich, die Mathematik besser kennenzulernen. Vielleicht wird sogar Liebe daraus. Aber selbst wenn nicht, so führt die Auseinandersetzung mit einer scheinbar gänzlich fremden Sicht- und Denkweise zur produktiven Hinterfragung und Bereicherung der eigenen – vorausgesetzt, die fremde Sicht und das fremde Denken sind hinreichend komplex, in einigen Hinsichten merkwürdig andersartig und in anderen Hinsichten überraschend vertraut. Genau so verhält es sich mit der Mathematik.

Bevor es losgeht, aber noch ein Wort zur «gendergerechten» Sprache: Wie bereits praktiziert, habe ich den Kompromiss gewählt, dem generischen Maskulinum ein generisches Femininum an die Seite zu stellen. Wenn im Weiteren ausnahmsweise einmal doch das biologische oder soziale Geschlecht einer Mathematikerin oder eines Philosophen von Belang sein sollte, so sollte das aus dem jeweiligen Zusammenhang deutlich genug hervorgehen.

Und noch ein praktischer Hinweis: Auf der Website zu diesem Buch finden sich für diejenigen, die es noch genauer wissen wollen, Empfehlungen zur vertiefenden Lektüre, zusätzliche Hintergrundinformationen und mathematische Details zu den hier enthaltenen Beweisen bzw. Beweisskizzen. Letztere habe ich der besseren Lesbarkeit halber möglichst knapp und eingängig gehalten. Sie sollen die zündende Idee vermitteln, nicht unbedingt strengsten mathematischen Standards genügen.

Einleitung: Zwischen den Kulturen

Nun läuft aber alle analysis finitorum et infinitorum im Grunde doch auf Rechnerei zurück [die niedrigste aller Geistestätigkeiten]. Danach bemesse man den «mathematischen Tiefsinn» [...]
Arthur Schopenhauer in *Parerga und Paralipomena*

Die Mathematik ist die Magd der Physik.
Mein Physiklehrer in der Oberstufe

Im Jahr 1959 hielt der Physiker und Schriftsteller C. P. Snow eine Rede im Festsaal des «Senate House» der Universität Cambridge. Zahlreiche Vertreter aller Fakultäten waren anlässlich der traditionellen *Rede Lecture* erschienen. Von Champagner und Marmite-Schnittchen wohlig gestärkt, ahnten sie nicht, dass ihnen gleich die Leviten gelesen würden – den einen ob ihres völligen Unverständnisses grundlegender Zusammenhänge in der uns umfassenden Natur, den anderen wegen ihrer ebenso grotesken Ahnungslosigkeit von kultur- und ideengeschichtlichen Zusammenhängen, von denen nicht zuletzt ihr eigenes Weltbild maßgeblich mitgeprägt worden war. «Die zwei Kulturen» war der Titel (des ersten Teils) der Rede, und darin kam Snow zu der seitdem vielfach diskutierten Diagnose: Der Westen – der Kalte Krieg war damals in vollem Gange – kranke an einer Zweiteilung des Geisteslebens in das Lager der «literarischen Intellektuellen» auf der einen Seite und das der «Wissenschaftler» auf der anderen. Diese Diagnose belegte er u. a. anhand anekdotischer Beispiele von angesehenen Geistesgrößen, die sich über die mangelnde Bildung der «Wissenschaftler» ausließen, denen selbst aber ein so grundlegendes Resultat wie der *zweite Hauptsatz der Thermodynamik* rein gar nichts sagte. Doch auch die «Wissenschaftlerinnen» bekamen ihr Fett weg. So berichtete er von Begegnungen mit brillanten Köpfen, die schon bei Charles Dickens an die Grenzen ihres literarischen Fassungsvermögens kamen – von einem «esoterischen, faszinierend unklaren» Autoren wie Rainer Maria Rilke ganz zu schweigen.

Hätte Snow seine Rede an der Universität Heidelberg und auf Deutsch gehalten, hätte er die beiden Lager wohl als das der «Kulturschaffenden und Geisteswissenschaftler» auf der einen Seite und das der «Naturwissenschaftler und Ingenieure» auf der anderen ausgemacht oder so ähnlich. Und hielte er die Rede heute, so müsste er sie nur ein wenig auffrischen, nicht völlig umschreiben. Aus eigener Erfahrung weiß ich, wie groß die wechselseitige Ignoranz und das herablassende Desinteresse am Tun der jeweiligen Gegenseite sind. Ich habe Philosophen kennengelernt, die sinngemäß behaupteten, die Naturwissenschaften seien öde, weil dort nicht argumentiert würde, sondern nur beobachtet und buchgeführt. Und nicht nur eine Physikerin hat mir ihre Verwunderung darüber bekundet, dass die allermeisten angehenden Akademiker – darunter sogar einige halbwegs intelligente Leute – etwas anderes studieren als Physik. Schließlich bestehe alles aus Elementarteilchen, und deren Verhalten werde nun einmal letztendlich allein von der Physik erklärt.

Hier soll aber kein kulturpessimistisches Lamento folgen, in dem das goldene Zeitalter der Renaissance heraufbeschworen wird – einer unwiederbringlichen Epoche, da der Löwe Naturwissenschaft und das Lamm Geisteswissenschaft (oder umgekehrt?) friedlich beieinanderlagen und sich aufs Trefflichste gegenseitig befruchteten. Vom Anachronismus und der Schiefe des Bildes abgesehen, wäre die Botschaft allzu betrüblich – und das völlig grundlos. Denn es gibt eine Brücke über den Graben, der die beiden Kulturen trennt: die Mathematik.

Die Mathematik?! Ist nicht gerade sie eine der tragenden Säulen des herrschenden rigiden Weltbildes, in dem Schönheit und Sinn keinen Platz haben, sondern bloß kalte Zahlen und Fakten? Wird sie nicht völlig zu Recht den Naturwissenschaften zugerechnet? Nein, wird sie nicht! Auch Snow verortet in seiner Rede die Mathematiker klar im Lager der Naturwissenschaftler. Doch wenn es bei der schablonenhaften Einteilung der Wissenschaften in die beiden Kategorien Geistes- vs. Naturwissenschaften überhaupt mit rechten Dingen zugehen könnte, so müsste die Mathematik als Geisteswissenschaft gelten.[1] Nicht umsonst entstand die Mathematik – als intellektuelle Disziplin, nicht als bloßes Werkzeug – zeitgleich mit der Philosophie im antiken Griechenland, beide oft von denselben Denkern vorangetrieben und beide im Ringen um eine Befreiung des Geistes aus den Fesseln religiöser Dogmen.

Ein Beispiel aus der Quantenmechanik mag vor Augen führen, wie wenig Verständnis Physiker, Chemikerinnen, Biologen, Geologinnen u. a. in der Regel für genuin mathematischen Erkenntnisdrang aufbringen: Paul Dirac, einer der Väter der Quantenmechanik, ersann eines Tages die nach ihm benannte «Funktion» δ. Diese besitzt bestimmte praktische Recheneigenschaften, die das Leben von Physikern sehr erleichtern. Allerdings hat δ auch die sehr merkwürdige Eigenschaft, überall auf dem Zahlenstrahl den Wert null anzunehmen, außer an der Stelle null; dort ist sie *unendlich*. Ein solches Gebilde ergibt zunächst ebenso wenig Sinn wie ein allmächtiger Gott. So wie der weise Rabbi zunächst keine überzeugende Antwort auf die Frage des vorwitzigen Toraschülers fand, ob der allmächtige Gott denn auch einen Stein erschaffen könne, der so schwer sei, dass selbst er, Gott, ihn nicht anheben könne, so konnte auch Dirac nicht sagen, wie seine Funktion denn genau zu verstehen sei. Das hinderte Physikprofessorinnen aber keineswegs daran, ihren Studenten im Grundkurs Quantenmechanik als Rat mitzugeben: «Rechnen Sie mit der Dirac-Funktion einfach so, als wäre es eine ganz normale Funktion – Hauptsache, es kommt am Ende das Richtige raus!»

Mit einem solchen pragmatischen Motto kann und will sich keine wahre Mathematikerin zufriedengeben. Ähnlich dem Rabbi, der nicht eher ruht, als bis er die Allmacht Gottes in bester dialektischer Manier gerade vermöge ihrer Selbstwidersprüchlichkeit auf eine neue Ebene der Sinnhaftigkeit emporgehoben hat, wird sie, die Mathematikerin, so lange forschen, bis sie der Dirac-Funktion einen

Sinn geben kann, der deren für die Physik so nützlichen Eigenschaften verständlich macht. Genau dies ist Laurent Schwartz mit der Entwicklung seiner *Distributionen-Theorie* gelungen, wofür er 1950 die Fields-Medaille erhielt (den «Nobelpreis der Mathematik»).

Waren die Physiker nicht völlig aus dem Häuschen, oder zumindest die Quantenmechanikerinnen, als sie von Schwartz' Durchbruch erfuhren? Philip Davis und Reuben Hersh beschreiben die Reaktion in ihrer *Erfahrung Mathematik* so:

> Mathematiker [wie Schwartz] haben sich also eineinhalb Jahrhunderte lang gequält, um einige von Fouriers [und Diracs] Berechnungen zu rechtfertigen. Andererseits empfinden Physiker und Ingenieure kaum ein Bedürfnis nach einer solchen Rechtfertigung. (Schließlich spricht ein funktionierendes Gerät oder Experiment für sich selber.) Trotzdem ist ihnen offenbar die von der Mathematik angestellte Unbedenklichkeitserklärung ganz angenehm. In kürzlich erschienenen angewandten Lehrbüchern finden sich nun dünn verteilte Hinweise auf Laurent Schwartz, mit denen ehemals «illegitime» Berechnungen gerechtfertigt werden sollen.

Salopper formuliert: Den Physikern kam's nicht ungelegen, aber im Grunde war's ihnen ziemlich egal.

Ich führe dieses Beispiel nicht an, um Physikerschelte zu betreiben, sondern um deutlich zu machen, dass entgegen der landläufigen Meinung die Erkenntnisinteressen der Mathematik und der Naturwissenschaften sehr, sogar grundlegend, verschieden sind. Es wäre allerdings übereilt, die Mathematik nun nahtlos in die Phalanx der Geisteswissenschaften einreihen zu wollen. Die Mathematik hat zwei wesentliche Züge, die in beiden Lagern gleichermaßen für Befremden sorgen: das scheinbar pedantische Beharren auf strenger logischer Konsistenz und, damit verbunden, ein enormer Abstraktionsgrad, der für Außenstehende oft selbstzweckhaft wirkt. Dieses Befremden kann aber günstigstenfalls, einen offenen Geist und die Bereitschaft vorausgesetzt, borniertes Lagerdenken zu überwinden, in Neugierde umschlagen. Ist diese erst einmal geweckt, werden die «Naturwissenschaftler und Ingenieure» vielleicht erkennen: All die Areale der Mathematik jenseits der von ihnen genutzten Formeln und Modelle, die der vertrackten Beweise, der Verallgemeinerungen über jegliches praktische Maß hinaus, der esoterischen Begriffsbildungen sind vielleicht keine fruchtbaren Äcker und Felder, aber dafür wunderschöne Parklandschaften oder liebliche Blumengärten. Diese näher zu erkunden, ist zumindest ein lohnendes Ziel zur weiteren persönlichen Bildung – und mit etwas Glück sogar eines mit unerwarteten fruchtbaren Folgen für die eigene Arbeit. Und die «Kulturschaffenden und Geisteswissenschaftler» werden womöglich feststellen: Die Mathematik ist alles andere als die Fron trübseliger Rechenknechte. Sie ist vielmehr die intellektuelle Kunst, nur von elementaren Begrifflichkeiten ausgehend filigrane und zugleich stabile Ideengebäude zu errichten, von denen aus zuvor ganz ungeahnte Regionen im Raum des Denkbaren erkundet werden können. Dass sie auch eine Wissenschaft mit nützlichen Resultaten ist, erscheint da fast nebensächlich.

Die *Riemann'sche Geometrie* belegt dies eindrücklich. Sie geht auf Bernhard Riemann zurück, der ihren Grundstein Mitte des 19. Jahrhunderts in seiner Habilitationsschrift legte. (Wären doch alle Werke zur Erlangung höchster akademischer Weihen nur im Ansatz solche Geniestreiche!) Sehr verkürzt dargestellt, übertrug Riemann die Ideen seines Lehrers Carl Friedrich Gauß zu gekrümmten Flächen auf höherdimensionale Gebilde. Gauß' Ideen wiederum lassen sich ebenfalls sehr verkürzt so zusammenfassen: An jedem Punkt (außer am Rand) einer glatten Fläche (ohne Ecken und Kanten) besitzt diese eine *intrinsische* Krümmung. Diese ist unabhängig von der konkreten Lage der Fläche im Raum. Das heißt, wenn die Fläche in eine beliebige andere Lage gebracht wird, beispielsweise durch Verbiegen, bleibt die intrinsische Krümmung an jedem Punkt der Fläche erhalten – vorausgesetzt nur, die Fläche wird nirgendwo gedehnt oder gestaucht.

Wenn man ein Blatt Papier auf den aufgeräumten Schreibtisch legt, sieht man: nun ja, eine ganz plane Fläche. Die intrinsische Krümmung der Fläche beträgt entsprechend überall null. Rollt man das Blatt aber zu einem Kinder-Fernrohr zusammen, so ist es im gewöhnlichen Sinne natürlich überall gekrümmt – so wie die Finger und der Daumen der Hand, die das Fernrohr hält. Bei dieser Krümmung des Blattes handelt es sich aber lediglich um die *extrinsische* Krümmung, die nur relativ zum umgebenden Raum besteht. Die intrinsische Krümmung ist nach wie vor überall null. Das lässt sich beispielsweise daran erkennen, dass das x-beliebige Dreieck, das vor dem Zusammenrollen des Blattes irgendwo darauf gezeichnet worden sein mag, nach dem Zusammenrollen immer noch die Winkelsumme 180° aufweist. Die Oberfläche einer Kugel, etwa des Globus auf dem Schreibtisch, hat hingegen überall eine intrinsische Krümmung ungleich null. Sie sieht also nicht nur krumm aus, sondern sie ist *wirklich* krumm – in sich. Wenn man beispielsweise ein Dreieck auf dem Globus vom Nordpol nach Quito, von dort nach Mogadischu und von dort wieder zum Nordpol zieht, so wird man feststellen: Das Dreieck hat lauter ungefähr rechte Winkel, sodass die Winkelsumme ca. 270° statt der gewohnten 180° beträgt. Genau daher rührt das vertrackte Problem, das Kartenmacher über Jahrhunderte hinweg schwer zu schaffen machte: Wie lässt sich die Oberfläche der Erde auf ein Blatt Papier bannen, sodass die Abstände beliebiger Landmarken maßstabsgetreu erhalten bleiben? Die Lösung besteht darin, dass es nach dem Satz von Gauß schlicht nicht geht – die Verflachung der Kugeloberfläche ist wie die Quadratur des Kreises, eben unmöglich.[2]

«Ja, nicht völlig uninteressant», wird der eine oder andere denken, «but I'm not overly impressed.» Doch Moment, jetzt kommt ja der Riemann ins Spiel. Er hat, wie gesagt, die ganze Sache auf höhere Dimensionen gehoben. Kurzum, er hat gezeigt, wie man den Begriff der intrinsischen Krümmung nicht nur auf Flächen anwenden kann, sondern auch auf Räume beliebiger Dimension. Seit Riemann kann man sinnvoll und präzise fragen, ob etwa der uns umgebende «Raum in sich gekrümmt» ist. Vor Riemann wäre das bloß eine inhaltsleere Wortfolge gewesen, die bestenfalls in den Händen eines begabten Dichters eine interessante Assoziationskette hätte hervorrufen können. So ist durch die Riemann'sche Geometrie denkbar geworden, was zuvor nicht nur unvorstellbar gewesen war, sondern im wahrsten Sinne des Wortes undenkbar! (Unvorstellbar ist es aber immer noch – zumindest für Normalsterbliche.)

Das Beispiel der Riemann'schen Geometrie führt nicht nur die Fähigkeit der Mathematik vor Augen, unseren geistigen Horizont um neuartige Aussichten zu erweitern. Sie zeigt auch, wie dieser intellektuell-ästhetische Vorzug ganz unerwartet einen praktischen Nutzen abwerfen kann. Albert Einstein gehörte zu der Minderheit von Naturwissenschaftlern, die sich mehr als nur oberflächlich auch mit so frivolen Dingen wie Philosophie beschäftigen. Er war ein offener Geist, der öfter betonte, dass es weniger experimentelle Befunde waren, die ihn zu seinen bahnbrechenden Ideen führten, als vielmehr ebenjene, aus Sicht der meisten seiner Kollegen völlig abseitige Beschäftigung. Zur Mathematik hatte er hingegen zunächst ein eher instrumentelles Verhältnis: Man brauchte sie zwar als Physiker, aber von den nützlichen Resultaten abgesehen, war sie eigentlich uninteressant. So soll er, als er 1905 die *Spezielle Relativitätstheorie* – auf die wir noch näher zu sprechen kommen werden – entwickelt hatte und Hermann Minkowski begann, sie geometrisch zu deuten, verkündet haben: «Seit die Mathematiker sich meiner Theorie angenommen haben, verstehe ich sie selbst nicht mehr.» Aber gerade die geometrische Deutung war es, die auf die Spur zur entscheidenden Idee der *Allgemeinen Relativitätstheorie* führte: Raum und Zeit sind nicht nur, wie in der Speziellen Theorie, untrennbar in der *Raum-Zeit* miteinander verwoben. Diese ist zudem, je nach Materie- und Energieverteilung, in sich gekrümmt – im Sinne der Riemann'schen Geometrie.

Einstein brauchte zehn quälend lange Jahre, um auf diese Idee zu stoßen und, davon ausgehend, seine Allgemeine Theorie zu formulieren. Hätte er bloß geahnt, dass bereits mehr als ein halbes Jahrhundert zuvor Riemann genau die begrifflichen Ressourcen entwickelt hatte, die er benötigte, wäre er sicher deutlich schneller ans Ziel gelangt.

Das Universum ist in sich gekrümmt. Und seit dem Urknall ist es weiter und immer weiter expandiert – aber *nicht* in einen vorab bestehenden, umgebenden Raum hinein. Stellen Sie sich einen Luftballon vor, auf dem zufällig verstreut Punkte aufgemalt sind und der gerade aufgeblasen wird. Die Punkte repräsentieren die Galaxien, die sich immer weiter voneinander entfernen. Und denken Sie sich nun noch alles andere weg, einschließlich des dreidimensionalen Raumes innerhalb und außerhalb des Luftballons. Wenn Ihnen das gelingt, sind Sie ein Genie abstrakter Imagination; wenn nicht, so geht es Ihnen wie mir: Sie wissen zumindest, wie man es sich in etwa vorstellen müsste.

Der Urknall war also *keine* Explosion, bei der Materie nach außen geschleudert wurde; es gab und gibt schlicht kein «Außen». Das Universum expandiert im Sinne einer stetigen Änderung seiner (durchschnittlichen) intrinsischen Krümmung. Dank Einstein (und Edwin Hubble) wissen wir dies und können es für so praktische Dinge wie das GPS nutzen. Aber nur dank Riemann können wir es überhaupt denken.

Die Mathematik ist ein Solitär unter den Wissenschaften. Sie steht zwischen den «zwei Kulturen», wenn nicht gar abseits von beiden. Das kann bei einigen Mathematikern zu einem gewissen Hochmut führen. So bemerkte David Hilbert, der wohl einflussreichste Mathematiker des späten 19. und frühen 20. Jahrhunderts, hinsichtlich Einsteins Schwierigkeiten bei der Bestimmung der sogenannten Feldgleichungen der Allgemeinen Relativitätstheorie süffisant: «Die Physik ist viel zu schwer für die Physiker.» Und auf die Nachricht, dass einer seiner Studenten das Studium abgebrochen habe, um Dichter zu werden, soll er lapidar festgestellt haben: «Besser so, er hatte ohnehin nicht genug Phantasie für die Mathematik.»

Doch Arroganz ist keine produktive Einstellung. Viel lohnender ist es, die Sonderstellung der Mathematik als begrifflich-analytische und zugleich exakte Wissenschaft als große Chance zu verstehen: Sie prädestiniert die Mathematik dafür, die längst überfällige Überwindung des Grabens zwischen den Kulturen zu befördern. Naturwissenschaftlerinnen und sonstige «Zahlenmenschen», die ihren rein instrumentellen Blick auf die Mathematik erweitern, werden einen Sinn für Alternativen zu den ihnen vertrauten quantitativ-kausalen Erklärungsmustern entwickeln. Geisteswissenschaftler und «eher künstlerisch Veranlagte», die die Mathematik als intellektuelle Disziplin eines näheren Blickes würdigen, werden erkennen: Strenge Begründungsansprüche und kreatives Denken schließen sich nicht aus. Im Gegenteil, gerade in Verbindung miteinander haben sie vor allem in der Mathematik, aber auch in den Naturwissenschaften zu einigen der beeindruckendsten Kulturleistungen der Menschheit geführt.

Es lohnt sich also, egal wo man steht, sich der Mathematik zu öffnen.

TEIL 1

Mathematische Grundlagen

1. Vom Zählen und den Zahlen

Das Erreichen der Gänze des Daseins im Tode
ist zugleich Verlust des Seins des Da.
Martin Heidegger in *Sein und Zeit*

Jetzt fuhrwerken sie wieder in der Zeit 'rum!
Meine Großmutter zur erneuten Einführung
der «Sommerzeit» im Jahre 1980

Henne oder Ei?

Es ist ein beliebter rhetorischer Zug in Debatten, (pseudo-)etymologische Belege heranzuziehen, um die eigene Position zu untermauern. Im besten Fall gelingt das, und es kommen durch den Hinweis auf bestimmte Ähnlichkeiten zwischen *Wörtern* wichtige Beziehungen zwischen *Begriffen* zum Vorschein. Im schlechtesten Fall suggeriert aber eine sprachliche Nähe einen engen inhaltlichen Zusammenhang, der gar nicht besteht.

Wie verhält es sich mit dem «Zählen» und den «Zahlen»? Hängen die Begriffe wirklich so eng miteinander zusammen, wie es die Wörter nahelegen? Und wenn ja, was kommt zuerst: das Zählen oder die Zahlen? Oder sind sie zwei Seiten einer Medaille? Oder spielt uns das Deutsche hier womöglich einen Streich, und sie haben überhaupt nichts miteinander zu tun? Doch, haben sie, und natürlich kommen zuerst die Zahlen. Denn wenn man zählt, heftet man sozusagen gedanklich Zahlen an die Dinge, die man zählt – beispielsweise, beim Zählen der Finger an der Hand, die Eins an den Daumen, die Zwei an den Zeigefinger, die Drei an den Mittelfinger usw.

Wem diese Charakterisierung des Zählens vermöge der Zahlen einleuchtet oder gar wie eine Binsenweisheit vorkommt, der ist einem weitverbreiteten und tiefsitzenden Missverständnis aufgesessen. Es ist, wie ich glaube, u. a. der Grund dafür, weshalb die

Menschheit so lange so große Mühe hatte (und viele Menschen immer noch haben), die Zahl Null zu fassen zu kriegen. An welches Ding sollte man die Null auch heften? Ein echtes Ding gewiss nicht; das wäre ja mindestens eines. Also an nichts? Aber wie heftet man etwas an nichts – auch nur gedanklich? Das Nichts anstelle von nichts bringt auch nichts; das wäre ja wieder etwas und somit wieder mindestens eines.

Um beim Finger-Beispiel zu bleiben: Eine Freundin erzählte mir einmal von den Problemen ihrer kleinen Tochter mit dem Zählen. Wenn sie, die Freundin, alle fünf Finger einer Hand hochstrecke und ihre Tochter bitte, die Finger zu zählen, so gelinge dies der Kleinen problemlos (angefangen beim Daumen): «Eins, zwei, drei, vier, fünf!» Doch wenn sie, die Freundin, anschließend nur den kleinen Finger ausgestreckt lasse und die Tochter frage, wie viele Finger es jetzt seien, so antworte diese: «Fünf!» Diese Antwort hätte man in pädagogisch weniger aufgeklärten Zeiten schnellfertig als Zeichen von Dummheit gedeutet und wohl auch heute noch zumindest als eines mangelnder mathematischer Begabung. Beides ist falsch; im Gegenteil, das Mädchen hält sich einfach nur konsequent an obiges Bild vom Zählen: Warum, so könnte es zu Recht fragen, sollte denn auf einmal die Fünf nicht mehr am kleinen Finger haften, nur weil die anderen Finger nicht mehr ausgestreckt sind?!

Die meisten von uns haben sich als Kind irgendwann einfach mit der Antwort der Erwachsenen abgefunden: «Frag nicht so dumm, so ist es halt.» Und wir haben brav gezählt, wie «man eben zählt» – ohne zu verstehen, was wir da eigentlich tun; schlimmer noch, mit einem völlig falschen Verständnis davon.

Auftritt Georg Cantor. Kaum zu glauben, aber erst dieser 1845 in Sankt Petersburg geborene Kaufmannssohn und Begründer der höheren Mengenlehre erkannte den Schlüssel zum richtigen Verständnis des Zählens als solchen und – worauf wir im dritten Kapitel näher eingehen werden – dessen erstaunliche mathematische und philosophische Sprengkraft: die *Eins-zu-eins-Beziehung.*[1]

Zu Beginn einer Tanzstunde stehen die Mädchen der Tanzklasse in einer Ecke des Saals beisammen, um sich gegenseitig ihre neuesten Instagram-Posts zu zeigen; die Jungs lümmeln in einer anderen Ecke rum und machen das Gleiche. Als die Lehrerin den Saal betritt, möchte sie umgehend wissen, ob es gleich viele Jungen wie Mädchen sind. Denn die Tanzschule ist sehr konservativ; es dürfen nur jeweils ein Junge und ein Mädchen ein Tanzpaar bilden. Um das herauszufinden, könnte die Lehrerin natürlich zunächst die Jungen durchzählen, dann die Mädchen und dann die beiden Ergebnisse miteinander vergleichen. Es geht aber viel einfacher. Wenn Sie mögen, überlegen Sie gerne erst einmal selbst, bevor Sie weiterlesen. Kommen Sie darauf? Die Tanzlehrerin muss nur laut rufen: «Damenwahl!» Wenn sich nach einer kleinen Weile alle Paare gebildet haben, kennt die Lehrerin die Antwort, und zwar ganz ohne zu zählen. Es sind nämlich genau dann gleich viele Jungen wie Mädchen im Saal, wenn kein Kind ohne Tanzpartner übrig bleibt. Mathematisch ausgedrückt: Es besteht eine Eins-zu-eins-Beziehung zwischen den Jungen und den Mädchen.

Etwas abstrakter, besteht in der Abbildung links zwischen den Kreisen und den Dreiecken eine Eins-zu-eins-Beziehung, denn jedem Kreis ist genau ein Dreieck zugeordnet, und umgekehrt. In der Mitte und rechts sind hingegen keine Eins-zu-eins-Beziehungen dargestellt, da mindestens einem Dreieck mehr als ein bzw. kein Kreis zugeordnet ist.

«Wie soll das denn das Zählen erklären können?», könnte man einwenden. «Es setzt ja schon voraus, dass man weiß, ob einem Ding kein, ein oder mehr als ein anderes Ding zugeordnet ist.»

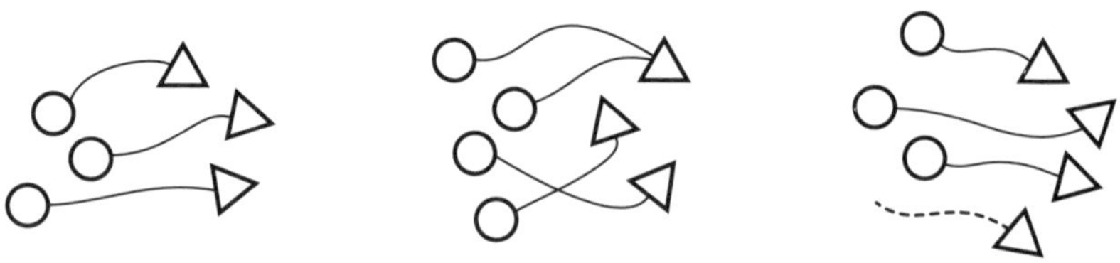

Eins-zu-eins-Beziehung

Genau! Das wird vorausgesetzt, aber der springende Punkt ist: Es wird nicht *mehr* vorausgesetzt. Insbesondere wird *nicht* vorausgesetzt, dass man weiß, ob einem Ding (genau) *zwei* andere Dinge zugeordnet sind, oder *drei* oder *vier* oder ... Es wird nicht einmal vorausgesetzt, dass man weiß, was es überhaupt heißt, dass einem Ding (genau) *zwei* andere Dinge zugeordnet sind, oder *drei* oder *vier* oder ... Man muss nur Sätze wie die folgenden verstehen und gegebenenfalls auf ihren Wahrheitsgehalt hin überprüfen können: «Oh je, für den neuen Kollegen gibt's gar keinen freien Arbeitsplatz.» – «Doch, da drüben ist noch einer frei; das ist aber der einzige.» – «Quatsch, der in der Ecke ist auch noch frei.»

Zu beachten ist ferner, dass man zum Verständnis solcher Sätze ebenso wenig bereits über die Zahlen Null und Eins verfügen muss. Zwar lässt sich «es gibt kein / genau ein / mehr als ein Ding der und der Art» umformulieren zu «die Anzahl von Dingen der und der Art ist null / eins / größer als eins». Die Umformulierung ist aber begrifflich voraussetzungsreicher als der Ausgangssatz.

Eine Analogie mag das verdeutlichen: In einer entwickelten Geldwirtschaft kann ein Bauer einem andern gegenüber sinnvoll behaupten: «Der Preis deiner Kuh ist gleich dem Preis meiner Kuh.» Vom emotionalen oder sonstigen nichtmonetären Wert abgesehen, läuft das schlicht auf die Behauptung hinaus, dass beide Kühe gleich viel wert sind. Letzteres kann auch ein Bauer in einer reinen Tauschwirtschaft sagen, aber nicht Ersteres. Denn Preise sind Größen in Geldeinheiten, von denen die Akteure einer reinen Tauschwirtschaft buchstäblich noch gar keinen Begriff haben.

Zählen ohne Zahlen

Begeben wir uns auf eine kleine Zeitreise in die Steinzeit vor der neolithischen Revolution. Wir landen am Rande einer zeitweiligen Siedlung einer Sippe von Jägern und Sammlern. Wir halten uns in einem kleinen Wäldchen versteckt, um den Lauf der Geschichte nicht allzu sehr zu stören, bleiben aber in Seh- und Hörweite. Erstaunlicherweise spricht das Völkchen Deutsch.

Da kehrt ein junger Bursche, anscheinend vom Beerensammeln kommend, in die Siedlung zurück und tritt vor die Älteste der Sippe und berichtet: «Weiseste, ich habe unten am Fluss der springenden Frösche eine große Herde von Hirschkühen entdeckt und auf der Lichtung des schreienden Bussards noch eine. Lass uns eine Treibjagd machen!» – «Schön und gut, Kleines Fuchsohr», entgegnet da die weise Frau – offenbar die Anführerin –, «doch welche Herde ist die größere?» – «Kann ich nicht sagen», antwortet der Jüngling, «sie sehen, Pi mal Daumen, gleich groß aus.» Darauf die Anführerin: «Das ist mir zu vage. Nimm diesen Beutel mit Tannenzapfen und diesen leeren Beutel, und lauf nochmal zum Fluss. Schau dir jede Hirschkuh einmal einzeln an, aber nur einmal, und nimm dabei jedes Mal aus dem vollen Beutel einen Zapfen und leg ihn in den andern Beutel. Du, Große Bärentatze, lauf zur Lichtung und mach das Gleiche; nimm den vollen Beutel da und diesen leeren mit. Kommt dann schnell wieder zurück.»

Nach einer Weile sind Kleines Fuchsohr und Große Bärentatze zurück und überreichen der Weisen die beiden frisch gefüllten Beutel. Begleitet von unverständlichen Beschwörungsformeln, nimmt sie nacheinander jeweils mit der linken Hand einen Zapfen aus dem einen Beutel und mit der rechten einen aus dem anderen Beutel. Die beiden Zapfen wirft sie anschließend ins Feuer. Das wiederholt sich so lange, bis im linken Beutel, den die Weise von Großer Bärentatze erhalten hat, kein Zapfen mehr zu finden ist. Da sagt sie: «Im Beutel von Kleinem Fuchsohr sind noch Zapfen – lasst uns die Herde am Fluss jagen!» Voller Tatendrang, wohlwissend, dass ihre Anführerin stets die richtige Entscheidung trifft, macht sich die ganze Sippe auf zur Jagd.

Die Oberjägerin verfügt offenbar über den Begriff der Eins-zu-eins-Beziehung. Mehr noch, sie nutzt sogar eine wesentliche Eigenschaft derselben: die *Transitivität*. Diese besagt Folgendes: Sind drei Mengen von Objekten gegeben, sodass zwischen den Objekten

Umhang zum Zählen

der ersten und denen der zweiten Menge sowie zwischen den Objekten der zweiten und denen der dritten Menge jeweils eine Eins-zu-eins-Beziehung besteht, so besteht auch zwischen den Objekten der ersten und denen der dritten Menge eine solche Beziehung. Trivial, aber mit weitreichenden Konsequenzen. Denn wie gesehen, erlaubt die Transitivität beispielsweise einen genauen Größenvergleich zweier Herden, deren Individuen man aufgrund ihrer räumlichen Entfernung gar nicht direkt miteinander in Beziehung setzen kann. Eine enorme Kulturleistung!

Doch kehren wir zur Sippe zurück. Ein paar Wochen sind vergangen, in denen die Weise offenbar intensiv nachgedacht hat.

Denn nun entdeckt man auf ihrem rituellen Umhang symbolhafte Stickereien von unterschiedlich vielen Tannenzapfen. Und wenn nun Schlanker Kranichhals mit einem Zapfenbeutel kommt, breitet sie den Umhang auf dem Boden aus, nimmt die Zapfen aus dem Beutel und legt sie so auf eine der Stickereien, dass jeder echte Zapfen genau auf einem gestickten liegt. Anschließend gibt die Weise Schlankem Kranichhals Beutel und Zapfen zurück und klopft dreimal – wieder begleitet von Beschwörungsformeln – auf besagte Stickerei. Dann passiert erst einmal nichts. Doch eine Stunde später erscheint Hans, der der Anführerin auch einen Beutel mit Zapfen reicht. Wieder dasselbe Spiel. Nach dem erneuten dreimaligen Klopfen, aber diesmal auf eine andere Stickerei, verkündet die Anführerin: «Hans hat die größte Herde entdeckt. Er soll uns dorthin zur Treibjagd führen.»

Ein weiterer kultureller Meilenstein: Die Anführerin hat das Zählen entdeckt! Für jede mögliche Herde von Hirschkühen (der die Sippe üblicherweise begegnet) hat sie eine Referenzmenge von Zapfen gestickt, mit denen sie die Tiere in eine Eins-zu-eins-Beziehung bringen kann. Und sie hat sich die Größenverhältnisse zwischen den Referenzmengen eingeprägt. Mehr braucht es nicht zum Zählen. Insbesondere bedarf es keiner Zahlen, die irgendwo drangeheftet werden. Die Sippe kennt zunächst nur die Stickereien, und das sind eben keine Zahlen. Aber fungieren sie nicht wie Zahlen? Ja, fast. Um zu echten Zahlen zu gelangen, bedarf es aber noch einiger Abstraktionsschritte.

Reisen wir also nochmals in der Vergangenheit ein paar Wochen in die Zukunft. In der Zwischenzeit hat Flinkes Hasenbein, der treue Gefährte der Anführerin und Vater der meisten ihrer Kinder, eine tolle Idee gehabt: «Weiseste, könnten wir die Stickereien nicht auch nutzen, um zu erfahren, an welchem Baum die meisten Feigen hängen, bevor wir hochklettern?» – «Du sollst nicht denken, Lahmes Hinkebein, sondern das Zelt aufräumen!», raunzt ihn die Obersammlerin an, um sich aber wenig später zu entschuldigen: «Verzeih, Flinkes Hasenbein, das ist mir so rausgerutscht. Ich halte dich wirklich nicht für lahm, ehrlich! Und deine Idee ist vielleicht gar nicht so schlecht; sollten wir mal ausprobieren.»

Wenig später zählt die ganze Sippe alles Mögliche, sogar flüchtige Dinge, zum Beispiel wie oft der Wolf in der Nacht geheult hat. Da wird es der Weisen schnell zu viel – immer wieder den Umhang auszubreiten, Zapfen auf die richtige Stickerei zu legen und unter Beschwörungsformeln dreimal draufzuklopfen, wird irgendwann lästig. Sie beschließt daher auf einer großen Ratsversammlung aller Sippen und Clans im näheren Umkreis: «Jeder soll einen Zapfenumhang bekommen und die Größenordnung erlernen. Ferner soll die Stickerei mit nur einem Zapfen ‹Amuh› heißen, die nächste ‹Bemi›, die nächste ‹Cus›, die nächste ‹Dünba›, die nächste …» Bald darauf hört man Mitglieder aller Sippen Dinge sagen wie: «Unsere Hündin hat gestern dünba-viele Welpen geworfen», «Mama, schau, im Nest des Adlers habe ich cus-viele Eier gefunden» oder «Furchtlosester, die Sippe der Zapfen-Weisesten hat nur pintä-viele Kämpfer, wir aber xantu-viele; lass sie uns noch heute Nacht überfallen!»

Zahlen und ihre Stellvertreterinnen auf Erden

Es ist allzu vorhersehbar, wie die Geschichte weitergeht: Durch Mord und Raub verlieren viele unserer Vorfahren ihre Angehörigen und Umhänge. Doch zumindest die Umhänge vermissen sie bald gar nicht mehr. Denn sie entdecken, dass allein die *Wörter* «Amuh», «Bemi», «Cus» usw. genügen; die Stickereien selbst und die Zapfen braucht's gar nicht mehr. Wenn beispielsweise Kleines Fuchsohr (der den Überfall als Einziger seiner Sippe überlebt hat) die Feigen an einem Baum zählt, greift er schon lange nicht mehr pro Feige, die er in den Blick nimmt, nach einem Zapfen in einem Beutel, sondern spricht schlicht das nächste Zählwort aus (man beachte das «ä» statt des «a») – beginnend bei «Amuh». Kleines Fuchsohr nutzt hierbei den simplen, doch leicht zu übersehenden Umstand aus, dass jede Stickerei gerade so viele Zapfen darstellt, wie es (auf demselben

Umhang) Stickereien mit höchstens so vielen Zapfen gibt. Zum Beispiel sind in «Dünba» vier Zapfen dargestellt, und es gibt vier Stickereien, die gleich viele oder weniger Zapfen darstellen, nämlich «Amuh», «Bemi», «Cus» und «Dünba» selbst.

Viele Jahre später ist Kleines Fuchsohr der Einzige, der überhaupt noch von den Umhängen mit den Zapfen-Stickereien weiß. In der neuen Sippe, der er sich angeschlossen hat, versucht er die Erinnerung wachzuhalten – doch vergebens; die anderen verehren und fürchten «Amuh», «Bemi», «Cus» etc. als Gottheiten, die einerseits den Menschen zu Diensten sind, andererseits aber eine unerklärliche Macht über sie ausüben. «Warum», so fragen sich die Menschen etwa, «übergibt Frusna die Feige, die ich in ihre Obhut gegeben habe, in die Obhut Dünbas, sobald ich die Feigen, die ich in Amuhs und Bemis Obhut gegeben hatte, wieder an mich nehme und aufesse?!» Die Menschen sind offenkundig heillos verwirrt ob des Umstands, dass sie «Amuh», «Bemi», «Cus» etc. einerseits als Zählwörter verwenden, aber andererseits auch als Namen von Entitäten, die sie buchstäblich nicht richtig zu fassen kriegen.

Und die Moral von dieser anthropologisch etwas fragwürdigen G'schicht? Wenn wir die uns vertrauten Wörter «eins», «zwei», «drei» etc. als Zählwörter verwenden, so nutzen wir sie, um die Dinge, die wir zählen, in eine Eins-zu-eins-Beziehung mit denen einer bestimmten Referenzmenge zu bringen. Nutzen wir die Wörter hingegen als Zahlwörter – nun «a» statt «ä» –, so benennen wir (etwas verkürzt) damit die Referenzmengen selbst.

Je nach Kontext könnte es sich dabei um ganz konkrete Mengen handeln, beispielsweise um Stickereien mit stilisierten Zapfen. Tatsächlich verzichten wir aber meist völlig auf jegliche Konkretisierung; es genügt, dass man die Mengen «im Kopf» hat und sich darüber einig ist, welche Menge mit welchem Zahlwort gemeint ist – so ähnlich wie bei einer Partie Blindschach, bei der sich beide Spieler das Brett und die Figuren bloß vorstellen und ihre «Züge» durch Zurufe wie «Springer auf B3» vollziehen. Mehr noch, es bedarf nicht einmal einer Vorstellung von den Mengen; man kann sie auch

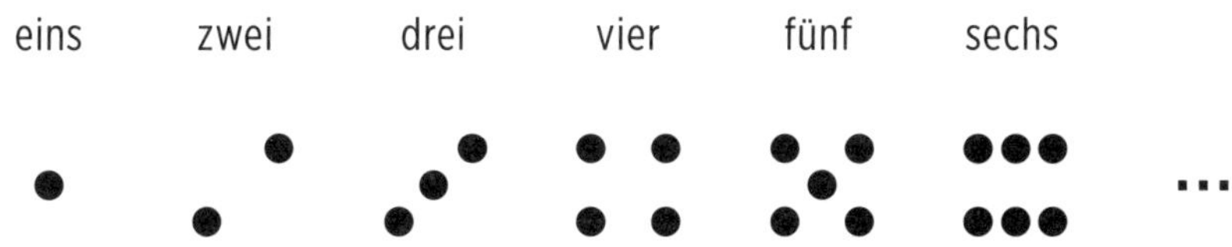

Referenzmengen der natürlichen Zahlen

schlicht als völlig unstrukturierte abstrakte Objekte behandeln. Das Zählen funktioniert dann immer noch wie gehabt, und alle verstehen einen problemlos, wenn man Dinge sagt wie: «Im Teich sind genau dreizehn Fische.» Nur, das Wesen der Zahl Dreizehn verstehen die meisten falsch!

Eine konkrete Vorstellung ist nicht immer nötig für ein solides Verständnis, oft aber sehr hilfreich. Denken wir uns also als Referenzmengen für die Eins-zu-eins-Beziehung die dargestellten Ansammlungen von Kreisen. Die Pünktchen deuten an, dass die Reihe gedanklich beliebig lang nach immer demselben Prinzip fortzuführen ist, sodass für jede Menge außer der Eins gilt: Entfernt man einen Kreis aus der Menge, so besteht zwischen den verbleibenden Kreisen und denen der Vorgängermenge, sprich der linken Nachbarmenge, eine Eins-zu-eins-Beziehung.

Diese gedachten Kreismengen könnten selbstverständlich durch beliebige andere Mengen mit jeweils gleich vielen Objekten ersetzt werden. Insofern sind sie bloße Stellvertreterinnen der Zahlen Eins, Zwei, Drei, Vier usw. Die Zahlen selbst sind vielmehr – im Jargon der «Analytischen Philosophie» – allein durch ihre funktionale Rolle im Sinne der Eins-zu-eins-Beziehung bestimmt, sprich dadurch, dass die Eins, je nach Kontext, aus genau einem Objekt besteht und die übrigen Zahlen sich gemäß obigem Fortführungsprinzip zueinander verhalten. Wer unbedingt eine eindeutige Antwort auf die Frage finden möchte, was die Zahlen denn nun «wirklich» sind, der könnte versucht sein, die Zahlen mit ihrer jeweiligen funktionalen Rolle selbst gleichzusetzen. Ebenso könnte man etwa vom König im Schach sagen, er sei die Rolle selbst, die die Schachregeln dem «König» zuweisen. Ob diese Antwort letztendlich stimmig ist, möchte ich dahingestellt sein lassen. Wichtig ist hier vielmehr, zu verstehen, wie und warum Zahlen funktionieren. Und dabei kann uns, wie gesagt, die Vorstellung von den Zahlen als die oben dargestellten und gedanklich fortgeführten Ansammlungen von Kreisen helfen.

Mit Zahlen muss man rechnen

Der offenkundigste Vorzug dieser Vorstellung ist der, dass sie uns vor den Versuchungen und Verwirrungen des Bildes am Anfang schützt: des Bildes vom Zählen als geistigem Prozess, bei dem wir den Dingen, die wir zählen, Zahlen zuordnen. Das Problem ist nicht das Geistige des Vorgangs – und auch nicht die Abstraktheit der Zahlen. Die Staaten Frankreich und Russland sind als politische Einheiten ebenfalls abstrakt, ebenso die Städte Paris und Moskau. Trotzdem ist die Zuordnung der beiden Städte zu den beiden Staaten als ihre jeweiligen Hauptstädte nicht rätselhafter als die Zuordnung der Sachen in meinem Einkaufswagen zu den Einträgen auf meiner Einkaufsliste.[2]

Problematisch an dem Bild ist vielmehr, dass es folgende Frage aufwirft: Was ist es an den Zahlen, das sie, und nur sie, zum Zählen prädestiniert? Wenn man – so die der Frage zugrundeliegende Annahme – zum Beispiel die Städte Paris und Moskau den Ländern Frankreich bzw. Russland zuordnet, so kann man die beiden Staaten damit gar nicht zählen. Es geht den beiden Städten etwas Entscheidendes ab, das die Zahlen Eins und Zwei haben. Nur, was könnte das sein? Selbst – oder gerade?! – ohne absolviertes Philosophiestudium ahnt man, dass sich hier zahllose intellektuelle Holzwege auftun. Es stimmt einfach nicht, dass man Frankreich und Russland, oder zwei beliebige andere Dinge, nicht mittels Paris und Moskau zählen könnte. Im Prinzip könnten Paris und Moskau gemeinsam durchaus als unsere zweite Referenzmenge fungieren. Es wäre nur ziemlich unpraktisch, da es im Alltag oft zu Verwechselungen käme. («Was redet der denn jetzt auf einmal von Paris und Moskau? Ich wollte doch bloß zwei Brötchen haben.»)

Unser alternatives Bild mit den Kreismengen als Stellvertreterinnen der Zahlen bzw. als Referenzmengen für die Eins-zu-eins-Beziehung eröffnet zudem den Weg zu einem besseren Verständnis dessen, was man hauptsächlich mit Zahlen tut: Rechnen. Nehmen wir zuerst die Addition, und fragen wir uns, was eigentlich eine Gleichung wie «zwei plus drei ist gleich fünf» besagt. Mit unserem Stellvertreter-Bild fällt die Antwort nicht schwer: Zwischen den Kreisen der Menge Fünf auf der einen Seite und den Kreisen der Menge Zwei und den Kreisen der Menge Drei auf der anderen Seite besteht eine Eins-zu-eins-Beziehung.[3] Verallgemeinert ist das im Wesentlichen schon alles, was die Addition ausmacht. Und wegen der Transitivität dieser Beziehung folgt daraus u. a.: Wenn wir zwei Dinge haben (also gleich viele, wie die Menge Zwei Kreise hat) und noch drei andere Dinge (also gleich viele, wie die Menge Drei Kreise hat), so haben wir damit insgesamt fünf Dinge (also gleich viele, wie die Menge Fünf Kreise hat). Und das ist (verallgemeinert) im Wesentlichen alles, was die praktische Relevanz der Addition ausmacht.

Und wie steht es mit der Multiplikation? Auch die ist ganz einfach erklärt, zum Beispiel anhand der Gleichung «Zwei mal drei ist gleich sechs»: Wenn wir jeden Kreis der Menge Zwei durch eine Kopie der Menge Drei ersetzen, so erhalten wir eine Menge, deren Kreise in einer Eins-zu-eins-Beziehung mit den Kreisen der Menge Sechs stehen. Das ist so kinderleicht, dass man schnell den Witz übersieht. Deshalb wiederhole ich ihn noch einmal: Wir nutzen hier keine besonderen «additiven» und «multiplikativen» Eigenschaften vermeintlich mysteriöser Objekte namens «Zahlen» aus, sondern ganz profane, offenkundige Eigenschaften der Eins-zu-eins-Beziehung. Aus denen ergeben sich ebenso leicht die gewohnten Rechenregeln, die uns allen in der Schule mehr oder weniger erfolgreich eingetrichtert wurden – etwa das *Distributivgesetz:*

$$a \cdot (b + c) = a \cdot b + a \cdot c$$

Diese allgemeine Gleichung besagt, bezogen auf die Kreismengen: Wenn wir jeden Kreis der Menge *a* durch eine Kopie der Menge *b* ersetzen und jeden Kreis einer Kopie der Menge *a* durch eine Kopie der Menge *c* ersetzen, so erhalten wir damit gleich viele Kreise, wie wenn wir jeden Kreis der Menge *a* durch eine Kopie der Menge $b + c$ ersetzen (welche ja wiederum gleich viele Kreise hat, wie *b* und [eine Kopie von] *c* zusammen haben).[4] Das ist weder eine Setzung, noch ergibt es sich aus irgendwelchen besonderen Eigenschaften irgendwelcher besonderer Objekte; es ergibt sich wieder schlicht daraus, wie wir die Addition und die Multiplikation mittels der Eins-zu-eins-Beziehung definiert haben.

Die Babylonische Zahlenverwirrung

«Schön und gut, so einfach verhält es sich vielleicht für diese komischen Kreiszahlen. Aber was ist mit den echten, den Arabischen Zahlen?!» Wem das gerade auf der Zunge liegt, der sei daran erinnert: Die oben teilweise dargestellten und teilweise Ihrer Vorstellungskraft überlassenen Kreismengen sind *nicht* die Zahlen Eins, Zwei, Drei etc. selbst, sondern bloße Stellvertreterinnen derselben. Als solche könnten auch ganz anders aussehende bzw. gedachte Mengen fungieren, solange sie nur jeweils gleich viele Objekte enthalten wie die von ihnen abgelösten Kreismengen. Insofern gibt es da ein willkürliches oder konventionelles Element. Das betrifft aber nur die Verkörperung, nicht das Wesen. Profaner gesagt, handelt es sich immer um dieselben Zahlen – die sogenannten *natürlichen* Zahlen –, egal welche konkreten Mengen wir wählen. Es ist also tatsächlich so einfach, und zwar für die «echten» Zahlen. Problematisch ist bloß der Ausdruck «Arabische Zahlen». Er suggeriert, es handele sich dabei um ein bestimmtes System von Zahlen. Das stimmt aber nicht! Es gibt weder Babylonische, Römische, Arabische oder sonstige irgendeinem bestimmten Kulturraum entstammende Zahlen. Was es gibt, sind sehr unterschiedliche Bezeichnungssysteme für dieselben (natürlichen) Zahlen, welche in verschiedenen Kultur- und Zeiträumen entstanden sind.[5] Wenn eine Römerin vor 2000 Jahren die Zeichenfolge «XXIV» und ein Araber vor 500 Jahren die Zeichenfolge «24» niederschrieben, so bezogen sich beide auf dieselbe Zahl. Sie nutzten eben bloß zwei verschiedene von vielen denkbaren Bezeichnungssystemen, wovon einige besser und andere schlechter für ihren Zweck geeignet sind.

Der Hauptgrund, weshalb etwa das römische «Zahlsystem», im Gegensatz zu vielen anderen kulturellen Errungenschaften des Römischen Imperiums, nicht überdauert hat, ist sicherlich der, dass es selbst für einfachste Rechnungen notorisch unhandlich ist. Beispielsweise lässt sich die Additionsaufgabe «XLIII + XXIV = ?» nicht routinemäßig in kleinere Teilaufgaben aufspalten, die sich jeweils ohne großes Nachdenken lösen und zum richtigen Gesamtergebnis zusammenführen lassen. Ganz anders im uns vertrauten arabischen (eigentlich indischen) System. Hier lautet die Aufgabe «43 + 24 = ?», und jedes Schulkind löst sie im Handumdrehen: erst 3 + 4, macht 7. Dann 4 + 2, macht 6. Keine 1 im Sinn, macht also insgesamt 67.

Ein weiterer Vorzug des arabischen Systems ist der, dass sich auch große Zahlen recht bündig schreiben lassen, und zwar ohne dass mit steigenden Zahlen immer wieder neue Zeichen eingeführt werden müssten (im Gegensatz etwa zum römischen System); es genügen die Ziffern «1», «2», «3», …, «9» – und ja, auch noch die Ziffer «0». Deshalb heißt es «Dezimalsystem».

An dieser Stelle muss mit einem weiteren (selbst unter Mathematikerinnen und Philosophen der Mathematik) verbreiteten Missverständnis aufgeräumt werden: Es wird oft behauptet, die Zahl Null sei erfunden worden, weil sie nötig sei, um sich, wie im Dezimalsystem, trotz eines begrenzten Zeichenvorrats in praktikabler Weise auf große Zahlen beziehen zu können. Das ist falsch, selbst das uns vertraute Dezimalsystem funktioniert auch ganz ohne die Zahl Null; mit anderen Worten, das Zeichen «0» muss man dabei gar nicht als Name einer neuen Zahl deuten, sondern schlicht als reines Hilfszeichen zum «Auffüllen von Lücken». Betrachten wir beispielsweise die Ziffernfolge «102». Im Dezimalsystem bezeichnet sie, nun ja, die Zahl 102. So formuliert, wirkt das zwar etwas albern tautologisch; ist es aber nicht, zumindest nicht tautologisch. Denn das eine ist der Name der Zahl gemäß einer bestimmten Konvention, das andere die Zahl selbst. Dass «Martin Luther» den berühmten Reformator Martin Luther bezeichnet, ist auch keine Tautologie; schließlich hätte er auch anders heißen können. Aber zurück zur Zahl 102 bzw. Einhundertundzwei. Die Bezeichnung «102» für diese Zahl ergibt sich mit folgendem Algorithmus, bei dem die eingegebene Ziffernfolge von links nach rechts durchlaufen wird:[6]

1. Steht an der ersten Stelle die Ziffer «1», so merke dir die Zahl Eins als Zwischenergebnis; steht an der ersten Stelle die Ziffer «2», so merke dir die Zahl Zwei als Zwischenergebnis; usw. bis zur Ziffer «9».
2. Falls die letzte Ziffer erreicht ist, so springe zu 5. Andernfalls multipliziere das aktuelle Zwischenergebnis (das du dir beispielsweise durch Markieren der entsprechenden Kreismenge gemerkt hast) mit der Zahl Zehn, merke dir das Produkt als neues Zwischenergebnis und wechsle zur nächsten Ziffer.
3. Steht an der aktuellen Stelle die Ziffer «1», so addiere die Eins zum aktuellen Zwischenergebnis und merke dir die Summe als neues Zwischenergebnis; steht an der aktuellen Stelle die Ziffer «2», so addiere die Zwei zum aktuellen Zwischenergebnis und merke dir die Summe als neues Zwischenergebnis; usw. bis zur Ziffer «9».
4. Springe zurück zu 2.
5. Gib das aktuelle Zwischenergebnis als Endergebnis aus.

Dieser Algorithmus funktioniert für alle (endlichen) Ziffernfolgen, die nicht mit «0» beginnen. Insbesondere liefert er für die Ziffernfolge «102» die Zahl Einhundertundzwei als Ergebnis.[7]

Machen Sie sich ruhig die kleine Mühe, und vergewissern Sie

sich selbst: Nirgendwo bedarf es einer eigenen Zahl, für die die Ziffer «0» steht. Um dies hervorzuheben, könnten wir die Ziffer «0» etwa durch das Zeichen «_» ersetzen, das bloß für eine leere Stelle in der Ziffernfolge stehen soll. Beispielsweise würden dann «47_3» und «6_74_» ganz analog für die Zahlen Viertausendsiebenhundertunddrei bzw. Sechzigtausendsiebenhundertundvierzig stehen, wie es üblicherweise «4703» und «60 740» tun.

Zu beachten ist, dass im ersten Schritt und im dritten Schritt des Algorithmus auch lediglich die Anweisungen stehen könnten, die die Ziffer «1» betreffen. Im zweiten Schritt müsste dann lediglich die Zehn durch die Zwei ersetzt werden. Schwuppdiwupp haben wir ganz nebenbei das Binärsystem (nach-)erfunden, in dem zum Beispiel «101» mitnichten für die Einhundertundeins steht, sondern für die Fünf. Hierzu schrieb Leibniz:

> Denn einer der Hauptpunkte des christlichen Glaubens […] ist die Erschaffung aller Dinge aus dem Nichts durch die Allmacht Gottes. Nun kann man wohl sagen, dass nichts in der Welt dies besser vorstelle, ja, gleichsam demonstriere, als der Ursprung der Zahlen, wie er allhier vorgestellt ist, durch deren Ausdrückung nur und allein mit Eins und Null (oder Nichts) alle Zahlen entstehen.

Leibniz' Genius in höchsten Ehren, aber als Kind seiner Zeit verortete er schlicht viel zu viel im Verantwortungsbereich Gottes. Wie wir auf unserer Zeitreise miterleben konnten, sind die Zahlen durch die rein menschengemachte Erfindung des Zählens entstanden, und dabei blieb die Zahl Null ganz außen vor – zu der kommen wir erst noch. Eine «Erschaffung aller Dinge aus dem Nichts durch die Allmacht Gottes» war also höchstens insofern für die Erschaffung der Zahlen nötig, als es erst einmal einiger Dinge bedurfte, die man überhaupt zählen konnte.

Weiter, immer weiter über Gottes Werk hinaus!

Jeder große Held hat einen großen Widersacher. So hatte auch unser Held, Georg Cantor, einen gewichtigen Gegner: Leopold Kronecker. Dieser war einst ein Lehrer Cantors gewesen, aber später ein erbitterter und einflussreicher Kritiker von dessen Hauptwerk: der Erkundung des («aktual») Unendlichen. Dazu aber später mehr. Hier erwähne ich Kronecker nur, weil ihm das Zitat – mit einem ähnlichen Tenor wie das obige Leibniz'sche – zugeschrieben wird: «Die ganzen Zahlen hat der liebe Gott gemacht, alles andere ist Menschenwerk.»

Die *ganzen* Zahlen sind die natürlichen mitsamt ihren «negativen» Pendants und, natürlich, der Null. Die sind laut Kronecker also allesamt Gottes Werk, und erst Zahlen wie Eineinhalb oder die Wurzel aus zwei sollen Menschenwerk sein. Sie wissen's bereits besser – ob Sie nun gläubig sind oder nicht: Gott hat bestenfalls Dinge und die Eins-zu-eins-Beziehung erschaffen. Aber schon die natürlichen Zahlen haben *wir* erschaffen, nämlich als allein durch ihre funktionale Rolle im Rahmen des Zählens bestimmte Abstrakta.

Setzen wir nun also den Abstraktionsprozess fort, und zwar im wahrsten Sinne des Wortes in die entgegengesetzte Richtung. Hierzu fügen wir zuerst unseren Kreismengen bzw. Ansammlungen von Kreisen ein kleines zusätzliches Strukturmerkmal hinzu: einen quadratischen Rahmen. Dann machen wir (nacheinander) von jeder Menge eine Kopie, färben ihre Kreise um und hängen sie ganz links an. Außerdem haben wir in der Mitte noch einen leeren Rahmen hinzugefügt und alle Rahmen mit passenden Überschriften versehen –

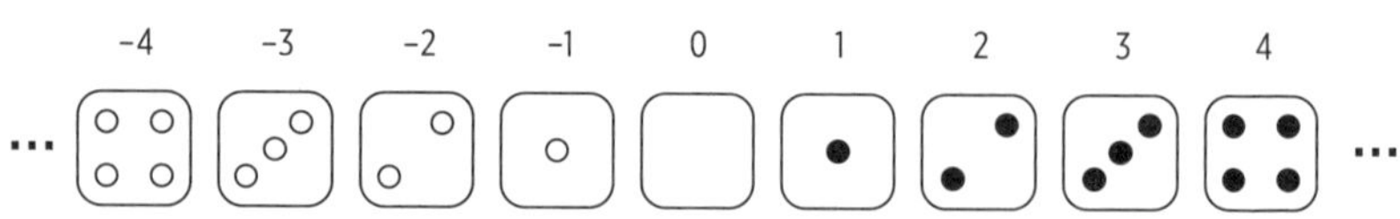

Referenzmengen der ganzen Zahlen

nun endlich in der gewohnten Ziffernschreibweise. Die Ziffer «0» ist jetzt kein bloßes Hilfszeichen zum Lückenfüllen mehr, sondern bezeichnet nun ebenso eine Kreismenge wie «1», «2», «3» usw. – nur eben eine *ohne* Kreise. Und durch Voranstellen des Minus-Zeichens an den Namen einer der dunklen bzw. «positiven» Kreismengen erhalten wir den Namen ihrer hellen bzw. «negativen» Kopie.

«Wie, das soll's schon gewesen sein?! Damit sollen wir die Null und die negativen Zahlen ‹erfunden› haben?!», höre ich den einen oder anderen Leser ungläubig ausrufen. Wir sind in der Tat noch nicht fertig; durch Umfärben und Voranstellen des Minus-Zeichens allein kommen noch keine neuen Zahlen in die Welt – und auch nicht durch Hinmalen eines leeren Kästchens. Es muss erst noch dargelegt werden, wie sich die neuen Kreismengen zu den bisherigen verhalten, sodass deutlich wird, dass sie nicht bloß andere Stellvertreterinnen derselben, der natürlichen Zahlen sind.

Eines ist klar: Die negativen Zahlen hängen irgendwie mit der Subtraktion zusammen, und die kommt ins Spiel, wenn man beispielsweise wissen will, wie viele Äpfel noch im Korb sind, wenn so und so viele schon aufgegessen wurden. Aber mehr Äpfel aufessen, als da sind, geht ja nicht. Erstaunlicherweise haben solche Überlegungen den schlausten Leuten vieler Jahrhunderte schlimmes Kopfzerbrechen bereitet. Aber im Nachhinein sieht man vieles leichter. Wir Nachgeborenen müssen uns nur an unsere Zeitreise erinnern und daran, dass die Jägerinnen und Sammlerinnen nicht nur konkrete Dinge wie Äpfel oder Feigen zählten, sondern auch Flüchtiges wie Wolfsgeheul oder – Schritte. Wir haben es zwar nicht miterlebt, aber die Vermutung liegt nahe, dass auch Dialoge wie der folgende vorkamen: «Kleines Fuchsohr, weißt du, wie viele Schritte weit ich in Richtung zum Baum dort komme, wenn ich zuerst himtaviele Schritte in die entgegengesetzte Richtung gehe und mich dann umdrehe und mändu-viele Schritte in Richtung Baum gehe?» «Hm, Rundes Eulenauge, kann ich dir auf Anhieb auch nicht sagen.»

Die Stoßrichtung ist klar: Die negativen Zahlen kommen beim

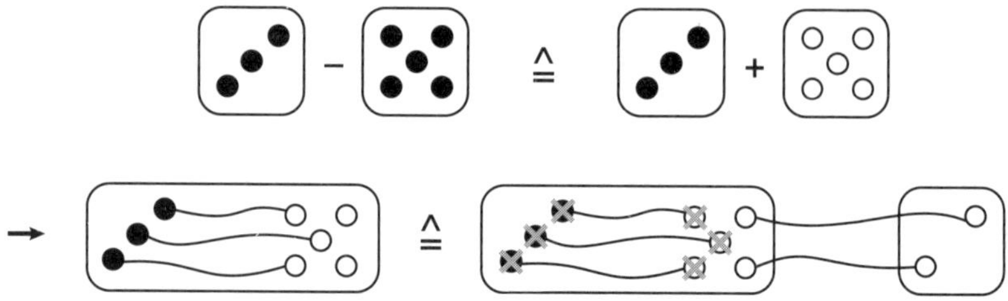

Subtraktionsbeispiel

Zählen von Dingen zweierlei Art in den Blick, die sich (wie Schritte nach links und Schritte nach rechts, Teilchen und Antiteilchen, kleine Sünden und gute Taten) über die Artgrenze hinweg gegenseitig aufheben. Subtraktion ist, so betrachtet, schlicht Addition mit Dingen der anderen Art. Die hellen Kreise dürfen wir also nicht nur als anders gefärbt ansehen; ihre helle Färbung zeigt vielmehr an, dass sie und die dunklen Kreise sich gegenseitig aufheben, wenn man sie in einen gemeinsamen Rahmen steckt, und zwar je ein heller und ein dunkler.

Das läuft auf folgende Definition der Addition auf Ebene der Kreismengen hinaus: $a + b$ ist die Menge mit gleich vielen Kreisen gleicher Farbe, die sich in einem zunächst leeren Rahmen befinden, in den man die Kreise von a und die (einer Kopie) von b gesteckt hat. Zur Veranschaulichung ist die entsprechende Bebilderung der Gleichung $3 - 5 = 3 + (-5) = -2$ dargestellt.

Fehlt nur noch die Multiplikation. Im Gegensatz zur Addition, kann diese zwischen hellen Kreismengen offenbar nicht genauso funktionieren wie zwischen den dunklen. Sonst wäre zum Beispiel $-2 \cdot -3 = -6$ statt 6. Denken wir wieder an die Schritte hin zum Baum und in die Gegenrichtung, so kommt die Erleuchtung: Wenn wir, in Richtung Baum schauend, dreimal fünf Vorwärtsschritte machen, geht's fünfzehn Schritte in Baumrichtung (dunkel · dunkel = dunkel); wenn wir, in die Gegenrichtung schauend, dreimal fünf Vorwärtsschritte machen, geht's fünfzehn Schritte in die Gegenrichtung (hell · dunkel = hell); wenn wir, in die Gegenrichtung schauend, dreimal fünf Rückwärtsschritte machen, geht's fünfzehn Schritte in Richtung Baum (hell · hell = dunkel); und wenn wir, in Richtung Baum schauend, dreimal fünf Rückwärtsschritte machen, geht's fünfzehn Schritte in die Gegenrichtung (dunkel · hell = hell). Das heißt, wenn a dunkel bzw. positiv ist, so ist $a \cdot b$ wie zuvor definiert, egal welche Farbe bzw. welches Vorzeichen b hat, aber unter Berücksichtigung der Färbung: Jeder Kreis in a wird durch eine Kopie von b ersetzt; $a \cdot b$ ist dann die Referenzmenge mit gleich vielen Kreisen gleicher Farbe. Ist a hingegen hell bzw. negativ, so müssen die Kreise der Kopien von b vor der Ersetzung noch umgefärbt werden.

Und was ist mit der Null? Die fügt sich in beide Definitionen nahtlos ein. Denn da sie (bzw. ihre Stellvertretermenge) keinen Kreis enthält, steuert sie zur Addition auch keinen bei. Und wenn man in irgendeiner anderen Menge jeden Kreis durch eine Kopie von 0 ersetzt, so bleiben keine Kreise mehr übrig. Umgekehrt entstehen trivialerweise keine Kreise, wenn man jeden Kreis von 0 durch die Kreise einer anderen Menge ersetzt – 0 hat ja keinen. Ergo gilt für jede Zahl a: $a + 0 = 0 + a = a$ und $a \cdot 0 = 0 \cdot a = 0$.

Geschafft! Man überzeuge sich gerne selbst mit ähnlichen Bildchen, dass sich damit die gewohnten Rechenregeln der ganzen Zahlen ergeben, insbesondere das Distributivgesetz.

Nebenbei bemerkt, lässt sich der Dezimalzahl-Algorithmus nun in der gewohnten Form wiedergeben, wobei die vorgegebene Ziffernfolge in der üblichen Manier von rechts nach links durchlaufen wird:

1. Setze den «Stellenfaktor» auf Eins.
2. Multipliziere die der aktuellen Ziffer entsprechende Zahl mit dem Stellenfaktor und merke dir das Produkt als Zwischenergebnis, falls du bei der ersten Ziffer bist, oder addiere andernfalls das Produkt zum aktuellen Zwischenergebnis und merke dir die Summe als neues Zwischenergebnis.
3. Falls die letzte Ziffer noch nicht erreicht ist, so erhöhe den Stel-

lenfaktor auf das Zehnfache, wechsele zur nächsten Ziffer und wiederhole den zweiten Schritt.
4. Gib andernfalls das aktuelle Zwischenergebnis als Endergebnis aus.

In dieser gewohnten Fassung bedarf es der Zahl Null, wie man sich leicht überzeugt. Den entsprechenden Algorithmus für das Binärsystem hatte Leibniz wohl bei seinem Zitat im Sinn. Es geht aber, wie gesehen, auch ohne die Null.

Divide et impera

Bei dieser Überschrift ist klar, was als Nächstes kommt: die Division und die sogenannten *rationalen* Zahlen. Zuvor aber wollen wir die wichtigsten Marken des bisher zurückgelegten Weges Revue passieren lassen:

- Alles begann mit der Eins-zu-eins-Beziehung, die nicht nur zeitlich, sondern auch begrifflich vor allen Zahlen kommt.
- Aus dieser Beziehung entwickelte sich die Kulturtechnik des Zählens. Diese besteht darin, die Dinge, die man zählt, in eine Eins-zu-eins-Beziehung zu einer bestimmten Referenzmenge zu bringen und, ebenso wichtig, sich die Größenverhältnisse der Referenzmengen untereinander einzuprägen.
- Die Referenzmengen kann man sich wie die dunklen Kreismengen vorstellen. Als solche sind sie Stellvertreterinnen der natürlichen Zahlen, die ihrerseits allein durch ihre funktionale Rolle im Sinne der Eins-zu-eins-Beziehung bestimmt sind. Das heißt, es ist egal, *was* die natürlichen Zahlen sind; wichtig ist allein, dass sie sich so zueinander verhalten, wie es die Kreismengen bezüglich der Eins-zu-eins-Beziehung tun.
- Als Nächstes kam das Rechnen mit den natürlichen Zahlen vermöge Addition und Multiplikation hinzu. Diese lassen sich

beide durch bestimmte einfache Operationen an den Kreismengen erklären und bestimmte daraus resultierende Zählverhältnisse.

- Ein kleiner Exkurs zu den unterschiedlichen «Zahlsystemen» verschiedener Völker und Epochen hat gezeigt, dass diese mitnichten neue Zahlen brachten, sondern lediglich unterschiedliche Bezeichnungen derselben Zahlen (was aber nichts über die teils enormen praktischen Vor- und Nachteile einzelner dieser Systeme besagt).
- Indem wir aber nicht mehr nur, frei nach Kant, die Dinge an sich in den Blick und in Eins-zu-eins-Beziehungen nahmen, sondern Dinge *zweierlei Art*, stießen wir auf die restlichen *ganzen* Zahlen, sprich die negativen Zahlen und die Null. Entscheidend dabei war und ist, dass je ein Ding der einen Art und eines der anderen sich gegenseitig aufheben. Die dunklen Kreismengen stellen nun Referenzmengen für Dinge der einen Art dar, die hellen für Dinge der anderen Art. Die dunklen und die hellen Kreismengen fungieren so, jeweils umrahmt, als Stellvertreterinnen der positiven bzw. negativen Zahlen, und ein leerer Rahmen dient als Stellvertreter der Null.
- Addition und Multiplikation ließen sich dann für alle ganzen Zahlen wieder durch einfache Operationen auf den Kreismengen und die resultierenden Zählverhältnisse erklären, diesmal aber unter zusätzlicher Beachtung der Farbverhältnisse.
- Die Subtraktion erwies sich dabei als nur scheinbar eigenständige Rechenart; tatsächlich läuft sie auf nichts anderes hinaus als die Addition, wobei die zweite Zahl schlicht durch ihr Pendant der anderen Art ersetzt wird.

Nun zur Division und zu den rationalen Zahlen. Wie kommen diese in die Welt? Ein letzter Besuch bei Kleinem Fuchsohr und seiner neuen Sippe gibt wieder den entscheidenden Hinweis: Schnell haben er und seine Freundin, Rundes Eulenauge, gelernt, mithilfe ganzer Zahlen selbst für komplexeste Abfolgen von Vorwärts- und

Lesehinweis: Der Rest dieses Abschnitts ist inhaltlich nicht wirklich schwer. Insbesondere bedarf es keinerlei höherer mathematischer Kenntnisse, um der Darstellung folgen zu können. Ein gewisses Maß an Konzentration muss man allerdings aufbringen, da es etwas knifflig wird. Falls Sie dazu gerade nicht in Stimmung sind, können Sie zunächst gerne zum nächsten Abschnitt springen. Merken Sie sich dann bitte als Ergebnis:
Die rationalen Zahlen und deren Rechenregeln lassen sich ebenfalls auf bestimmte Kreismengen und damit verbundene Operationen zurückführen, wobei die Ergebnisse der Operationen wiederum allein mittels der Eins-zu-eins-Beziehung definiert werden können. Neben dem Umstand, dass wie im Fall der ganzen Zahlen Dinge zweierlei, gegensätzlicher Art vorliegen, ist in diesem Zusammenhang zusätzlich zu berücksichtigen, in welcher Einheit die Zählung bzw. Anwendung der Eins-zu-eins-Beziehung erfolgt.

Rückwärtsschritten bei teils derselben, teils entgegengesetzter Blickrichtung auszurechnen, auf wie viele effektive Schritte in welcher Richtung diese hinauslaufen. Ihre neuen Kenntnisse haben sie bald danach auch an alle anderen Sippenmitglieder weitergegeben, sogar darüber hinaus. Eines Tages kommt Rundes Eulenauge aber mit einer neuen Fragestellung: «Du, Kleines Fuchsohr, wenn ich zuerst dünba-viele Cus-Schritte mache und dann bemi-viele Ebu-Schritte in dieselbe Richtung, wie weit komme ich dann eigentlich?» Hierbei muss man wissen, dass die Sippe sich irgendwann einmal auf eine bestimmte Schrittlänge als «Amuh-Schritt» geeinigt hat. Und kürzere Schrittlängen werden jeweils nach der Zahl benannt, die angibt, wie viele der kürzeren Schritte in einen Amuh-Schritt passen. «Und wo wir grade drüber sprechen, neulich hat Scharfe Adlerkralle von der Sippe der Froschfresser rumgeprahlt, sie sei aus dem Stand pintä-viele Ginga-Schritte weit gesprungen. Bei denen ist aber ein Amuh-Schritt nur so lang wie bei uns dünba-viele Ebu-Schritte. Hast du eine Ahnung, wie weit die Angeberin denn nun wirklich gesprungen ist?» – «Uff, was du immer für Fragen stellst!»

Die Antworten sind mit unserem heutigen Wissensstand und in heutiger Schreibweise schnell gegeben: $4/3 + 2/5 = 26/15$ bzw. $4/5 \cdot 16/7 = 64/35$. Doch wie können wir diese Antworten ohne all

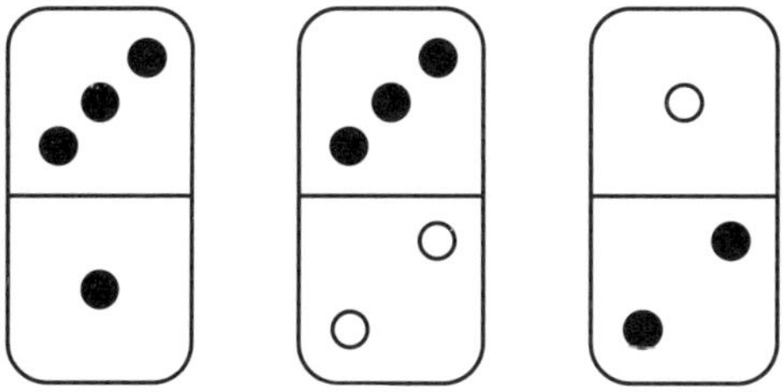

Referenzmengen für rationale Zahlen

unser Vorwissen, bloß auf den bisher entwickelten Kreismengen aufbauend, herleiten? Wir müssen die Kreismengen nochmals erweitern.

Die Kreismengen weisen nun jeweils einen oberen und einen unteren Teil auf. Der untere Teil bestimmt, in welcher Einheit gezählt wird. So repräsentiert ein einzelner dunkler Kreis im unteren Teil, je nach Kontext, eine positive Basiseinheit; eine höhere Anzahl an dunklen Kreisen unten repräsentiert eine positive Untereinheit, sodass entsprechend viele dieser Untereinheiten in einem bestimmten Sinne, wieder je nach Kontext, zu gleichen Teilen eine Basiseinheit ergeben. Ganz analog repräsentieren die hellen Kreise im unteren Teil negative Einheiten. So stehen beispielsweise die drei abgebildeten Kreismengen im Zusammenhang mit der Frage von Rundem Eulenauge für drei Amuh-Vorwärtsschritte in «positive» Richtung blickend (links), drei Bemi-Rückwärtsschritte in «positive» Richtung blickend (Mitte) bzw. einen Bemi-Vorwärtsschritt in entgegengesetzte, «negative» Richtung blickend (rechts). Abstrakter, auf Zahlen bezogen, stehen sie in der uns gewohnten Notation für 3/1, 3/–2 bzw. –1/2.

Anders als bisher steht nun nicht mehr jede mögliche derartige Kreismenge für eine eigene Zahl. Beispielsweise repräsentiert die Kreismenge mit sechs dunklen Kreisen oben und zwei dunklen Kreisen unten dieselbe Zahl wie die links abgebildete Kreismenge, nämlich die Zahl Drei. Aber da es sich bei den Kreismengen ja gar nicht um die Zahlen selbst handeln soll, sondern bloß um ihre (eingängigen) Stellvertreterinnen, ist das völlig unproblematisch; jede Zahl kann beliebig viele Stellvertreterinnen haben. Man muss nur über ein eindeutiges Kriterium dafür verfügen, ob zwei Kreismengen dieselbe Zahl repräsentieren. Nun laufen sechs Viertel-Rückwärtsschritte in die negative Richtung blickend (–6/–4) im buchstäblichen Sinne auf dasselbe hinaus wie drei Halb-Vorwärtsschritte in positive Richtung blickend (3/2). Beispiele wie dieses legen folgendes Kriterium nahe: Betrachtet man, für sich genommen, den oberen Teil der einen Kreismenge und den unteren der anderen als Repräsentanten ganzer Zahlen und multipliziert sie entsprechend miteinander, so erhält man dasselbe Ergebnis wie im umgekehrten Fall (–6 · 2 = –4 · 3). Die Null fügt sich hier nahtlos ein, wobei als ihre Stellvertreterinnen alle Kreismengen dienen, deren oberer Teil keinen Kreis enthält (der untere Teil aber mindestens einen).

Addition und Multiplikation sind nun wieder einfach erklärt bzw. definiert. In diesem Fall ist aber die Multiplikation die noch einfachere Operation: Wende die von den ganzen Zahlen her gewohnte Multiplikationsoperation getrennt für die oberen und die unteren Teile der beiden Kreismengen an – fertig! Motiviert wird die Definition in der Schule meist nur für positive Zähler und Nenner, sprich für Mengen mit dunklen Kreisen oben und unten. Da werden Beispiele gebracht wie dieses: «Wenn ein Kasten Bier vier Sixpacks enthält, also 24 Flaschen, und Kevin fünfmal so viele Flaschen hat, wie dreimal in zwei Sixpacks gehen, wie viele Flaschen hat Kevin dann? Genau, 20. Denn 2/4 · 5/3 = 10/12 = 20/24.» Die Motivation für den Fall, in dem beide Farben vertreten sind, kommt wieder beim Gehen: Wenn man einen Vorwärtsschritt in bestimmter Richtung als Bezugsgröße durch drei Halb-Rückwärtsschritte in dieselbe Richtung blickend ersetzt, so laufen drei Viertel-Vorwärtsschritte, in die Gegenrichtung blickend, auf dasselbe hinaus wie, bezogen auf die ursprüngliche Einheit, neun Achtel-Rückwärtsschritte, in die Gegenrichtung blickend (3/–2 · –3/4 = –9/–8).

Auch die Addition ist einfach, wenn beide Kreismengen im unteren Teil gleich viele und gleichfarbige Kreise enthalten. Dann funk-

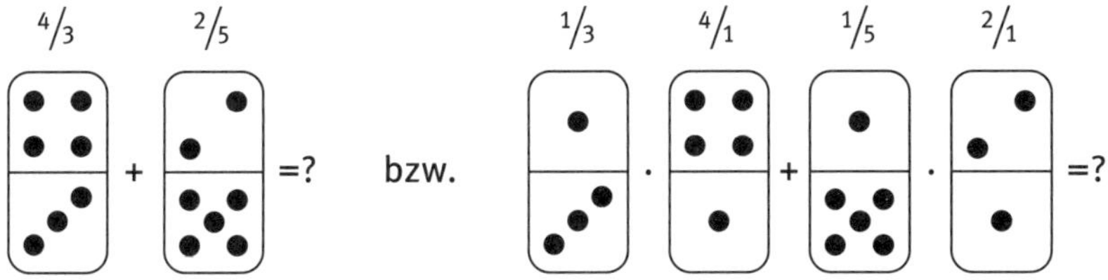

Rechenbeispiel mit Referenzmengen rationaler Zahlen

tioniert sie wieder so wie bei den ganzen Zahlen; man muss nur die unteren Kreise einer der beiden Mengen mitführen. Aber was, wenn beide Mengen unten nicht gleich viele und gleichfarbige Kreise enthalten? Betrachten wir noch mal das Beispiel von Rundem Eulenauge. Die rechts bebilderte Fassung der Rechenaufgabe führt besser vor Augen, wo das Problem liegt: Die Einheit ändert sich. Es fängt an mit einem Cus- bzw. Drittelschritt als Bezugsgröße und geht dann mit einem Ebu- bzw. Fünftelschritt als Bezugsgröße weiter. Wir müssen also zu einer gemeinsamen Bezugsgröße wechseln. Das heißt, es muss «erweitert» werden. Im Beispiel bedeutet das, die Einheiten eines Drittel- und eines Fünftelschritts werden in die größte gemeinsame Untereinheit umgerechnet, sprich in Fünfzehntelschritte. In der gewohnten Bruchschreibweise lautet die Rechnung somit: $4/3 + 2/5 = 1/3 \cdot 4/1 + 1/5 \cdot 2/1 = 5/15 \cdot 4/1 + 3/15 \cdot 2/1 = 20/15 + 6/15 = 26/15$

Dieses zunächst etwas umständlich wirkende, aber, wenn man es kurz überdenkt, ganz einleuchtende Vorgehen lässt sich problemlos auf alle unsere Kreismengen übertragen, auch die mit hellen Kreisen. Damit ist dann auch die Addition für alle rationalen Zahlen definiert.

Und wo ist die Division abgeblieben? Wie auch die Subtraktion hat sich die Division als bloß vermeintlich eigenständige Rechenart entpuppt. Tatsächlich handelt es sich um eine Form der Multiplikation, bei der man schlicht den Divisor, also die Zahl, durch die geteilt wird, durch die «multiplikative Inverse» bzw. den «Kehrwert» ersetzt.[8] Auf Ebene der Kreismengen handelt es sich dabei schlicht um diejenige Kreismenge, bei der der obere und der untere Teil vertauscht werden.

Und wieder haben wir einen Meilenstein erreicht! Die rationalen Zahlen mit ihren Grundrechenarten Addition und Multiplikation sind vollständig entwickelt. Und mitsamt den «Nebenrechenarten» Subtraktion und Division ergeben sich daraus die altbekannten Regeln des Bruchrechnens, ohne jegliche Setzung, gewissermaßen von selbst.

Welt und Zahl

Was soll das Ganze? Was bringt es, die rationalen Zahlen noch mal «nachzuerfinden»? Der Witz des Unterfangens besteht zum einen darin, deutlich zu machen, was Zahlen *nicht* sind: Platonische Ideen, die in einer vollkommenen Parallelwert residieren und den realen Dingen in unserer unvollkommenen Welt als Muster dienen, nach denen sie sich organisieren (müssen). Bodenständiger ausgedrückt: Sie können sich die (rationalen) Zahlen durchaus als abstrakte Objekte denken – als was auch sonst? –, aber nicht als solche, die auf mysteriöse Weise ganz konkreten Dingen in der Welt irgendwie «anhaften» und durch ihre «Recheneigenschaften» bestimmte Zählverhältnisse zwischen den Dingen erzwingen.

Wie ich hoffe, ist zum anderen Folgendes deutlich geworden: Von den natürlichen, über die ganzen bis hin zu den rationalen Zahlen ergeben sich diese vielmehr als reine Abstrakta des Zählens, die man sich ohne Verluste als bestimmte Referenzmengen für die Eins-zu-eins-Beziehung vorstellen kann. Mit dieser Vorstellung versteht man, warum die Zahlen und das Rechnen mit ihnen so funktionieren, wie sie funktionieren, und was das genau mit dem Zählen zu tun hat. Auf Ebene der rationalen Zahlen ist beim Zählen bloß noch zusätzlich zu berücksichtigen, ob ein Ding von «positiver» oder «negativer» Art ist und in welcher Einheit das Zählen erfolgen soll.

Obwohl die Zahlen keinen ontologischen «Mehrwert» besitzen,

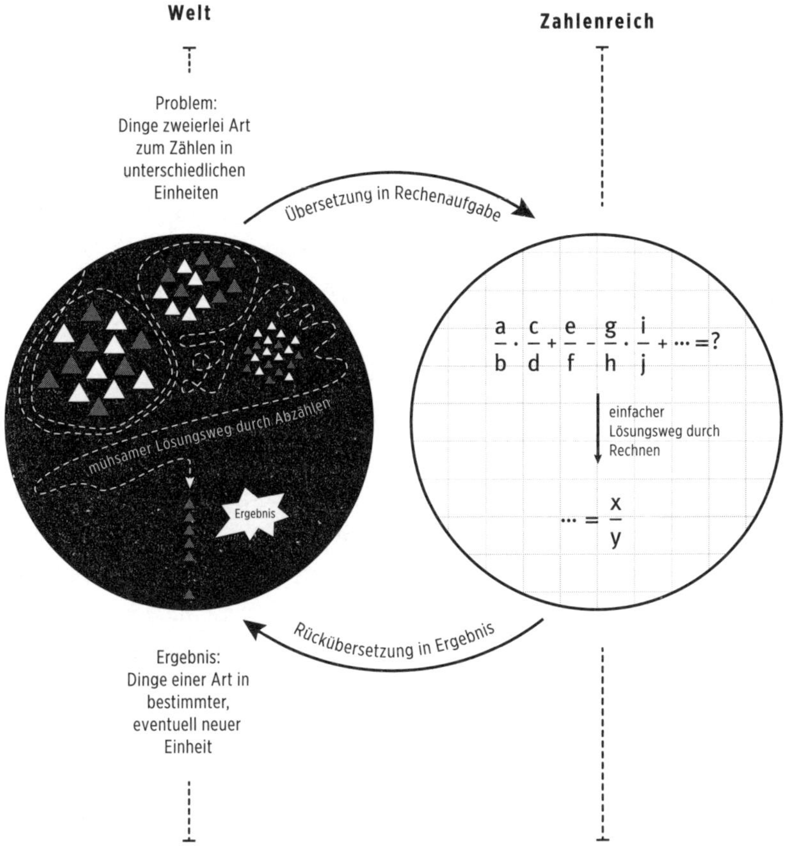

Übersetzung von Zähl- in Rechenaufgabe

haben sie doch einen enormen praktischen Nutzen: Durch die geeignete Definition der Operationen Addition und Multiplikation lassen sich komplexe, mühsame Zählaufgaben (zum Beispiel mit vielen Basislängen- und Richtungswechseln) in einfache symbolische Operationen überführen, deren Ergebnisse jeweils angeben, was beim Zählen «am Ende effektiv» herauskommt.

Das Schaubild muss noch mit Leben erfüllt werden. Da trifft es sich, dass Sie neulich am Strand eine alte Flaschenpost gefunden haben. Der Zettel darin entpuppte sich als Karte, auf der eine Insel abgebildet ist mit detailreichen Darstellungen wichtiger Landmarken und Vegetationszonen. Unter anderem ist ein Vulkanberg dargestellt, und an einem Strandabschnitt ist ein Kreuz eingezeichnet. Sie ahnten schon etwas, und in Ihnen keimte die Hoffnung auf Gold und Juwelen. In der Tat! Auf der Rückseite des Zettels finden sich folgende verblasste Zeilen: «Oh, glücklicher Finder dieser Flaschenpost! Meine letzten Tage auf dieser gottverlassenen Insel sind gezählt. Deshalb überlasse ich Dir die Truhe mit all meinen im Laufe eines redlichen Piratenlebens erworbenen Reichtümern. Du findest sie wie folgt: Gehe von der markierten Stelle am Strand zehn Meilen auf schnurgerader Strecke in Richtung Gipfel des Vulkanbergs; kehre dann um und gehe die halbe Wegstrecke wieder zurück; kehre dann wieder um und gehe die halbe letzte Wegstrecke zurück; wiederhole dies noch achtmal. Dann hast Du die Stelle erreicht, wo ich die Truhe vergraben habe.»

Nach einigen Wochen mühsamer Recherche haben Sie herausgefunden, um welche Insel es sich handelt und wie lang eine damalige Meile eigentlich ist. Nun stehen Sie mit einem Spaten an der markierten Stelle am Strand. Aber Sie wollen natürlich nicht wirklich erst zehn Meilen hin zum Gipfel laufen (teils durch dichten Dschungel und mückenverseuchte Sümpfe), dann fünf Meilen her, dann wieder zweieinhalb Meilen hin usw. Was tun? Nun, Sie könnten die Teilstrecken im Kopf in gemeinsamen Einheiten abzählen – etwa so: Zehn Meilen hin sind zweimal fünf Meilen hin, und dann fünf Meilen zurück macht effektiv fünf Meilen hin; fünf Meilen hin sind zweimal zweieinhalb Meilen hin, und dann noch zweieinhalb Meilen hin macht effektiv siebeneinhalb Meilen hin usw. Viel eleganter ist es aber, die Zählaufgabe in folgende Rechenaufgabe umzuwandeln (wobei die Basiseinheit die anfänglichen zehn Meilen in Richtung zum Gipfel sind):

$$1 - \frac{1}{2} + \frac{1}{4} - \frac{1}{8} + \cdots + \frac{1}{1024} = ?$$

Wenn Sie $-1/2$ kürzer als «x» schreiben und das gesuchte Ergebnis als «y», lösen Sie die Aufgabe mit folgenden einfachen Umformungen:

$$1 + x + x^2 + \cdots + x^{10} = y$$
$$(1 + x + x^2 + \cdots + x^{10}) \cdot (1 - x) = y \cdot (1 - x)$$
$$1 \cdot (1 - x) + x \cdot (1 - x) + \cdots + x^{10} \cdot (1 - x) = y \cdot (1 - x)$$
$$1 - x + x - x^2 + x^2 - \cdots - x^{10} + x^{10} - x^{11} = y \cdot (1 - x)$$
$$1 - x^{11} = y \cdot (1 - x)$$
$$\frac{1 - x^{11}}{1 - x} = y$$

Die effektive Strecke beträgt also:

$$10 \cdot \frac{1 - \left(-\frac{1}{2}\right)^{11}}{1 - \left(-\frac{1}{2}\right)} = 10 \cdot \frac{1 + \frac{1}{2048}}{1 + \frac{1}{2}} = 10 \cdot \frac{\frac{2049}{2048}}{\frac{3}{2}} = \frac{40980}{6144} = \frac{3415}{512} \approx 6{,}7 \text{ Meilen.}$$

Sollten Sie auf diese Rechnung nicht selbst gekommen sein oder gar Schwierigkeiten haben, sie nachzuvollziehen, nicht so schlimm. Hauptsache, Sie wissen nun zu würdigen, wie viel bequemer der Umweg über den Rechenweg im «Zahlenreich» ist im Vergleich zum direkten Lösungsweg des Zählproblems in unserer Welt.

Und weil's so schön war, noch ein Beispiel. Angenommen, auf der Rückseite der Karte hätte gestanden: «Glücklicher Finder, geh zuerst einen Schritt in Richtung zum Gipfel, dann noch zwei, dann noch drei, dann noch vier, ..., dann noch einhundert. Dann hast du die Stelle erreicht, wo ich die Truhe vergraben habe.» Wie viele Schritte müssten Sie insgesamt gehen? Als reine Zählaufgabe wäre auch das ziemlich mühsam. Und als Rechenaufgabe? Es gibt eine berühmte Anekdote über den bereits erwähnten Gauß, in der diese Aufgabe eine prominente Rolle spielt: $1 + 2 + \cdots + 100 = ?$ In der Grundschule sollten er und seine Mitschüler diese Summe ausrechnen, ohne einen Mucks von sich zu geben. Der Lehrer wollte in aller Ruhe seine Zeitung lesen.

Normalsterblichen ist klar, wie die Aufgabe zu lösen ist: Man addiere eben zuerst die Zwei zur Eins, macht drei; dann dazu die Drei, macht sechs; dann dazu die Vier, macht zehn; usw. Das ist allerdings nicht weniger mühsam als die direkte Zählaufgabe. Doch als Unsterblicher vom Kaliber des kleinen Gauß erkennt man schnell eine Regelmäßigkeit:

> Später hätte Gauß nicht mehr sagen können, ob er an diesem Tag müder gewesen war als sonst oder einfach nur gedankenlos. Jedenfalls hatte er [der es sonst immer vermied aufzufallen] sich nicht unter Kontrolle gehabt und stand nach drei Minuten mit seiner Schiefertafel, auf der nur eine einzige Zeile geschrieben war, vor dem Lehrerpult. [...] Darum sei es doch gegangen, eine Addition aller Zahlen von eins bis hundert. Hundert und eins ergebe Hunderteins. Neunundneunzig und zwei ergebe hunderteins. Achtundneunzig und drei ergebe hunderteins. Immer hunderteins. Das könne man fünfzigmal machen. Also fünfzig mal hunderteins.

Mit Daniel Kehlmanns lapidar-eindrücklicher Schilderung der Szene aus *Die Vermessung der Welt* fällt es auch uns wie Schuppen von den Augen. Man muss die Summe «nur» umschreiben:

$$1 + 2 + \cdots + 100 = (1 + 100) + (2 + 99) + \cdots + (50 + 51) = 50 \cdot 101 = 5050$$

Alles bloß ein «soziales Konstrukt»?

Womöglich wird so manche Leserin angesichts dessen, wie ich die (rationalen) Zahlen eingeführt und das Rechnen mit selbigen mittels der Eins-zu-eins-Beziehung erklärt habe, ein gewisses Unbehagen verspüren. «Aber», so wird sie vielleicht einwenden, «läuft dies nicht auf eine Zurückführung der Zahlen auf die angeblich vorgängige Kulturtechnik des Zählens hinaus? Und macht das die Zahlen nicht zu bloßen ‹sozialen Konstrukten›? Und verlieren sie damit nicht gerade das, was wir an ihnen so schätzen: ihre Objektivität? Soll es beispielsweise keine objektive Tatsache sein, dass es unendlich viele Primzahlen gibt? Oder war die Anzahl der Planeten in unserem Sonnensystem etwa nicht acht (Pluto nicht mitgezählt), lange bevor es überhaupt Menschen gab, die sie zählen konnten?» Das Unbehagen kann ich nachvollziehen. Deshalb will ich mich nicht damit begnügen, es als «Symptom überkommenen Platonischen Denkens» abzutun. Vielmehr will ich versuchen, es mit guten Argumenten zu zerstreuen.

«Soziales Konstrukt» – das ist eher ein vager Kampfbegriff als ein präzises Analyseinstrument. Dennoch gibt es klare Beispiele, die man intuitiv darunter fassen kann: Geld etwa oder Staaten oder die Uhrzeit oder das soziale Geschlecht bzw. Gender. Diesen ist gemein, dass sie einer Gemeinschaft von Individuen mit bestimmten geteilten Überzeugungen und Erwartungen bedürfen, um bestehen zu können. Wenn Sie und ich und alle anderen nicht mehr darauf vertrauen, dass die Papierscheine in unseren Portemonnaies und die Ziffernfolgen auf unseren Kontoauszügen morgen noch von allen als werthaltig angesehen werden, verschwindet der Euro in der Wertlosigkeit. Wenn Sie und ich und alle anderen entweder zu durchgeknallten «Reichsbürgern» mutieren oder aus sonstigen Gründen die Gesetze und Verordnungen der Bundesrepublik Deutschland nicht mehr als bindend ansehen, so büßt die BRD ihre Staatsgewalt ein. Wenn wir alle zu einem freien, nur von natürlichen Zyklen bestimmten Leben als Jäger und Sammler zurückkehren, endet die Diktatur der Uhrzeit. Und schließlich, wenn wir alle die traditionellen Geschlechterrollen über Bord werfen und nicht durch neue ersetzen, gibt es keine Männer und Frauen und Jungen und Mädchen mehr, aber auch keine Transgender- und «nichtbinären» Personen, sondern höchstens noch in einem deskriptiv-biologischen Sinne männliche und weibliche Menschen.

Aber nicht alle Phänomene, die durch ihre Anbindung an eine «soziale Praxis» zu verstehen sind, sind soziale Konstrukte in diesem Sinne. Eine der grundlegendsten Einsichten Ludwig Wittgensteins und anderer Vertreter der «sprachlichen Wende» in der Philosophie des Geistes war die, dass Denken nicht isoliert von Sprache zu verstehen ist. Diese These wird oft so missverstanden, als besage sie im Grunde: Nur wer sprechen kann, kann denken. Demnach könnten etwa Tiere gar nicht denken, was offenkundiger Unfug ist. Richtig verstanden (wenn auch etwas verkürzt), lautet die These meines Erachtens: Um zu verstehen, was es heißt, einen bestimmten Gedanken zu haben, genügt kein noch so tiefer Blick in den Geist (oder heutzutage ins Gehirn), sondern man muss erfassen, welche (normative)[9] Rolle dem Gedanken im Rahmen eines hinreichend komplexen «Sprachspiels» zukommt.

Ein weiteres, weniger strittiges Beispiel ist eine grundlegende Einsicht, auf der nicht zuletzt Albert Einsteins bahnbrechende Ideen zu Raum und Zeit beruhen. Danach sind Raum und Zeit nicht isoliert davon zu verstehen, was es heißt, zeitliche und räumliche Abstände zu *messen*. Später dazu mehr, hier nur dies: Dass zwei Ereignisse einen bestimmten räumlichen und zeitlichen oder vielmehr *raum-zeitlichen* Abstand voneinander haben, bedeutet nach Einstein, dass sich die diesbezüglichen Messungen von idealisierten Beobachtern mittels ihrer Uhren und Zollstöcke jeweils in bestimmter Weise zu einem einheitlichen Resultat zusammenfügen. Das heißt selbstverständlich *nicht*, dass zwei Ereignisse nur dann einen solchen Abstand haben, wenn jemand dabei ist und misst. Es heißt vielmehr, dass im Prinzip eine (idealisierte) Messung möglich (gewesen) wäre und diese das entsprechende Resultat zeitigen würde (bzw. gezeitigt hätte).

Auf die Zahlen und ihre Anbindung an das Zählen übertragen, heißt das: «Die Dinge von der und der Art haben die und die Anzahl» bedeutet schlicht, dass im Prinzip ein idealisierter «Zähler» besagte Dinge mit denjenigen Dingen in eine Eins-zu-eins-Beziehung bringen könnte, aus denen sich die vom Zähler festgelegte Stellvertretermenge für die betreffende Zahl zusammensetzt. Hierbei wird lediglich die Eins-zu-eins-Beziehung vorausgesetzt und dass der Zähler seine Referenzmengen in Bezug auf diese korrekt bildet. Dafür ist offenbar keine Gemeinschaft von Zählern mit wechselseitigen Erwartungen nötig. Robinson Crusoe konnte auf seiner einsamen Insel die zehn Kokosnüsse, die er eines Morgens am Strand fand, in eine Eins-zu-Eins-Beziehung mit seinen Fingern bringen. Aber er konnte die Kokosnüsse nicht als Geld nutzen.

Die Objektivität von Aussagen wie der, dass unser Sonnensystem acht Planeten beherbergt und das auch schon tat, lange bevor es

Menschen gab, ist also gewahrt – und auch die des Satzes von den unendlich vielen Primzahlen. Der zugehörige Beweis von Euklid ist in all seiner Einfachheit ein Juwel:

Angenommen, es gäbe nur endlich viele Primzahlen, nämlich $p_1, \dots ,p_n$. Dann wäre $p_1 \cdot \dots \cdot p_n + 1$ keine Primzahl. Also wäre $p_1 \cdot \dots \cdot p_n + 1$ durch eine Primzahl teilbar, sprich durch eine der Zahlen: $p_1, \dots ,p_n$. Doch dann wäre auch die Zahl 1 durch dieselbe Zahl teilbar, was nicht sein kann, da jede Primzahl größer als 1 ist. Ergo muss die Annahme falsch sein. Das heißt, es muss unendlich viele Primzahlen geben.

Der Satz und der Beweis setzen beide stillschweigend voraus, dass es beliebig große Zahlen bzw. Referenzmengen für die Eins-zu-eins-Beziehung gibt, insbesondere Mengen mit womöglich mehr Objekten, als es im gesamten Universum überhaupt geben kann. Ist das nicht ein Problem? Ich meine nicht. Es stimmt zwar: Den Begriff der Eins-zu-eins-Beziehung erfasst man zunächst anhand konkreter, physischer Objekte (Zapfen, Kokosnüsse, gemalter Kreise und Dreiecke). Warum sollte man aber nicht anschließend die reale Welt mit dem Begriff *transzendieren* können? Wir alle haben uns etwa den Begriff des Tisches als Kinder allein anhand konkreter, realer Tische angeeignet. Das hindert uns aber nicht daran, uns einen Tisch auszudenken, der niemals gezimmert werden könnte, weil er zu groß, zu schwer, zu filigran oder sonst was wäre. Mehr noch, es hindert uns nichts daran, den Tisch so detailliert zu beschreiben, und zwar kohärent, dass sich daraus objektive Schlussfolgerungen ziehen lassen.

Ein «willkürliches» Element bleibt allerdings bestehen, nämlich wie wir die Grundrechenarten definiert haben. Greifen wir beispielsweise folgenden Aspekt heraus: Die Zahl 0 hat in dem Kreismengen-System, das wir für die rationalen Zahlen vorgeschlagen haben, schlicht keinen Kehrwert. In der Schule wird das meist irreführenderweise als Verbot verpackt: «Durch 0 darf man nicht teilen.» Aber was hindert uns denn daran, für unsere Referenzmengen der Null analog inverse Mengen zu bilden wie für die anderen

Referenzmengen? Das wären gerade die Kreismengen mit mindestens einem Kreis im oberen Teil und keinem Kreis im unteren. Diese Mengen könnten beispielsweise für eine unendliche Größe stehen: ∞. Wie man leicht per «Kreisarithmetik» nachprüft, hätte diese «Zahl» eine analoge Eigenschaft wie die Null: $\infty \cdot a = a \cdot \infty = \infty$ für jede rationale Zahl $a \neq 0$. Aber eine ganz bestimmte Eigenschaft hat die neue Größe gewiss *nicht*, nämlich mit 0 multipliziert 1 zu ergeben. Denn für eine Kreismenge mit leerem oberen Teil und eine Kreismenge mit leerem unteren Teil liefert die definierte Multiplikationsoperation einen komplett leeren (zweigeteilten) Rahmen. Und diesen können wir nicht einfach zu einem neuen Stellvertreter der 1 erklären. Diese Festlegung wäre schlicht nicht mit der gegebenen Definition der Multiplikation (und der Äquivalenz verschiedener Referenzmengen) verträglich.

Wir sind also in gewissen Grenzen frei darin, selbst festzulegen, welche Operationen mit welchen Zahlen wie auszuführen sind – was Kronecker mit «Menschenwerk» meinte. Doch nur die wenigsten Definitionen sind annähernd so nützlich wie die für die Addition und Multiplikation gegebenen. Und wenn diese erst einmal gesetzt sind, so haben sie ihre logische Eigendynamik und dulden es nicht, dass den entsprechenden Operationen und beteiligten Zahlen willkürlich irgendwelche Eigenschaften zugeschrieben werden.

Zahl ohne Welt

An einer Stelle haben wir hautnah miterlebt, wie die für die Zahlen konstitutive Anbindung an das Zählen und damit an konkrete Dinge in der Welt aus dem Blick geriet. Das war, als die Nachfahren der Zapfen-Weisen begannen, die Zahlen als Gottheiten zu verehren und die entscheidende Rolle der Eins-zu-eins-Beziehung aus den Augen zu verlieren.

Aber auch das Beispiel der Schatzinsel und die Gauß-Anekdote bergen den Keim zur Weltentrückung der Zahl in sich. Denn in beiden Beispielen besteht der Witz der Rechenaufgabe nicht allein darin, eine mühsame Zählaufgabe durch eine viele elegantere, bequemere Folge symbolischer Operationen zu ersetzen. Diese Operationen laden förmlich zur Verallgemeinerung ein, zur Loslösung von der konkreten Aufgabe. Im ersten Beispiel liegt es sehr nahe, das Zeichen «x» nicht mehr nur als bündigen Bezeichner für die Zahl $-1/2$ anzusehen, sondern als Variable, die für eine beliebige Zahl (außer Eins) stehen kann. Und statt bei x^{10} stehen zu bleiben, kann man genauso gut die Zehn durch eine weitere Variable, n, ersetzen. Ohne irgendetwas Wesentliches an den Umformungen ändern zu müssen, purzelt damit nicht nur die Lösung einer einzelnen konkreten Aufgabe heraus, sondern eine allgemeine Formel:

$$1 + x + x^2 + \cdots + x^n = \frac{1 - x^{n+1}}{1 - x}$$

Fast genauso problemlos lässt sich die pfiffige Lösung des kleinen Gauß für die stupide Aufgabe seines Lehrers auf die Stufe einer erstaunlichen allgemeinen Formel heben:[10]

$$1 + 2 + \cdots + n = \frac{n \cdot (n+1)}{2}$$

Dieses Verallgemeinerungspotential des symbolischen Hantierens mit Zahlen hat es ermöglicht, die entsprechende Disziplin namens «Algebra» in den vielfältigsten Anwendungsbereichen mit großem Nutzen einzusetzen. Die Gefahr ist aber, bei aller symbolischen Verallgemeinerung besagte konstitutive Anbindung der Zahlen an die reale Welt zu übersehen. Erliegt man dieser Gefahr, so wird man sich, wie der berühmte Physiker Eugene Wigner in seinem ebenso berühmten Essay über *Die vernunftwidrige Nützlichkeit der Mathematik in den Naturwissenschaften*, über die Maßen wundern, dass so hochgradig abstrakte, weltferne Dinge wie Zahlen und die davon handelnde Disziplin Algebra in den Natur- und Ingenieurswissenschaften so produktive Anwendung finden können.

Hierzu in einem späteren Kapitel mehr. Zum Schluss dieses Kapitels nur dies: Die praktische Anwendbarkeit der Zahlen ist ihnen, wie gesehen, gewissermaßen in die Wiege gelegt. Das eigentlich Erstaunliche ist, dass sie über ihren praktischen Nutzen hinaus ein so spannendes, reichhaltiges Eigenleben führen.

2. Punkte, Geraden, Dreiecke & Co.

Zu höflich, um alles zu sagen, was er [über die Pieta in Naphtas Wohnung] dachte, beschränkte er sich darauf, Fehlerhaftigkeiten in den Verhältnissen und den Körperformen der Gruppe zu beanstanden, Verstöße gegen die Naturwahrheit.
Über Settembrini in Thomas Manns *Zauberberg*

Es handele sich um bewußte Emanzipation des Geistes vom Natürlichen, dessen Verächtlichkeit durch die Verweigerung jeder Demut davor religiös verkündet werde.
Über Naphtas Erwiderung

Geometrie, bloß ein Hobby für Geeks?

Das Bild von der Algebra, das die meisten Schulkinder aufgrund uninspirierten Unterrichts entwickeln, ist eines von unmotivierten Formeln, die man mittels mehr oder weniger komplizierten Jonglierens mit Ixen, Ypsilons und Zetts «auflösen» soll. Worum es dabei eigentlich geht und was das Ganze mit ihnen und der Welt zu tun haben könnte, bleibt den Kindern schleierhaft.

Mit der Geometrie verhält es sich etwas anders. Den Kindern ist völlig klar, worum es geht: Punkte, Geraden, Dreiecke, Kreise, Kegel, Zylinder und dergleichen mehr. Aber was das mit ihnen und der Welt zu tun haben könnte, bleibt ihnen ebenso schleierhaft. Das ist nicht verwunderlich, wenn man sich einmal eine typische Geometrieaufgabe zu Gemüte führt: Vier Punkte auf einem Kreis werden, wie in der Abbildung auf der nächsten Seite links dargestellt, der Reihe nach mit den geraden Linien a, b, c und d zu einem Viereck verbunden. Ferner werden dessen Diagonalen e und f gezogen. Dann gilt die rechts abgebildete Äquivalenz im Sinne von Flächengleichheit. Die beiden von jeweils gegenüberliegenden Kanten des Vierecks aufgespannten Rechtecke haben also zusammen dieselbe Fläche wie das von den Diagonalen aufgespannte Rechteck.

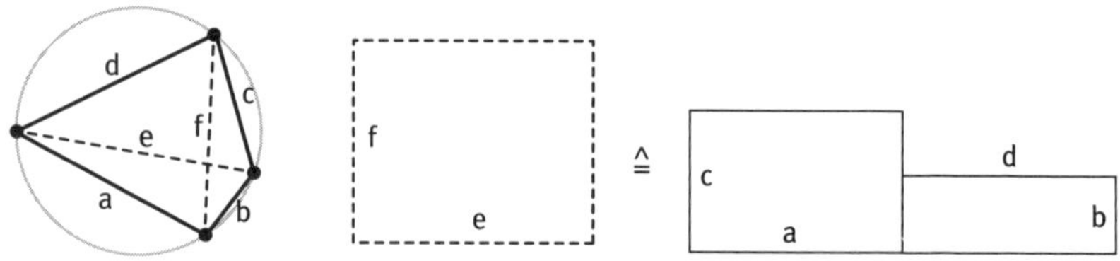

Typische Geometrie-Aufgabe

Wenn man sich an den Schreibtisch setzt, um eine einfache, aber überraschende Tatsache wie diese mit Zirkel und Lineal zu beweisen, so betreibt man Geometrie als eine Art Denksport. Das schult das logisch-deduktive, aber auch das kreative Denkvermögen ungemein, und vor allem macht es großen Spaß – ehrlich! Denn zumindest bei guten Aufgaben findet man die Lösung nicht durch mühsames Herumprobieren oder stumpfsinniges Anwenden irgendwelcher Denkschablonen, sondern sie steht irgendwann auf einmal, wie eine Erleuchtung, klar vor Augen. Dazu muss man das Problem im wahrsten Sinne des Wortes aus einer ganz anderen, völlig neuen Perspektive in den Blick nehmen. Genau diese Perspektive zu finden, kann allerdings einen heftigen Kampf mit den eigenen Denkblockaden erfordern; umso größer dann aber die Freude des Heureka-Moments, der einen am Ende eines langen Tages intensiven Nachdenkens erlöst.

Die Geometrie ist aber viel mehr als Denksport. Sie ist die im antiken Griechenland – wo auch sonst?! – zu erster Blüte getriebene Disziplin, mit der zuallererst, lange vor der Entwicklung einer ernst zu nehmenden Physik, der uns umgebende Raum systematisch erforscht wurde. Die Besonderheit daran ist, dass sie – in den Worten des bereits zitierten Autorengespanns Philip Davis und Reuben Hersh – «eine genaue Beschreibung des Raumes, in dem wir leben, […] aber auch eine intellektuelle Disziplin, eine deduktive Struktur» ist. Die Griechen wollten die grundlegenden Eigenschaften des Raums bestimmen, in dem sich ihr Leben, zumindest dessen physische Aspekte, und überhaupt alle physischen Vorgänge abspielten. Und sie wollten daraus folgern, welche Gebilde und Strukturen in diesem Raum überhaupt möglich sind. Es ging ihnen also nicht um eine systematische empirische Bestandsaufnahme der vielfältigen Formationen konkreter Objekte, denen man in der belebten oder unbelebten Natur tatsächlich begegnet; es ging ihnen darum, die vom Raum selbst auferlegten Grenzen für die Bildung solcher Formationen aufzuzeigen.

Hierbei wollten sie allein von idealisierenden, aber intuitiv verständlichen Begriffen ausgehen. Paradebeispiel ist der Begriff des Punktes, den Euklid als «etwas, das keine Teile hat» charakterisiert. Als Definition taugt das kaum, aber es ist schon klar, was gemeint ist: Ein Punkt im Raum ist der Ort, wo sich ein ganz kleines Ding, etwa ein Kügelchen, (zu einem bestimmten Zeitpunkt) befindet oder befinden könnte – fast. Natürlich hat selbst das allerkleinste Kügelchen immer noch eine Ausdehnung, deshalb befindet es sich gewissermaßen an vielen (benachbarten) Orten zugleich. Um einen eindeutigen Ort zu erhalten, denken wir uns das Kügelchen also kleiner und immer kleiner, bis es keine Ausdehnung mehr hat. Zwar ist das rein logisch nicht möglich. Denn ein Kügelchen ohne Ausdehnung könnte genauso gut ein Würfelchen sein, also *kein* Kügelchen. Aber als Idealisierung funktioniert es einwandfrei.

Die Gerade durch zwei Punkte ist eine weitere solche Idealisierung, für die beispielsweise die straff gezogene Zahnseide zwischen Ihren Fingerspitzen bei der allabendlichen Zahnpflege als konkretes Vorbild dient. Entsprechend verhält es sich für all die anderen Gebilde, denen man im Geometrieunterricht begegnet; sie sind Idealisierungen konkreter Gebilde, die sich durch eine besonders einfache oder interessante räumliche Struktur auszeichnen. Ich möchte sie hier gar nicht alle aufzählen. Ich möchte auch nicht alle Axiome durchgehen, die die Griechen als besagte grundlegende Eigenschaften des Raums ausgemacht haben. Nur drei davon sollen herausgegriffen werden:

1. Durch zwei beliebige Punkte kann eine Gerade (unbegrenzt) gezogen werden.
2. Für zwei beliebige Punkte einer Ebene kann in selbiger ein Kreis durch den einen Punkt um den anderen als Mittelpunkt herumgezogen werden. (Die Punkte auf dem Kreis haben dann alle per Definition denselben Abstand vom Mittelpunkt.)
3. Es seien eine beliebige Gerade und ein beliebiger Punkt gegeben, der nicht auf der Geraden liegt. Dann kann in der Ebene, die den Punkt und die Gerade enthält, genau eine Gerade durch den Punkt gezogen werden, die die erste Gerade niemals schneidet.

An den ersten beiden Axiomen fällt vor allem auf, wie trivial sie (scheinbar) sind. Die meisten von uns würden überhaupt nie auf die Idee kommen, solche Binsenweisheiten ausdrücklich zu erwähnen, geschweige denn daraus irgendetwas Interessantes folgern zu wollen. Gerade das macht deutlich, wie einzigartig das intellektuelle Klima gewesen sein muss, in dem einige Leute zum allerersten Mal genau das taten. Sie erkannten vor allen anderen: Je «trivialer» die Annahmen, mit denen man die Welt oder, bescheidener, einen bestimmten Aspekt derselben erklären will, desto potentiell reichhaltiger der Schatz an neuartigen Erkenntnissen, den man daraus gewinnt.[1]

Bei dem dritten Axiom handelt es sich um das berühmte *Parallelenaxiom*. Dieses unterscheidet sich von den beiden anderen offenbar darin, nicht ganz so trivial zu sein; allein schon seine Formulierung ist umständlicher. Lange war man zwar von seiner Unumstößlichkeit überzeugt, versuchte aber, es aus den anderen Axiomen abzuleiten. Die Mühe war vergebens; man kann zugleich die «wirklich trivialen» Axiome alle beibehalten und das Parallelenaxiom durch eine Variante ersetzen, etwa die, wonach stets mehr als eine Parallele existiert. Damit erhält man eine sogenannte *Nichteuklidische* Geometrie. Um ein letztes Mal aus *Erfahrung Mathematik* von Davis und Hersh zu zitieren:

Als vor eineinhalb Jahrhunderten die nichteuklidische Geometrie auf der Bildfläche auftauchte, wurde sie mit ungläubigem Erstaunen aufgenommen. Die Existenz solcher Geometrien ist heute leicht in ein paar Sätzen zu erklären und wird ohne weiteres verstanden. Jede mathematische Theorie wie Arithmetik, Geometrie, Algebra, Topologie usw. kann als axiomatisches Programm dargestellt werden, in dem Folgerungen systematisch und logisch aus den Axiomen hergeleitet werden. Ein solches logisch-deduktives Programm könnte mit einem Spiel verglichen werden und die Axiome des Programms mit den Spielregeln. Jeder, der sich mit Spielen befasst, weiß, dass man zu einem bestimmten Spiel Variationen erfinden kann, worauf die Konsequenzen dann andere sind. Eine nichteuklidische Geometrie ist eine Geometrie, die mit Axiomen gespielt wird, die anders sind als diejenigen Euklids.

Diese einfache (von den Autoren übrigens nicht geteilte) Erklärung verkennt völlig den Anspruch, den die Geometer der Antike mit ihrem Tun verbanden, nämlich den *einen* kosmischen Raum zu beschreiben. Im Nachhinein hat sich dank Riemann und Einstein herausgestellt, dass die Euklidische Geometrie diesem Anspruch nicht (ganz) gerecht wird. Das liegt aber nicht daran, dass mathematische Theorien bloße «formale Spiele» wären, für die sich die Frage nach richtigen oder falschen Beschreibungen ohnehin nicht stellte. Zwar unterschreiben viele Mathematikerinnen diese *formalistische* Sicht, wenn sie sich denn einmal in Sonntagsreden zur Philosophie der Mathematik einlassen; aber im Alltag glaubt kaum eine wirklich daran – aus guten Gründen, die wir später näher diskutieren werden.

Ein weiterer Aspekt der Geometrie, den man aus heutiger Sicht leicht übersieht, ist ihre anfängliche *Zahlenabstinenz*. Wir sind es gewohnt, Streckenlängen, Flächeninhalten, Winkelweiten etc. Zahlenwerte zuzuordnen. Doch das ist ein nachträglicher Zusatz; zunächst gibt es bezüglich dieser Größen lediglich die Relationen «ist gleich», «ist kleiner» und «ist größer».[2] Erinnern Sie sich an die beiden Bauern in der reinen Tauschwirtschaft? Sie können darüber streiten, ob ihre Kühe gleich viel wert sind oder die eine mehr wert ist als die andere; Preise bzw. Zahlenwerte in Geldeinheiten spielen dabei aber keine Rolle. So war es auch, wenn zwei Griechinnen etwa darüber stritten, welche von zwei Strecken die längere sei – zumindest wenn der Streit in geometrischer Reinform geführt wurde.

Machen wir uns das an einem fundamentalen Satz der Euklidischen Geometrie klar: Die Winkelsumme eines Dreiecks beträgt stets 180°. Das ist die moderne Formulierung. Der Satz lässt sich aber auch anders formulieren, und zwar mit Längen anstelle von Zahlen. Man kann zählen, wie oft in eine bestimmte Strecke eine andere Strecke, die als «Einheitsstrecke» ausgezeichnet wurde, hineinpasst. Die resultierende Zahl gibt dann aber das Längen*verhältnis* an, nicht die Länge selbst. Diese ist eine *vorgängige* geometrische Eigenschaft der Strecke. Ich möchte hier gar nicht erst versuchen, zu definieren, was Länge ist. Ich verlasse mich voll und ganz auf mein und Ihr intuitives Verständnis. Wichtig ist, wie man Längen von Strecken – geraden oder auch kurvigen – miteinander vergleicht, und zwar ohne Zahlen. «Einfach», könnte ein Schlaumeier sagen, «man lege je Kurve einen Faden entlang derselben aus und schneide ihn an den Endpunkten der Kurve ab. Die verbleibenden Fadenstücke ziehe man dann straff (aber ohne sie zu dehnen) und halte sie parallel gegeneinander. Dann sieht man, welche Kurve die längere ist.» So anschaulich und praktikabel dieser Vorschlag auch sein mag, so problematisch ist er allerdings theoretisch. Der Haken steckt in den Worten «ohne sie zu dehnen». Das klingt verdächtig zirkulär. Wie sollte man denn verifizieren, dass der Faden beim Straff- bzw. Geradeziehen nicht seine Länge verändert?

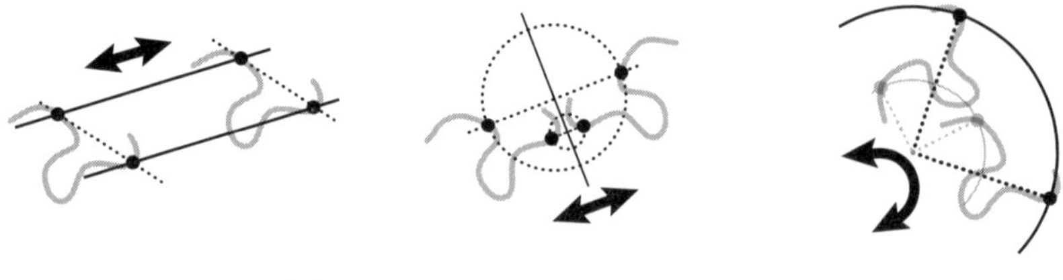

Parallelverschiebung, Spiegelung, Kreisdrehung

Um dieses Problem zu umgehen, bleibt letztlich nichts anderes übrig, als schlicht festzulegen, welche Operationen an Strecken deren Länge unverändert lassen – natürlich nicht willkürlich, aber letztendlich nur durch unsere Anschauung begründet.[3] Die Operationen, die die Griechen wählten, waren die *Parallelverschiebung*, die *Spiegelung* und die *Kreisdrehung*.

Wie der Name schon sagt, läuft die links abgebildete Parallelverschiebung darauf hinaus, dass jeder Punkt der Ausgangskurve um eine bestimmte gerade Strecke verschoben wird, wobei für je zwei beliebige Punkte diese Strecken parallel verlaufen und gleich lang sind. Das heißt, die Geraden, auf denen die beiden Strecken liegen, schneiden sich nie (durchgezogene Linien); dasselbe gilt auch für die Geraden durch die beiden Ausgangs- bzw. verschobenen Punkte (gepunktete Linien).

Der Name der Kreisdrehung (rechts) ist ebenso sprechend: Die Punkte der Ausgangskurve werden alle entlang von Kreislinien um einen gemeinsamen Mittelpunkt verschoben (durchgezogene Linien), und zwar jeweils um denselben Winkel (zwischen den gepunkteten Linien). Stellt sich nur die Frage, wann zwei Winkel gleich (weit) sind. Und was ist überhaupt ein Winkel? David Hilbert definiert in seinen *Grundlagen der Geometrie*[4] den Winkel als Paar von Halbgeraden, die von einem gemeinsamen Punkt ausgehen. Intuitiv würden wir hingegen wohl eher vom Winkel als einer Art von Maß (α in der nächsten Abbildung) dafür reden, wie stark die Halbgeraden «auseinanderstreben». Das kann man allerdings auch als die Winkel*weite* bezeichnen und bei Hilberts Definition blei-

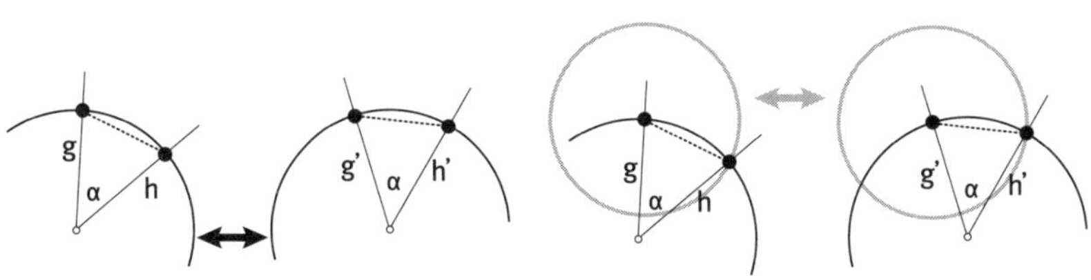

Geometrisches Kriterium für Winkelgleichheit

ben. Wie auch immer, entscheidend ist das Kriterium für die Gleichheit zweier Winkel bzw. Winkelweiten. Und dieses lässt sich auf die Längengleichheit zweier gerader Strecken zurückführen: Man ziehe um die Ausgangspunkte der beiden Halbgeraden-Paare jeweils einen Kreis (links), wobei beide Kreise denselben Radius haben sollen. Letzteres lässt sich daran überprüfen, ob der eine Kreis durch Parallelverschiebung in den anderen überführt werden kann. Dann ziehe man jeweils die gerade Strecke (gepunktete Linie) zwischen den Schnittpunkten der Kreislinie und der beiden Halbgeraden. Die Winkelweiten sind gleich, wenn diese beiden Strecken gleich lang sind. Das lässt sich wiederum daran überprüfen, ob die entsprechenden Kreise per Parallelverschiebung ineinander überführbar sind (rechts).

Mit den elementaren Operationen der Parallelverschiebung, der Kreisdrehung und der ähnlich einfach zu erklärenden Spiegelung lässt sich nicht nur Längengleichheit überprüfen, sondern auch Flächen- und Volumengleichheit. Deshalb pochten die Griechen darauf, dass alle geometrischen Konstruktionen allein mit Zirkel und Lineal zu erfolgen hätten. Denn so war sichergestellt, dass mit einfachsten, aber erstaunlich flexiblen Mitteln Längen-, Flächen- oder Volumengleichheiten verifizierbar waren, und zwar – um es nochmals zu betonen – ganz ohne Zahlen.

Zurück zum Winkelsummensatz für Dreiecke. Zahlenfrei umformuliert, lautet er: Reiht man die drei (Innen-)Winkel eines Dreiecks

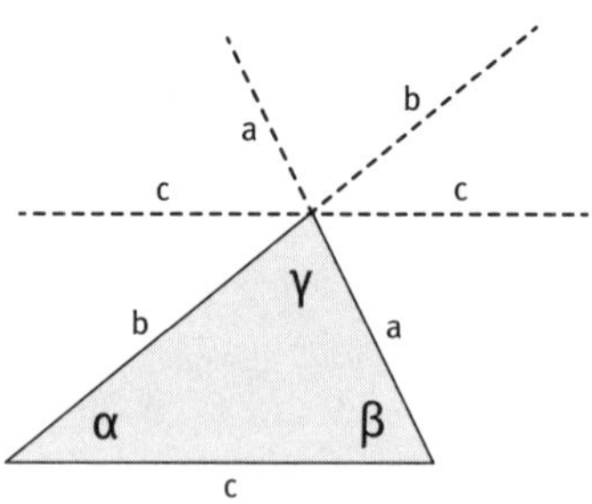

Winkelsummensatz

von einem gemeinsamen Punkt ausgehend aneinander, so spannen sie gemeinsam eine Halbebene auf, sprich eine unendliche Ebene mit genau einer Geraden als Rand. In dieser Formulierung und mit einer bildlichen Vorstellung von den drei aneinandergereihten Winkeln fällt es gar nicht so schwer, den Satz zu beweisen – entgegen der Behauptung meines Mathelehrers in der Mittelstufe.[5] Man muss nur, wie in der Abbildung dargestellt, das Ausgangsdreieck richtig unten dranhängen: Wir ziehen zunächst gemäß Parallelenaxiom die Parallele zur unteren Dreiecksseite c durch den oberen Eckpunkt. Dann verlängern wir die Seiten a und b über diesen Punkt hinaus, wodurch wir drei Halbgeraden-Paare erhalten. Nun überzeugen wir uns mit dem beschriebenen Verfahren davon, dass jedes dieser Paare und der entsprechende Winkel des Dreiecks gleich weit sind. Fertig!

Geometrie und Welt

In seinem sehr erhellenden Buch *Alles wird Zahl* schildert Thomas de Padova detailreich und anschaulich, wie durch die Wieder- bzw. Neuentdeckung der Mathematik das europäische Geistesleben – dank der Vermittlung durch arabische Gelehrte – in der Renaissance einen enormen Schub erfuhr. Insbesondere die Wiederentdeckung der Geometrie der Griechen öffnete Wissenschaftlerinnen und Künstlern im wahrsten Sinne des Wortes die Augen. Wie, das bringt de Padova am Beispiel Leonardo da Vincis so auf den Punkt:

> Die Geometrisierung des Sehvorgangs und die Perspektivlehre beruhen auf der elementaren Erkenntnis, dass sich Licht stets geradlinig ausbreitet. Es gelangt von den Oberflächen entfernter Gegenstände auf geraden Wegen zum Auge. Daher kann ein Maler durch Messungen jedem Objekt auf einem Bild in einem geometrisch konstruierten Raum den Platz zuweisen, den es auch in der Wirklichkeit einnimmt.

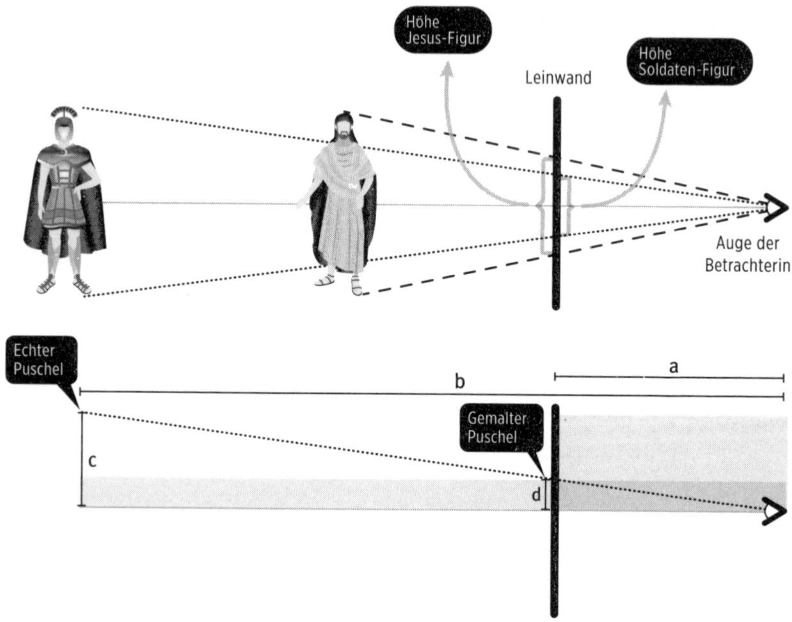

Perspektive

Durch den raffinierten Einsatz der Perspektive, so de Padova, gelingt es da Vinci, die Betrachterin eines Meisterwerks wie des *Letzten Abendmahls* förmlich in das Bild hineinzuziehen und so die Emotionalität der Figuren umso unmittelbarer nachempfinden zu lassen. So hatte die Geometrie einen wesentlichen Beitrag daran, dass sich der Mensch der Renaissance aus dem engen Korsett der mittelalterlichen Selbstdarstellung befreien konnte.

Nehmen wir einmal an, da Vinci hätte den Auftrag erhalten, Jesus in dem Moment zu malen, in dem schräg von hinten ein römischer Soldat auf ihn zuschreitet, um ihn zu ergreifen. Die Szene soll «echt» wirken, nicht wie in den mittelalterlichen Bildern, wo die Proportionen alle «falsch» sind. Wie kann da die Geometrie helfen, etwa bei der Frage, welche Höhe die beiden Figuren auf der Leinwand jeweils haben sollen?

Die Abbildung veranschaulicht die elementare Einsicht der Perspektivlehre, von der de Padova im Zitat spricht. Wäre die Betrachterin bei der Szene tatsächlich vor Ort gewesen, so wäre beispielsweise der Teil des vom Puschel auf dem Soldatenhelm reflektierten Lichts, den sie wahrgenommen hätte, (unter normalen Luftverhältnissen usw.) auf gerader Linie in ihr Auge gefallen. Soll das Bild realistisch wirken, so muss also die Farbe für den Puschel genau da aufgetragen werden, wo die gedachte Gerade zwischen dem Auge der Betrachterin und dem Puschel die Leinwand getroffen hätte, wenn auch diese bei der Szene aufgestellt gewesen wäre, und zwar im selben Abstand zur Betrachterin, den sie im Museum tatsächlich hat.

Da Vinci malt sich die Szene inklusive Betrachterin vorab im Kopf so aus, dass diese im Abstand a vor der Leinwand und im Abstand b vor dem Soldaten steht und dass ferner der Puschel um den Höhenabstand c über dem Auge der Betrachterin liegt. Wie groß muss nun der Höhenabstand d zwischen gemaltem Puschel und Auge sein? Für die griechischen Geometer waren solche Fragestellungen ein Klacks. Sie kannten die sogenannten *Strahlensätze* in allen Spielarten, wovon einer für obiges Dreieck besagt: Der Abstand d verhält sich zum Abstand c so, wie sich der Abstand a zum Abstand b verhält, oder geometrischer: Das von d und b aufgespannte Rechteck hat dieselbe Fläche wie das von a und c aufgespannte. Die Griechen wussten auch, wie man für ein gegebenes Rechteck ein flächengleiches Rechteck mit vorgegebener Seitenlänge (b) konstruiert – nur mit Zirkel und Lineal (also ohne Zahlen bzw. Längenverhältnisse nutzen zu müssen). Das heißt, da Vinci kann allein mithilfe der Geometrie die richtige Stelle für den gemalten Puschel finden, entsprechend auch für die gemalten Füße des Soldaten und ganz analog auch für Jesus und alle anderen Figuren und Objekte der Szenerie.[6]

Dieses Beispiel aus der Perspektivlehre führt einen ähnlichen Übersetzungsprozess zwischen Welt und Mathematik vor Augen, wie wir ihn schon im ersten Kapitel anhand der Flaschenpost kennengelernt haben: In der «realen» Welt waren unser Jesus, der römische Soldat, die Betrachterin und die Leinwand irgendwie angeordnet. Wir wollten u. a. wissen, wo das vom Puschel des Soldatenhelms reflektierte Licht, das ohne die Leinwand ins Auge der Betrachterin fallen würde, auf die Leinwand trifft. Zur Klärung dieser und ähnlicher Fragen reduzierten wir die kleinsten wahrnehmbaren Oberflächenpunkte zu idealisierten, geometrischen Punkten, ebenso das Auge der Betrachterin. Ferner nahmen wir an, dass das Licht auf gerader Linie ins Auge fällt. So konnten wir die reale Situation (zumindest in da Vincis Kopf) in eine bestimmte Konstellation von Punkten, Geraden und Dreiecken überführen. Und an dieser Konstellation konnten wir mit geometrischen Mitteln diejenigen Aspekte festmachen, die nach Rückübersetzung gerade den gesuchten Aspekten der Realsituation entsprechen.

Zu beachten ist, dass die beiden Übersetzungsschritte keine im eigentlichen Sinne mathematischen sind. Weder die Geometrie noch sonst irgendeine mathematische Theorie besagt etwa, dass sich Licht auf geraden Linien ausbreitet. Das ist eine *physikalische* Annahme, die sich auch als falsch herausstellen könnte; sie hat sich als falsch herausgestellt, zumindest im euklidischen Sinne, jenseits irdischer Maßstäbe. Gerade dieser Punkt, nämlich dass die Ableitungen auf der mathematischen Seite, also nach der Übersetzung und vor der Rückübersetzung, strengsten Ansprüchen genügen (können), die beiden Übersetzungsschritte aber eventuell nicht, führt häufig zu großer Verwirrung: Man wundert sich, wie eine angeblich so strenge, rationale, über alle Zweifel erhabene Wissenschaft wie die Mathematik völlig absurde Vorhersagen machen kann, die sich dann auch noch als falsch herausstellen. Ganz einfach, es ist nicht die Mathematik, die solche Vorhersagen macht, sondern es sind schlechte mathematische «Modelle» – Modelle, die nur unter fragwürdigen oder schlicht falschen (nichtmathematischen) Annahmen ein bestimmtes weltliches System repräsentieren. Kein Wunder, wenn die Schlussfolgerungen innerhalb eines solchen Modells womöglich mathematisch einwandfrei sind, die daraus abgeleiteten realweltlichen Konsequenzen aber falsch.[7] Auch ein großartiger Roman kann durch eine misslungene Übersetzung zu einem plumpen Machwerk voller Klischees verkommen.

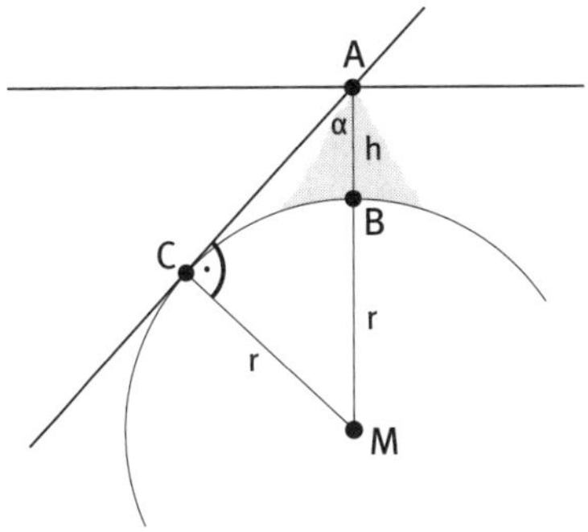

Bestimmung des Erdumfangs

Doch statt den leider gar nicht so seltenen missbräuchlichen Einsatz der Mathematik zu beklagen, wollen wir lieber noch ein leuchtendes Beispiel gelungener elementar-geometrischer Modellierung bestaunen: die verblüffend genaue Bestimmung des Erdumfangs zu Zeiten, als in Mitteleuropa die Welt noch kurz hinterm Horizont endete. Natürlich waren es wieder Griechinnen, die in der Antike die ersten guten Näherungen fanden, allen voran Eratosthenes von Kyrene im dritten Jahrhundert v. Chr. Ich möchte aber die Methode von Al-Chwarizimi aus dem 9. Jahrhundert skizzieren – wegen ihrer besonders eleganten Einfachheit.

Machen wir wieder eine kleine Zeitreise und versetzen uns auf einen hohen Berg. Wir stehen neben Al-Chwarizimi, der gerade hinaus aufs Meer blickt und einen bestimmten Punkt am Horizont fixiert. Er hält dabei einen geraden Stab mit Kimme und Korn vor seinem Auge, unter dem er ein Lot hängen lässt. Mit dem Kopf auf einen Zirkel zeigend, bittet er uns, damit den Winkel zwischen Stab und Lot abzumessen und den Zirkel zu arretieren. Der Bitte des großen Astronomen kommen wir gerne nach, woraufhin er uns vom Berg hinabführt und zu sich nach Hause einlädt.

Nach einem üppigen Gastmahl mit vielen orientalischen Köstlichkeiten erklärt uns Al-Chwarizimi, was ihn auf den Berg hinaufführte: Er wolle die Angabe des großen Griechen Eratosthenes zum Umfang der Erde bzw. zum Erdradius (r) überprüfen. Alles, was er dazu benötigt habe, sei der Winkel (α), den wir dankenswerterweise für ihn abgemessen hätten. Denn da sich Licht geradlinig ausbreite und die Erde kugelförmig sei, müssten die beiden Halbgeraden durch die Bergspitze (A) bzw. den Erdmittelpunkt (M), die von dem Punkt (C) ausgingen, den er am Horizont fixiert habe, einen rechten Winkel bilden.[8] Ferner habe natürlich das Lot zum Erdmittelpunkt hin gezeigt. Somit gelte laut Trigonometrie der Griechen, die uns doch sicherlich vertraut sei:

$$\sin \alpha = \frac{r}{r + h}$$

Die Höhe h der Berges habe er heute früh schon ermittelt, ebenfalls trigonometrisch. Somit müsse er nur noch den Sinus bzw. das Verhältnis bestimmen, was nach den Strahlensätzen ja anhand jedes rechtwinkeligen Dreiecks mit α als einem seiner Winkel möglich sei, und die Gleichung nach r auflösen.

So traf Al-Chwarizimi den wahren (mittleren) Erdradius von ca. 6400 Kilometer mit, angesichts der damals verfügbaren technischen Mittel, beeindruckender Genauigkeit; der Fehler betrug nur etwa 10 Prozent.

Der Satz des Pythagoras und die Schockgeburt der irrationalen Zahlen

Al-Chwarizimi beschränkte sich bei seiner Bestimmung des Erdumfangs nicht auf geometrische Konstruktionen, sondern er *rechnete* auch mit Längenverhältnissen, also mit Zahlen. Warum habe ich dann im Vorangegangen so oft betont, dass die Geometrie prinzipiell ohne Zahlen auskommt? Ein Grund ist der, dass man die Tragweite der Algebraisierung der Geometrie durch den großen Philosophen und Mathematiker des 17. Jahrhunderts René Descartes gar nicht richtig ermessen kann, wenn man (wie in Schule und Studium üblich) von vornherein Längen, Flächen, Volumina etc. als Zahlen in geometrischem Gewand auffasst. Einer der größten Mathematiker des ausgehenden 18. und beginnenden 19. Jahrhunderts, Joseph-Louis Lagrange, hat das Wechselverhältnis von Algebra und Geometrie so beschrieben:

> Solange [die beiden Wissenschaften] getrennt waren, war ihr Fortschritt zäh und ihr Nutzen begrenzt. Aber seitdem sie vereinigt sind, haben sie sich gegenseitig Kraft verliehen und sind gemeinsam ihrer Vervollkommnung entgegengeschritten.

Ein weiterer, damit zusammenhängender Grund ist der, dass man unter der verkürzten Sicht (aus Schule und Studium) den Schock gar nicht nachvollziehen kann, der mit der Entdeckung einherging, dass nicht alle Längenverhältnisse durch rationale Zahlen erfasst werden können.

Zu dieser Entdeckung kommen wir gleich. Stellen wir uns aber zunächst ein Quadrat und einen Kreis gleicher Fläche vor. In vielen modernen Darstellungen wird die Flächengleichheit in etwa so erklärt: Das Quadrat möge in einer bestimmten Einheit (zum Beispiel Meter) die Kantenlänge a haben. Dann hat es per Definition die Fläche a^2. Und dass der Kreis dieselbe Fläche hat, heißt nichts anderes, als dass man ihn mit immer kleiner werdenden Quadraten, deren jeweilige Flächen analog definiert sind und die sich gemeinsam zu a^2 aufaddieren, überschneidungsfrei und exakt überdecken kann. Die Geometer der Antike hätten diese Erklärung als höchst befremdlich empfunden, und zwar völlig zu Recht. Länge, Fläche und Volumen sind intuitive Größenmaße, die ein-, zwei- bzw. dreidimensionale Gebilde von Hause aus mitbringen. Die Flächengleichheit zwischen dem Quadrat und dem Kreis besagt in idealisierter Weise, was man zum Beispiel im praktischen Zusammenhang des Malerns so festmachen würde: Für beide braucht es gleich viel Farbe, um sie auszumalen.

Das sprichwörtliche Problem der Quadratur des Kreises besteht übrigens darin, vom Kreis ausgehend nur mithilfe von Zirkel und Lineal das Quadrat zu konstruieren, oder umgekehrt. Das Problem

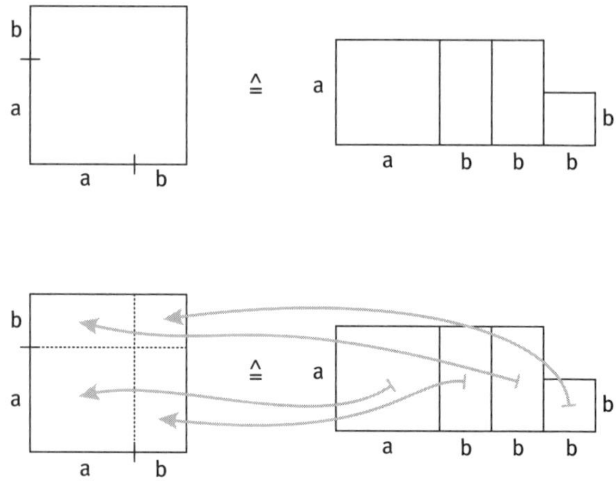

Geometrisches Pendant der ersten Binomischen Formel

ist unlösbar; das analoge Problem für die dargestellte Äquivalenz ist hingegen lösbar.

In der anachronistischen, modernen Deutung besagt die Äquivalenz nichts anderes als die aus dem Schulunterricht vielleicht noch bekannte *erste Binomische Formel:* $(a + b)^2 = a^2 + 2ab + b^2$. Hierbei sind a und b Zahlen. (Schließlich sind Addition und Multiplikation Operationen auf Zahlen.) In der originären, geometrischen Deutung sind a und b hingegen Längen von Strecken, und die Äquivalenz besagt Folgendes: Fügt man eine Strecke in gerader Linie an eine andere Strecke an, so hat das von der resultierenden Strecke aufgespannte Quadrat dieselbe Fläche wie das von der ersten Strecke aufgespannte Quadrat, das von der zweiten Strecke aufgespannte Quadrat und zwei Kopien des von beiden Strecken aufgespannten Rechtecks zusammen. Dies lässt sich allein mit Lineal und Zirkel bzw. Parallelverschiebungen und Kreisdrehungen bestätigen, wie im unteren Teil der Abbildung angedeutet.[9]

Dass die Geometrie der Griechen im Prinzip ohne Zahlen auskommt, heißt nicht, dass es ihnen untersagt gewesen wäre, unterschiedliche geometrische Gebilde zu zählen. Wie wir im vorangegangenen Kapitel gesehen haben, setzt Zählen keineswegs Zahlen voraus, sondern nur die Eins-zu-eins-Beziehung. Zahlen sind vielmehr nachgängige Instrumente, die das Zählen «bloß» erleichtern. Das gilt zumindest für die Zahlen, die wir bisher kennengelernt haben, nämlich die rationalen Zahlen. Diese sind gerade dafür geschaffen worden, Dinge in unterschiedlichen Einheiten zu zählen, insbesondere Abstände in unterschiedlichen Längeneinheiten. So konnten die griechischen Geometer durchaus etwa feststellen, dass eine bestimmte gerade Strecke eineinhalb Mal so lang war wie eine bestimmte andere gerade Strecke, ohne die Streckenlängen selbst als Zahlen aufzufassen. Sie meinten damit schlicht: Die beiden Strecken lassen sich so in drei bzw. zwei Teilstrecken zerlegen, dass alle fünf Teilstrecken gleich lang sind (sie also per Parallelverschiebung und Kreisdrehung ineinander überführbar sind). In diesem einfachen Beispiel lässt sich elementar-geometrisch verifizieren, dass das Längenverhältnis 3/2 beträgt. Die Rolle der rationalen Zahlen zur Quantifizierung solcher Verhältnisse war aber für die Griechen nicht auf die verifizierbaren Fälle beschränkt. Ihrer festen Überzeugung nach, zumindest für lange Zeit, hatten je zwei beliebige Strecken, Flächen oder Körper ein Längen-, Flächen- bzw. Volumenverhältnis, das eindeutig durch eine rationale Zahl auszudrücken war; so etwa auch die beiden links dargestellten Flächen. Die hier angedeuteten Teilflächen seien alle gleich groß. Demnach beträgt das Flächenverhältnis 7/4 bzw. 4/7.

Die Formel für die Fläche eines Rechtecks oder das Volumen eines Quaders als Produkt der Seitenlängen folgt aus dieser Rolle der

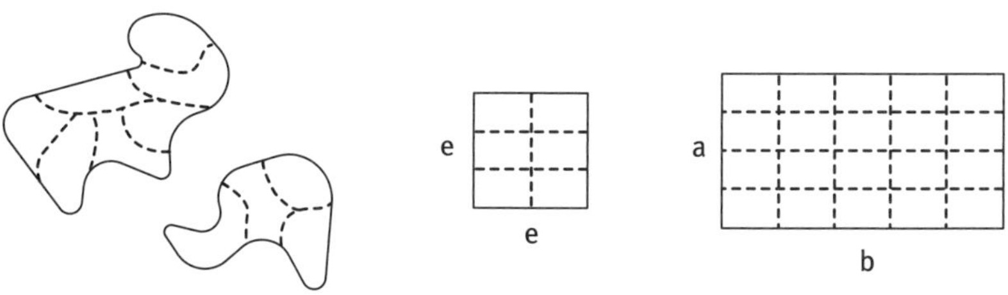

Flächenverhältnisse

rationalen Zahlen; sie ist keine Setzung. Das rechte Bild sagt hier nicht mehr als tausend Worte, es hilft aber wieder beim Verständnis: Angenommen, wir haben völlig willkürlich die Strecke e als Einheitsstrecke ausgewählt, und die Längenverhältnisse der Seiten a und b des Rechtecks zu e betragen 4/3 bzw. 5/2. In der üblichen verkürzten Formulierung heißt das: «a hat die Länge 4/3 und b die Länge 5/2.» Das ist auch in Ordnung so, wenn man sich stets dessen bewusst ist, was es tatsächlich bedeutet: Wenn man e in drei und a in vier jeweils gleich lange Teilstrecken aufteilt, so haben alle diese Teilstrecken dieselbe Länge; entsprechend verhält es sich für b. Und daraus folgt nun schlicht, dass, wenn man das von e aufgespannte Einheitsquadrat in sechs gleich große Rechtecke aufteilt, und das von a und b aufgespannte Rechteck in zwanzig gleich große Rechtecke, dann haben alle diese Teilrechtecke die gleiche Fläche. In diesem Sinne kann man sagen: «Die Fläche des Rechtecks mit den Seiten a und b beträgt $a \cdot b = 4/3 \cdot 5/2 = 20/6$.»

Entsprechendes gilt für die Addition. Somit kam den rationalen Zahlen im Rahmen der Geometrie auch aus Sicht der Griechen eine nützliche Aufgabe zu: Sie waren Hilfsmittel zum Zählen tatsächlich konstruierter oder prinzipiell konstruierbarer geometrischer Gebilde, mit denen sich insbesondere Längen-, Flächen- und Volumenerhältnisse bestimmen ließen. Leider schöpften die Griechen dieses Potential der Zahlen im Rahmen der Geometrie bei weitem nicht aus. Denn obwohl sie im Gegensatz zu den Römern großartige Mathematiker (und Philosophinnen) waren, verfügten sie ebenso wenig wie diese über ein effizientes Zahlbezeichnungssystem. Dies machte selbst einfache Rechnungen mühselig, sodass sie sich meist auf rein geometrische Beweisführungen verlegten, wo wir heutzutage schnell eine Gleichung lösen.[10]

Dennoch war die Welt für die Geometer der Antike weitgehend in Ordnung, bis – so die Legende, die ich einfach glauben will! – Hippasos, ein Schüler des berühmten Pythagoras, eine bahnbrechende Entdeckung machte, die er mit dem Leben bezahlen musste. Um diese Entdeckung richtig verstehen zu können, müssen wir zu-

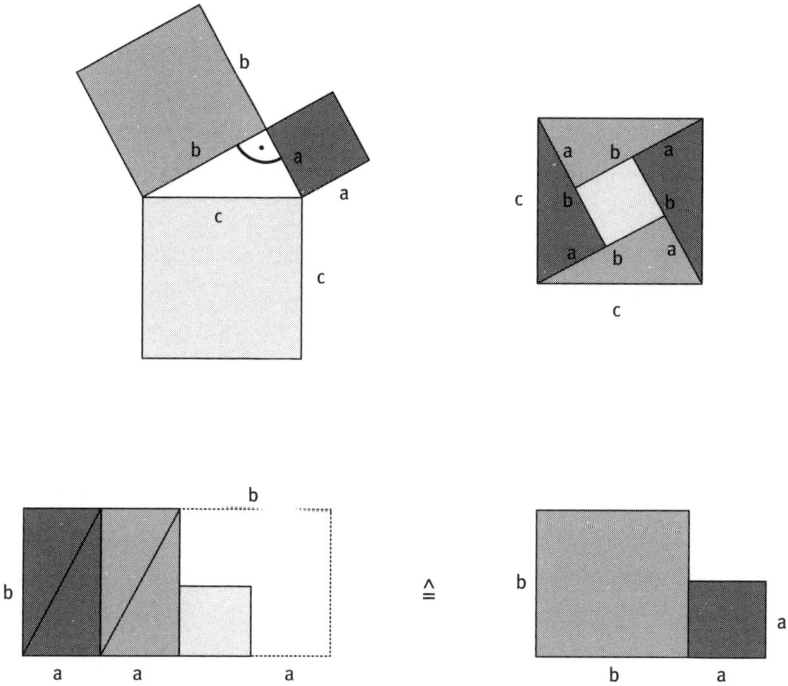

Satz des Pythagoras

nächst wieder einen frischen Blick auf womöglich altes Schulwissen werfen. Genau, es geht um den *Satz des Pythagoras*, den Sie mit Blick auf das rechtwinklige Dreieck oben links sicherlich in dieser Form kennengelernt haben: $a^2 + b^2 = c^2$. Geometrisch formuliert, besagt der Satz, dass die durch a bzw. b aufgespannten Quadrate zusammen dieselbe Fläche haben wie das durch c aufgespannte Quadrat. Und in der Abbildung deutet sich oben rechts schon ein Beweis an: Da die vier Dreiecke und das Quadrat das von c aufgespannte Quadrat passgenau überdecken, bleibt lediglich noch die darunter abgebildete Äquivalenz bzw. Flächengleichheit zu beweisen. Dabei handelt es sich um nichts anderes als das geometrische Pendant der *zweiten* Binomischen Formel: $(a - b)^2 = a^2 - 2ab + b^2$. Und dieses lässt sich ebenso leicht (rein geometrisch) beweisen, wie wir es bereits für die erste Binomische Formel gesehen haben.

Wer zum ersten Mal von diesem Satz erfährt, würde kaum vermuten, dass er ein ganzes Weltbild zum Einsturz brachte und zugleich ganz neue Möglichkeiten zur Erkundung des Raumes eröffnet hat. Über diese Möglichkeiten wird im nächsten Kapitel berichtet, hier soll es um die Entdeckung des Hippasos und den Einsturz des Weltbildes gehen.

Als Hippasos sich eines Tages ganz intensiv ein kleines, unscheinbares Quadrat anschaute und darüber sinnierte – wie das griechische Jünglinge damals zu tun pflegten –, fiel ihm auf: «Wenn ich dieses Quadrat zum Einheitsquadrat erkläre, was ich laut Meister Pythagoras ja darf, so hat nach seinem Satz, mit dem er immer herumprahlt, das von der Diagonale aufgespannte Quadrat die doppelte Fläche des Einheitsquadrats, sprich die Fläche 2.[11] Dann hat aber die Diagonale eine Länge, die sich gar nicht als Zahl darstellen lässt.» Abgesehen davon, dass sich Hippasos mit diesem Gedanken ganz schön viel Ärger einhandelte, war es ein schlauer Gedanke. Denn in der Tat, es gibt keine Zahl, zumindest keine rationale Zahl, deren Quadrat 2 ergibt. Das weiß man vielleicht noch aus der Schule. Wie steht es aber mit dem Beweis? Hier ist er, kurz und bündig als Widerspruchsbeweis, wie von Euklid überliefert:

Angenommen, es gibt eine rationale Zahl $r = n/m$ mit $r^2 = n^2/m^2 = 2$. Dann können wir ferner annehmen, dass n und m nicht beide gerade Zahlen sind. (Ansonsten teilen wir sie beide so lange durch 2, bis die Annahme erfüllt ist.) Nun gilt aber $n^2 = 2m^2$. Also ist n eine gerade Zahl. Das heißt, es gibt eine natürliche Zahl n' mit $n = 2n'$. Somit gilt: $2m^2 = n^2 = 4n'^2$. Und somit gilt: $m^2 = 2n'^2$. Also ist auch m eine gerade Zahl. Widerspruch!

Versetzen wir uns in die Lage der alten Griechen oder gleich in die des Pythagoras. Unser Motto, ach was, unser weltanschaulicher Fundamental-Leitspruch lautet: Alles ist Zahl! Damit meinen wir keineswegs, dass Zahlen alles seien. Im Gegenteil, Zahlen sind nur Hilfsgrößen, um die Verhältnisse der eigentlichen Größen festzumachen: Längen, Flächen, Volumina. Die Welt ist durch diese Verhältnisse bestimmt – nicht durch flatterhaften Götterwillen oder dergleichen abergläubischen Humbug. Das meinen wir, wenn wir sagen, dass alles Zahl ist. Nun kommt so ein dahergelaufener Bengel und behauptet, es sei doch nicht alles Zahl; es gebe Dinge, deren Verhältnisse sich nicht derart festmachen ließen. Dabei soll es sich nicht etwa um irgendwelche verkopften, überkomplizierten Konstrukte handeln, sondern um so profane Dinge wie die Diagonalen eines Quadrats und dessen Seiten. Und um dem Ganzen die Krone aufzusetzen, «beweist» er das auch noch mit *unserem* Satz. Diese Dreistigkeit verdient wahrlich den Tod – am besten durch Ertränken im Meer!

Doch so groß unsere Genugtuung auch ist, als wir Hippasos' letzte Luftblase aufsteigen sehen, so kurz währt sie nur. Der Bursche hatte einfach recht; wie man es dreht und wendet, die Seiten und die Diagonalen eines Quadrats lassen sich nicht so aufteilen, dass *alle* Teilstrecken gleich lang sind. Das steht fest, aber wie damit umgehen?

Die große Vereinigung

Wenn man eine Sache nicht begreift, so hat man im Wesentlichen zwei Alternativen: Man ignoriert sie und macht weiter wie bisher, oder man gibt ihr wenigstens einen Namen und versucht, peu à peu immer mehr Wissen darüber zu sammeln – so wie man beispielsweise der bislang noch unverstandenen «Dunklen Energie» einen griffigen Namen verliehen hat, um diesbezügliche Annahmen aufschreiben und später vielleicht einmal systematisieren zu können. Die tatsächliche Geschichte der Auseinandersetzung mit den sogenannten *irrationalen* Zahlen, für die die $\sqrt{2}$ bzw. das Diagonale/Seiten-Verhältnis eines Quadrats nur eines von zahllosen Beispielen darstellt, ist durch ein häufiges Hin- und Herspringen zwischen beiden Alternativen geprägt. Da es mir hier nicht um historische Genauigkeit geht, verzichte ich jedoch darauf, dieses Hin-und-her nachzuzeichnen.

Stattdessen möchte ich lieber die Frage aufwerfen, wie sich die $\sqrt{2}$ in unser Kreismengenbild der rationalen Zahlen aus dem ersten Kapitel einfügen lässt. Die lapidare Antwort lautet: gar nicht! Man könnte versucht sein, die Kreismengen um solche mit unvollständigen Kreisen, aus denen Stücke entfernt worden sind, zu ergänzen. Das verkennt aber, dass die geometrischen Eigenschaften der Kreismengen für die ihnen zugedachte Rolle völlig irrelevant sind, und sein müssen. Die Kreise dienen in diesem Zusammenhang nicht als Kreise, sondern als bloße (gedachte) Objekte, mit denen man andere Objekte in Eins-zu-eins-Beziehung bringen kann. Und ein unvollständiger Kreis ist ebenso wie ein vollständiger Kreis ein Objekt, das einem anderen Objekt im Rahmen einer Eins-zu-eins-Beziehung entweder ganz oder gar nicht zugeordnet ist – so wie drei angebissene Äpfel genauso drei Dinge sind wie drei Äpfel, die unberührt und prall am Baum hängen.

So kommen wir also nicht weiter. Die $\sqrt{2}$ und die übrigen irrationalen Zahlen lassen sich partout nicht auf das Zählen von Dingen in unterschiedlichen Einheiten zurückführen. Man könnte einwenden, dass das zwar nicht exakt möglich sei, aber doch immerhin näherungsweise. In der Tat, so ergibt etwa die rationale Zahl 17/12 zum Quadrat zwar auch nicht exakt 2, aber die Abweichung ist deutlich geringer als für die Zahl 3/2. Doch die Redeweise von besseren oder schlechteren «Näherungen» nimmt gerade das alternative Bild der Zahlen vorweg, auf das ich hinauswill, nämlich das moderne Bild vom *Zahlenstrahl.*

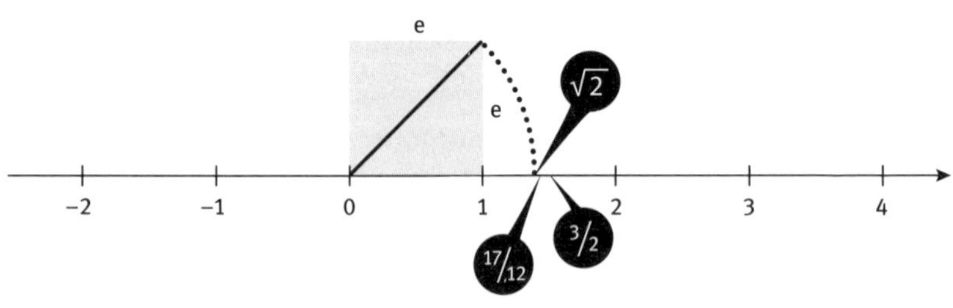

Reeller Zahlenstrahl

Wenn wir die irrationalen Zahlen bzw. die Streckenlängen «ohne Verhältnis» zur Einheitsstrecke nicht in unser Kreismengenbild der rationalen Zahlen einfügen können, so müssen wir eben umgekehrt die rationalen Zahlen im wahrsten Sinne des Wortes in einem geometrischen Bild verorten. Konkret heißt das, wir greifen uns willkürlich irgendeine Gerade im Raum heraus und auf dieser ebenso willkürlich zwei Punkte. Den einen Punkt identifizieren wir mit der 0 und den anderen mit der 1. Damit fungiert die Strecke zwischen diesen beiden Punkten als Einheitsstrecke (e), und jede positive rationale Zahl identifizieren wir mit dem Punkt auf der Seite der Geraden, wo die 1 liegt, dessen Abstand zur 0 das entsprechende Verhältnis zur Einheitsstrecke aufweist; analog verorten wir die negativen rationalen Zahlen auf der anderen Seite der Geraden. Der Clou besteht nun darin, alle übrigen Punkte der Geraden auch zu Zahlen zu erklären. So erheben wir etwa den Endpunkt der Diagonalen des Einheitsquadrats nach der oben dargestellten Kreisdrehung auf die Gerade in den Stand einer Zahl und nennen sie «$\sqrt{2}$» oder poetischer die (positive) «Wurzel aus zwei» – diejenige (positive) Zahl, die mit sich selbst multipliziert 2 ergibt.

Aber man kann doch nicht einfach nach Belieben neue Zahlen einführen! Stimmt, wir können die Punkte der Geraden nicht einfach zu Zahlen erklären, wir können sie aber zum Zwecke der Anschaulichkeit zu Stellvertretern von Zahlen erklären. Im vorigen Kapitel haben wir gesehen, dass wir ziemlich frei darin sind, welche Dinge wir als Zahlen auffassen wollen. So könnten theoretisch etwa Paris und Moskau gemeinsam als die Zahl 2 fungieren. Entscheidend ist, welche (funktionale) Rolle die Dinge dabei spielen.

Mit dieser Bemerkung ist das Problem aber noch nicht gelöst, sondern nur an die richtige Stelle verlagert: Es spricht prinzipiell nichts dagegen, die Punkte der Geraden als Zahlen aufzufassen. Die Frage ist nur, ob dabei die rationalen Zahlen ihre etablierte Rolle beibehalten und die neuen Zahlen sinnvoll mitspielen. Konkret gefragt: Können wir unter der geometrischen Deutung bzw. Verortung der rationalen Zahlen mit diesen weiterhin so rechnen wie gehabt? Und können wir mit den angeblichen neuen, den «irrationalen» Zahlen ebenso gut rechnen, insbesondere so, dass es zu keinen widersprüchlichen Ergebnissen führt – etwa «2 + 2 = 5»?

Die Antwort auf beide Fragen lautet: Ja. Dieses «Ja» war allerdings eine schwere Geburt, die sich über Jahrhunderte hinzog. In *Alles wird Zahl*, woraus ich oben zitiert habe, zitiert de Padova seinerseits den Pfarrer und engen Freund Martin Luthers, Michael Stifel, der erst im fortgeschrittenen Alter zur Mathematik fand:

> Man kann aber keine Zahl als wirklich bezeichnen, die so beschaffen ist, dass sie der Genauigkeit entbehrt und mit echten Zahlen keine bekannte Proportion eingehen kann. Wie also eine unendliche Zahl keine Zahl ist, so ist eine irrationale Zahl keine echte Zahl, weil sie unter einem gewissen Nebel der Unendlichkeit verborgen ist.

Worauf Stifel mit dem «Nebel der Unendlichkeit» anspielt, ist der Umstand, dass man nie zum Ende kommt, wenn man versucht, irrationale Zahlen in ihrer Dezimaldarstellung niederzuschreiben. So lautet etwa die $\sqrt{2}$ in dieser Form: 1,4142135623731 … Und es ist keinerlei Regelmäßigkeit in der Ziffernfolge zu erkennen, die es erlauben würde vorherzusagen, wie es weitergeht.

Der Grund, weshalb Stifel und andere Gelehrte seiner und späterer Zeiten die irrationalen Zahlen dennoch als «irgendwie zahlenähnliche Gebilde» ernst nahmen, war einzig und allein der, dass sie mit ihnen genauso rechnen konnten wie mit den «echten», also den rationalen Zahlen; und diese Rechnungen waren darüber hinaus noch höchst nützlich. Ein Zeitgenosse Stifels, der in vielen Wissensgebieten (u. a. Medizin und Astrologie) umtriebige und angeblich vor Plagiaten nicht zurückschreckende Girolamo Cardano, veröffentlichte 1545 eine allgemeine Formel, mit der sich «kubische» Gleichungen lösen lassen. In der Regel kommen dabei Kombinationen zweiter und dritter Wurzeln aus Nichtquadrat- und Nichtkubikzahlen heraus. Solche Lösungen erscheinen zwar zunächst befremdlich, aber sie sind überaus hilfreich, wenn man beispielsweise Abmessungen von Behältern oder Lagerhallen, die ein vorgegebenes Fassungsvermögen haben sollen, bestimmen will.

Noch viel eindrücklicher zeigt sich der Nutzen irrationaler Zahlen mit Blick auf die berühmte *Fibonacci-Folge:*

$$1, 1, 2, 3, 5, 8, 13, 21, 34, \ldots$$

Um weitere Glieder dieser Folge auszurechnen, kann man sukzessive die jeweils letzten beiden Folgenglieder summieren. Aber im Jahr 1718 entdeckte Abraham de Moivre, dass es auch anders geht – wobei f_n das n-te Glied der Fibonacci-Folge sei:

$$f_n = \frac{(1+\sqrt{5})^n - (1-\sqrt{5})^n}{2^n\sqrt{5}}$$

Der praktische Nutzen dieser Formel ist zugegebenermaßen begrenzt, aber sie besticht, wie ich finde, durch ihre schlichte Eleganz – und vor allem durch ihr Überraschungsmoment. Wer käme bei der ersten Begegnung mit der Fibonacci-Folge schon auf die Idee, dass sie auch nur im Entferntesten irgendetwas mit der $\sqrt{5}$ zu tun haben könnte?

Der Nebel des Unendlichen, der die irrationalen Zahlen in Stifels Worten umgibt, lichtete sich erst im 19. Jahrhundert. Diesem Geschehen werden wir im nächsten Kapitel nachträglich beiwohnen. Bis dahin halten wir es wie die Mathematikerinnen und Physiker des 16., 17. und 18. Jahrhunderts: Wir ignorieren den Nebel so gut wie möglich und nutzen die irrationalen Zahlen u. a. zur Entwicklung einer völlig neuen Geometrie. Hierzu erweitern wir das Bild vom Zahlenstrahl um zwei Kopien desselben, sodass alle drei Zahlenstrahlen – als «x-», «y-» bzw. «z-Achse» bezeichnet – senkrecht zueinander stehen und sich im (Stellvertreter-)Punkt der 0 kreuzen. Damit erhalten wir ein zu Ehren Descartes' so benanntes *Kartesisches Koordinatensystem* für den dreidimensionalen Raum. Der Witz des Systems besteht darin, dass mit seiner Hilfe jedem Punkt im Raum eindeutig drei Zahlen, dessen «Koordinaten», zugeordnet werden können und umgekehrt drei Zahlen eindeutig ein Punkt: Für jeden Punkt werden jeweils dessen senkrechte Lote auf die drei Achsen gezogen, wie in der nächsten Abbildung im Zweidimensionalen angedeutet (gepunktete Linien). Die Koordinaten des Punktes sind dann gerade diejenigen Zahlen, die den Schnittpunkten der Lote mit den Achsen entsprechen.

Es gibt Ideen, bei deren Verkündung alle ausrufen: «Genial! Genau das haben wir gebraucht.» Man denke etwa an den legendären Einfall, eine ordinäre Bratwurst mit viel Ketchup und reichlich Currypulver in ein kulinarisches Kunstwerk zu verwandeln. Die Idee des Koordinatensystems ist nicht von diesem Schlage. Es bedarf erst einiger Beispiele, um überhaupt eine Ahnung von ihrer epochalen Bedeutung zu bekommen. Nehmen wir also an, eine Architektin möchte eine Kuppel für eine Turnhalle entwerfen. Die soll aber nicht, wie üblich, kugelförmig sein, sondern ellipsoidisch. (Denken Sie an ein Rugby-Ei anstelle eines Fußballs.) Hierzu benötigt sie zunächst eine Querschnittsabbildung, wobei die Kuppel 100 Meter lang und 25 Meter hoch werden soll.

So, wie sich ein Kreis dadurch auszeichnet, dass alle auf ihm liegenden Punkte von einem bestimmten Punkt, dem Mittelpunkt,

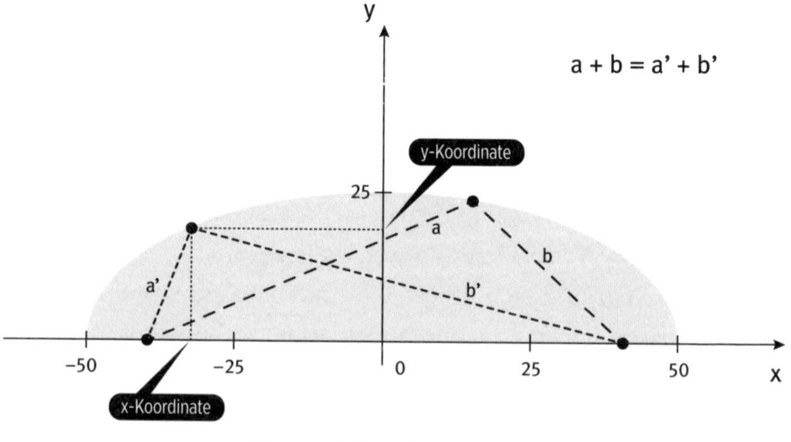

Ellipse mit Koordinatensystem

denselben Abstand haben, so ist die Ellipse dadurch charakterisiert, dass alle auf ihr liegenden Punkte von zwei bestimmten Punkten, den «Brennpunkten», denselben Gesamtabstand haben. Deshalb lässt sich etwa ein elliptisches Blumenbeet nach der «Gärtnermethode» so anlegen: Man schlage zwei Pflöcke ein, befestige an diesen die Enden eines Seils, das länger ist als der Abstand der beiden Pflöcke voneinander, und «umkreise» die Pflöcke so, dass das Seil stets straff gezogen bleibt.

Die Architektin könnte ähnlich vorgehen, mithilfe von Reißzwecken und Bindfaden, doch das ist ihr zu ungenau. Alternativ könnte sie mit Zirkel und Lineal so viele Punkte der Ellipse konstruieren, dass sie diese nur noch der Reihe nach verbinden muss, um eine Näherung der Kurve mit der gewünschten Genauigkeit zu erhalten.[12] Der Umweg, oder vielmehr die Abkürzung, über die Algebra ist aber viel praktischer: Ein beliebiger Punkt auf der Ellipse habe die Koordinaten x und y – kurz: (x, y). Vermöge des Satzes des Pythagoras sowie durch geeignetes Quadrieren und Umformen ergibt sich dann die Gleichung: $y = \sqrt{50^2 - x^2} / 2$. Damit kann die Architektin die Kurve mit der gewünschten Genauigkeit schnell «ausrechnen».

Ein weiteres, theoretisch viel interessanteres Ellipsen-Beispiel ist auf der nächsten Seite dargestellt. Oben ist zu sehen, wie ein Kegel (mit kreisförmiger Grundfläche) von einer Ebene durchtrennt wird. In der Mitte ist die Situation im Querschnitt dargestellt, mit konkreten Zahlenangaben, und unten aus einer Perspektive senkrecht über der Ebene. Hierzu schreiben Hans Rademacher und Otto Toeplitz in ihrer 1930 erschienenen Sammlung mathematischer Perlen *Von Zahlen und Figuren:*

> Apollonius [ein griechischer Geometer der Antike] ist in seiner Lehre von den Kegelschnitten nicht von [obiger] Definition der Ellipse ausgegangen, sondern von einem [Kegel …]; auf der Drehbank ist er leicht aus Holz herzustellen. Mit einer flachen Säge, die bei B ansetzt und nach A geführt wird [mittlere Darstellung], werde jetzt von diesem Körper der obere Teil abgekappt. Führt man die Säge genau horizontal, so wird die Schnittfläche eine Kreisscheibe sein […]. Führt man die Säge aber in einer schrägen Ebene, so wird

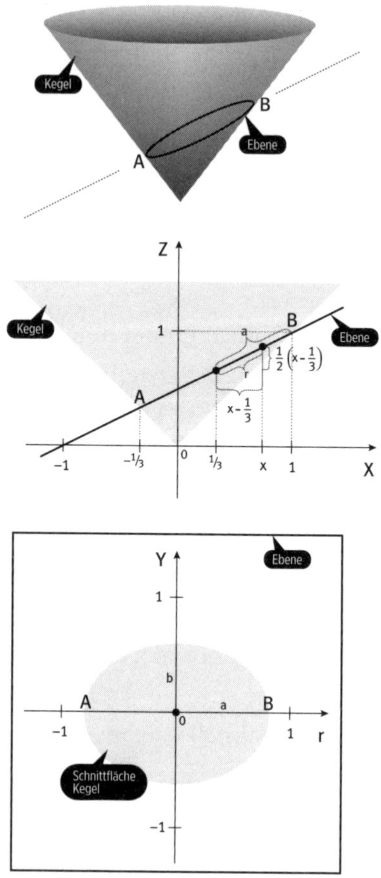

Kegelschnitt

> die Schnittfigur länglich ausfallen […] Dies ist aber nur ein Stück von der weit mehr besagenden und überraschenden Tatsache, dass die Schnittfigur eine Ellipse (im eingangs erklärten Sinne) ist.
>
> Diese Tatsache wird vielfach auf einem indirekten, rechnerischen Wege bewiesen. Wir geben hier den direkten und rein geometrischen Beweis von Dandelin.

Was bei Rademacher und Toeplitz folgt, sind eineinhalb Seiten sehr findigen Konstruierens und Argumentierens, die ich der werten Leserschaft wärmstens ans Herz lege, hier aber nicht wiedergeben werde. Stattdessen möchte ich bloß andeuten, wie man über den «indirekten, rechnerischen Weg» zur Lösung gelangt. Dazu ist zunächst festzustellen, dass unsere Charakterisierung der Ellipse mit den Bezeichnungen in der unteren Darstellung auf Folgendes hinausläuft: $\frac{r^2}{a^2} + \frac{y^2}{b^2} = 1$. Und gemäß der mittleren Darstellung besteht für die Punkte auf dem Rand der Schnittfläche zwischen der neuen Achse «r» und den übrigen Achsen folgender Zusammenhang: $x = \frac{2}{\sqrt{5}} r + \frac{1}{3}$, $z = \frac{1}{2} + \frac{x}{2}$ und $x^2 + y^2 = z^2$. Und mit diesen drei Gleichungen ergibt sich nach wenigen Umformungen folgender Zusammenhang: $\frac{9}{5} r^2 + 3y^2 = 1$. Damit ist dann gezeigt, dass die Schnittlinie zwischen Kegel und Ebene in der Tat eine Ellipse darstellt (mit $a = \sqrt{5}/3$ und $b = 1/\sqrt{3}$).

Die einzelnen Schritte dieses rechnerischen Lösungswegs müssen uns hier nicht weiter interessieren. Wichtig ist vielmehr, dass nach diesem Beispiel folgende Botschaft einleuchtet: Mithilfe geeigneter Koordinatensysteme lassen sich knifflige oder sogar überaus schwierige geometrische Probleme in recht einfache algebraische Aufgaben überführen.

Und wieder neue Zahlen

Aus der Schule kennt man vielleicht noch die berühmt-berüchtigte *pq-Formel* zur Lösung der «quadratischen» bzw. «Parabel-Gleichung» $x^2 + px + q = 0$. Die Formel liefert beispielsweise für p = –2 und q = –1 die beiden Lösungen[13] $x_1 = 1 + \sqrt{2}$ und $x_2 = 1 - \sqrt{2}$. Man kann in diesem Beispiel x_1 und x_2 als Schnittpunkte einer nach oben geöffneten Parabel[14] mit der x-Achse eines geeigneten Koordinatensystems auffassen. Wenn allerdings q größer ist als $p^2/4$, so liefert die pq-Formel anscheinend unsinnige «Lösungen», die die (Quadrat-)Wurzel aus einer negativen Zahl beinhalten. Das entspricht dem Fall, wenn die Parabel über der x-Achse schwebt, also gar keinen Schnittpunkt mit der x-Achse hat. Und in der Tat, was sollte das schon sein: eine Zahl, die mit sich selbst multipliziert eine negative Zahl ergibt?! Wenn man es aber etwa für p = –2 und q = 2 einfach ausprobiert und «stumpfsinnig rechnet», stellt man fest: Die pq-Formel liefert die «Lösungen» $x_1 = 1 + \sqrt{-1}$, $x_2 = 1 - \sqrt{-1}$, und wenn man diese in die Parabel-Gleichung einsetzt, so geht die Gleichung auf; die merkwürdige «Zahl» $\sqrt{-1}$ hebt sich auf und bleibt nur als Quadrat, sprich als unproblematische -1, erhalten.

Praktische Relevanz erlangte die $\sqrt{-1}$ aber erst im Zusammenhang mit kubischen Gleichungen, wie etwa:[15] $x_3 = 3\sqrt[3]{2x} + 2$. Nach der bereits erwähnten Formel von Cardano hat diese Gleichung u. a. die Lösung:

$$x = \sqrt[3]{1 + \sqrt{-1}} + \sqrt[3]{1 - \sqrt{-1}}$$

Für Cardano war klar, dass «Summanden» wie diese keine legitimen Rechengrößen sind; zu seinem großen Erstaunen funktionierten sie aber. Denn zumindest rein rechnerisch lässt sich zeigen, dass sich die Terme mit $\sqrt{-1}$ aufheben, wenn man die beiden «Summanden» addiert und zum Schluss eine (mittlerweile) harmlose reelle Zahl übrig bleibt, welche obige Gleichung tatsächlich löst.[16]

Beispiele wie dieses befremdeten nicht nur Stifel und Cardano und ihre Zeitgenossen so sehr, dass sie die darin auftretenden «imaginären» Zahlen nur mit spitzen Fingern anfassten. Noch Robert Musils *Zögling Törleß* erhielt vom Mathematiklehrer keine befriedigende Antwort auf die Frage, was es denn damit auf sich habe. Dabei ist die Frage gar nicht so schwer zu beantworten – nach der Vorarbeit von Großmeistern wie Leonhard Euler und Gauß. Wir befinden uns in einer ganz ähnlichen Situation wie nach der Entdeckung, dass die Diagonale des Einheitsquadrats nicht als rationale Zahl zu fassen ist: Wir sind mit Größen konfrontiert, die sich ganz ähnlich wie Zahlen verhalten, die sich aber nicht in unser gewohntes Bild der Zahlen einfügen lassen. Also müssen wir eben unser gewohntes Bild erweitern.

Die *imaginäre* «Zahl» $\sqrt{-1}$, die wegen ihrer vermeintlichen Imaginarität auch gern mit «*i*» bezeichnet wird, hat durchaus einen praktischen Nutzen, aber auf dem Zahlenstrahl ist schlicht kein Platz mehr (wie im nächsten Kapitel näher dargelegt wird). Da liegt es doch nahe, den Strahl zur Ebene aufzuspannen: Jeder Punkt der Ebene steht nun für eine Zahl, eine sogenannte *komplexe* Zahl. Die Ebene ist mit einem Koordinatensystem versehen, wobei die x-Achse den «Realteil» einer komplexen Zahl bemisst und die y-Achse den «Imaginärteil». Wie gesagt, die Frage ist nicht, *was* wie für eine Zahl steht, sondern was *wie* für eine Zahl steht. Genauer gefragt: wie lassen sich Addition und Multiplikation für diese Zahlen-Stellvertreter sinnvoll definieren, nämlich so, dass die üblichen Rechenregeln für die *reellen* Zahlen, die rationalen und die irrationalen, weiterhin gelten?

Durch «symbolisches» Rechnen mit i – man tut einfach so, als wäre i eine ganz normale Zahl – drängt sich die Antwort förmlich auf:

$$(a + ib) + (a' + ib') = a + a' + i(b + b')$$

$$(a + ib) \cdot (a' + ib') = aa' + iab' + iba' + i^2bb' = aa' - bb' + i(ab' + ba')$$

Die so definierten Rechenoperationen haben einfache geometrische Entsprechungen.[17] Links wird die Addition veranschaulicht: Man gehe von der 0 zur ersten Zahl und gehe dann so weiter, wie wenn man von der 0 zur zweiten Zahl gehen würde, nur eben entsprechend (parallel-)verschoben; so landet man bei der Summe beider Zahlen. Die Veranschaulichung der Multiplikation in der rech-

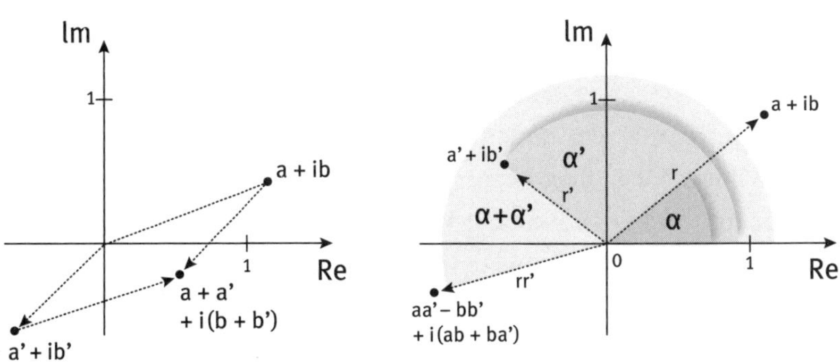

Addition und Multiplikation komplexer Zahlen

ten Abbildung ist etwas erklärungsbedürftiger: Jeder komplexen Zahl $a + ib$ lassen sich eindeutig zwei Größen zuordnen, nämlich ihr *Betrag* und ihre *Richtung*. Der Betrag ist der Abstand $|a + ib| = \sqrt{a^2 + b^2}$ $(= r)$ von der 0; die Richtung ist die Winkelweite (α), mit der man den Betrag, als Punkt auf der positiven reellen Halbachse gedacht, gegen den Uhrzeigersinn entlang einer Kreislinie drehen muss, um die betreffende Zahl zu erhalten. Das Produkt zweier komplexer Zahlen ist dann diejenige Zahl, deren Betrag gleich dem Produkt der beiden Einzelbeträge und deren Richtung gleich der Summe der beiden Einzelrichtungen ist.

So gesehen, ist die Vorstellung von einer Zahl, die mit sich selbst multipliziert eine negative Zahl ergibt, auf einmal gar nicht mehr verwegen; im Gegenteil, dass etwa die Zahl $i = 0 + i \cdot 1$ quadriert -1 ergibt, ist so gesehen fast trivial. Das Ganze ist im Grunde so einfach, dass man sich wundert, weshalb es so lange dauerte, bis Mathematiker die komplexen Zahlen in dieser Weise zu fassen bekamen. Doch sollten wir uns nicht über die Altvorderen erheben. Auch wir erkennen aufgrund tiefsitzender Vorurteile sicherlich gewisse Zusammenhänge nicht, die für spätere Generationen offenkundig sein werden.

Geht das ewig so weiter? Können wir immer wieder, wenn sich manche Dinge nicht ausrechnen lassen, neue Zahlen einführen und die Dinge auf einmal doch ausrechnen? Ja und nein: Einerseits lassen sich auch jenseits der komplexen Zahlen mathematische Gebilde definieren, die man mit Fug und Recht als Zahlen bezeichnen kann;[18] andererseits konnte Gauß 1799 in seiner Dissertation als Erster den sogenannten *Fundamentalsatz der Algebra* beweisen, wonach die komplexen Zahlen in bestimmtem Sinne abgeschlossen sind. Salopp formuliert, kann man den Satz so zusammenfassen: Rechenaufgaben, in denen nur komplexe Zahlen vorkommen, lassen sich prinzipiell mit komplexen Zahlen lösen, wenn sie denn überhaupt lösbar sind.

Zum Schluss dieses Kapitels möchte ich noch mit einem hübschen Beispiel den Gebrauch komplexer Zahlen zur Lösung geome-

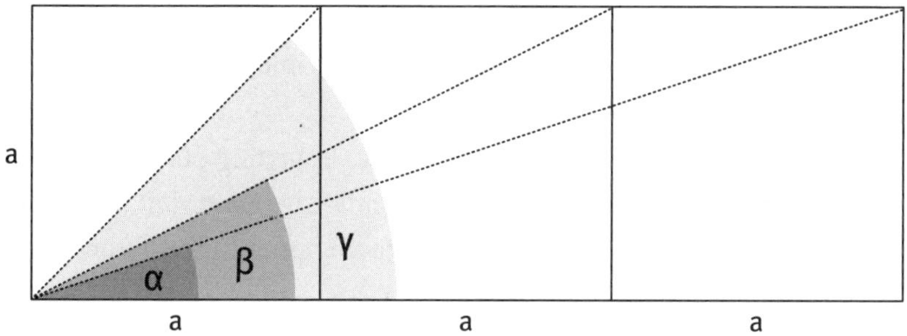

Bestimmung der Summe dreier Winkel mithilfe komplexer Zahlen

trischer Probleme demonstrieren. Gesucht ist die Summe der Winkel α, β, γ. Eine rein geometrische Lösung dieses Problems ist nicht sehr schwer, aber auch nicht ganz einfach. Mithilfe komplexer Zahlen ist es hingegen ein Kinderspiel: Man denke sich die Seitenlänge a der drei Quadrate einfach als Einheitslänge und die Quadrate so in der komplexen Zahlenebene gelegen, dass ihre rechten oberen Ecken den Zahlen $1 + i$, $2 + i$ bzw. $3 + i$ entsprechen. Dann muss man nur noch rechnen: $(1 + i)(2 + i)(3 + i) = (2 + 3i + i^2)(3 + i) = \cdots$. Als Ergebnis erhält man $10i$. Das Produkt liegt also auf der oberen Imaginärachse, sodass die entsprechende Richtung, sprich $\alpha + \beta + \gamma$, genau $90°$ beträgt.

Das Problem vom Anfang dieses Kapitels lässt sich ebenfalls mithilfe komplexer Zahlen ganz elegant lösen – ein Beweis findet sich auf der Website zum Buch.

Die zweite Schneide des scharfen Schwerts

Ich wollte dieses Kapitel gerne mit diesem schönen Erfolg enden lassen. Doch die gebotene Weitsicht zwingt mich, die Euphorie ein wenig zu dämpfen. Unbestreitbar ist die Vereinigung von Geometrie und Algebra einer der wichtigsten Meilensteine in der gesamten Wissenschaftsgeschichte. Erinnern wir uns, sie erfolgte im Wesentlichen in zwei Schritten:

1. Die Erweiterung des Zahlenraums der rationalen Zahlen um die irrationalen Zahlen und deren gemeinsame Verortung im Bild des reellen Zahlenstrahls
2. Die Einführung von Koordinatensystemen, mit denen Figuren im Raum und geometrische Konstruktionen mit diesen in algebraische Gleichungen bzw. Rechenoperationen überführt werden können, und umgekehrt

Das eigentliche Potential dieser beiden Errungenschaften wird erst mit der Entwicklung der Differential- und Integralrechnung gehoben, wie wir im nächsten Kapitel sehen werden. Doch allein schon die obigen Beispiele dürften eine Ahnung davon vermittelt haben.

Jeder große Fortschritt birgt jedoch auch Gefahren. Die unmittelbarste Gefahr ist die, das eigentliche Wesen der rationalen Zahlen zu verkennen. Wie gesehen, besteht dieses in ihrer Rolle im Rahmen des Zählens von Dingen in verschiedenen Einheiten, also letztendlich in ihrem Zusammenspiel mit der Eins-zu-eins-Beziehung. Mit der Deutung der rationalen Zahlen als Punkte neben anderen, den irrationalen Zahlen, auf dem reellen Zahlenstrahl droht dieses Verständnis verloren zu gehen. So werden zum Beispiel in Harro Heusers *Lehrbuch der Analysis* – Pflichtlektüre für Generationen von Mathematik- und Physikstudenten – die reellen Zahlen in einem Aufwasch über die Rechen- und Ordnungsregeln definiert, denen sie gemeinsam genügen. Dieser axiomatische Ansatz ist sehr effizient und erlaubt es, das Zahlenfundament für die darauf zu errichtende Theorie erstaunlich schnell zu legen. Auf der Strecke bleibt dabei aber ein Verständnis dafür, *warum* die Zahlen diesen Regeln genügen und worin der qualitative Unterschied zwischen den rationalen und den irrationalen Zahlen besteht bzw. dass überhaupt ein solcher Unterschied besteht.[19]

Die zweite große Gefahr ist die, durch den unkritischen Einsatz von Koordinatensystemen viele Probleme zwar lösen zu können, aber kein echtes Verständnis der Problemstellungen zu entwickeln,

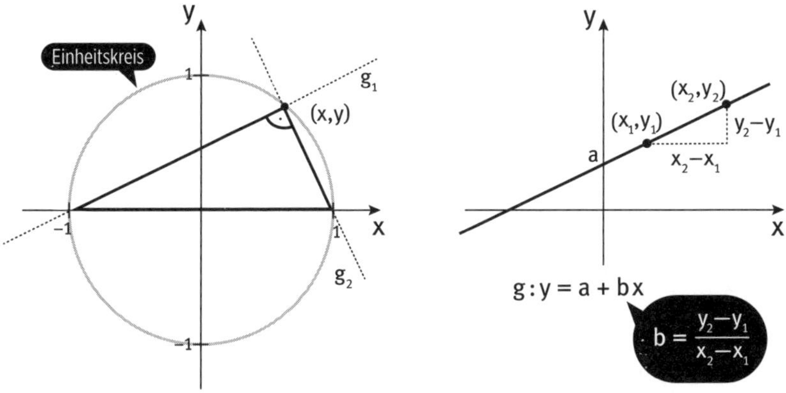

Satz des Thales mit Bezug auf ein Koordinatensystem

weil die nötige geometrische Anschauung fehlt. Das lässt sich am *Satz des Thales* gut verdeutlichen. Dieser besagt, dass ein Dreieck, dessen Eckpunkte auf einem gemeinsamen Kreis liegen und dessen längste Seite einen Durchmesser des Kreises darstellt, rechtwinklig sein muss. Das heißt, die Geraden g_1, g_2 in der linken Abbildung liegen senkrecht zueinander. Und dies lässt sich unschwer mit Bezug auf das eingezeichnete Koordinatensystem beweisen. Man muss hierzu nur dreierlei wissen: 1. Für jede Gerade (mit Ausnahme von Parallelen zur y-Achse) und einen beliebigen Punkt auf der Geraden mit den Koordinaten (x, y) gilt: $y = a + bx$. Hierbei sind a und b jeweils geeignete Konstanten, also reelle Zahlen, die als *Achsenabschnitt* bzw. *Steigung* der Geraden bezeichnet werden. 2. Die Steigung errechnet sich anhand der Koordinaten zweier Punkte der Geraden gemäß der rechten Abbildung. 3. Zwei Geraden mit den Steigungen b_1, b_2 liegen senkrecht zueinander, wenn gilt: $b_1 b_2 = -1$. Man kann zeigen, dass aus 1. und 2. sowie dem Umstand, dass der Schnittpunkt der beiden Geraden auf dem Einheitskreis liegt, für die Steigungen von g_1 und g_2 folgt: $b_1 = \sqrt{1-x} \;/\; \sqrt{1+x}$ bzw. $b_2 = -\sqrt{1+x} \;/\; \sqrt{1-x}$. Gemäß 3. liegen g_1 und g_2 also senkrecht zueinander.

Für meinen Geschmack fehlt diesem (angedeuteten) Beweis etwas

Entscheidendes. Nicht, dass ich die Prämissen und die darauf aufbauenden Rechnungen anzweifeln würde. Aber irgendwie erscheint mir das Ganze zu vermittelt, irgendwie scheint es am eigentlichen Kern der Sache vorbeizugehen. Was mir fehlt, ist der Aha-Moment, wonach man wirklich *versteht*, warum der Satz des Thales gilt. Falls es Ihnen auch so geht, so haben Sie eventuell schon die beiden Größen b_1 und b_2, also die Steigungen der beiden Geraden, als Übeltäterinnen ausgemacht. Es handelt sich dabei nämlich um bloße Artefakte; sie geben gar keine Eigenschaften der Geraden an sich wieder, sondern bloß bezüglich des letztendlich willkürlich gewählten Koordinatensystems. So, wie die am Tachometer eines Autos angezeigte Geschwindigkeit keine Eigenschaft des Autos selbst ist, sondern nur bezogen auf die Straße, auf der es fährt, so ist die Steigung einer Geraden eine rein relative Größe, nämlich relativ zum gewählten Koordinatensystem. Deshalb kann man nur überrascht zur Kenntnis nehmen, dass das Produkt der beiden Steigungen hingegen sehr wohl eine Eigenschaft der geometrischen Konstellation an sich ist, nicht bloß bezüglich des Koordinatensystems.

Dieses Manko des Beweises mittels Koordinatensystem tritt noch deutlicher hervor im Vergleich zum einfachen rein geometrischen Beweis. Ein Blick auf die Abbildung, und man erkennt schnell – ganz ohne Koordinatensystem: Da der betrachtete Punkt auf dem Kreis liegt, teilt die Verbindungsstrecke zwischen ihm und dem Mittelpunkt des Kreises das Dreieck in zwei gleichschenklige Teildreiecke, deren zwei gleich lange Seiten jeweils gerade dem Kreisradius r entsprechen. Deshalb beträgt die Winkelsumme des Dreiecks mit

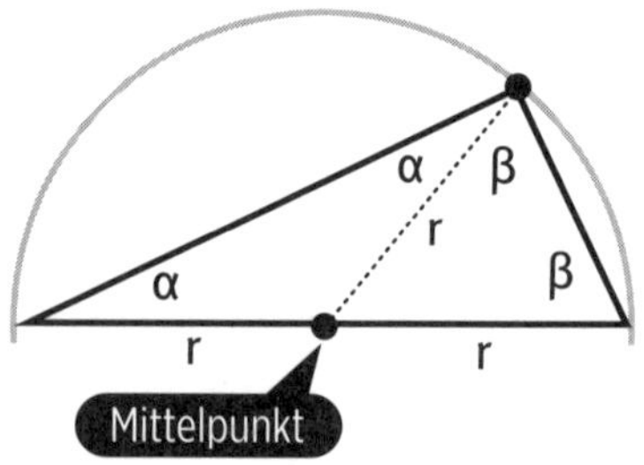

Satz des Thales rein geometrisch

den Bezeichnungen in der vorherigen Abbildung: $180° = 2\alpha + 2\beta \Longrightarrow \alpha + \beta = 90°$

Im Gegensatz zum algebraischen Beweis vermittelt dieser Beweis ein Verständnis davon, warum der Winkel ein rechter sein muss. Koordinatensysteme können also nützlich sein, aber unter Umständen auch wenig erhellend. Dies zeigt abschließend auch ein historisch weitaus bedeutenderes Beispiel: Man stelle sich eine Drahtschlaufe vor, die möglicherweise ganz unregelmäßig verbogen ist (aber nicht geknickt). Gesucht ist die kleinste durchgängige Fläche – die «Minimalfläche» – mit der Schlaufe als Rand. (Man stelle sich vor, die Schlaufe in Seifenlauge zu tunken; die Lauge wird sich dann entlang dieser Fläche verteilen, sodass die Moleküle der Lauge möglichst nah beieinander bleiben.) Lagrange fand, aufbauend auf grundlegenden Erkenntnissen Eulers, als Erster die Lösung. Er konnte zeigen, dass die gesuchte Minimalfläche in einem geeigneten Koordinatensystem mit einer Funktion korrespondiert, die einer bestimmten sogenannten *partiellen Differentialgleichung* genügt. Minimalflächen sind somit in gewissem Sinn durch diese Differentialgleichung bestimmt. Doch weder Euler noch Lagrange hätten genau erklären können, was die Gleichung geometrisch besagt. Wodurch zeichnet sich die Minimalfläche anschaulich aus? Erst vierzehn Jahre nach Veröffentlichung der Gleichung, im Jahr 1776, legte Jean Baptiste Meusnier eine geometrische Charakterisierung vor; er konnte zeigen, dass die mittlere Krümmung der Fläche an jedem ihrer Punkte verschwindet.

Zur Veranschaulichung stelle man sich zwei Wanderwege in den Bergen vor, die sich kreuzen. Ferner mögen beide Wege in unmittelbarer Umgebung ihres Kreuzungspunkts, von diesem ausgehend, jeweils in beiden Richtungen immer steiler bergab bzw. bergauf führen, und zwar im selben Maße. Dieses gemeinsame Maß zunehmender Steilheit bzw. dieses Krümmungsmaß sei darüber hinaus maximal im Vergleich zu allen anderen durch den Kreuzungspunkt führenden möglichen Wegen. Übertragen auf die Minimalfläche, gilt nun nicht nur für einen Punkt, sondern für *jeden* Punkt der

Fläche, dass zwei Wege maximaler, entgegengesetzter Krümmung durch ihn führen. Erst mit dieser geometrischen Anschauung, nicht bloß der Lagrange'schen Differentialgleichung, hat man wirklich verstanden, was Minimalflächen auszeichnet. Insofern hat erst Meusnier das Rätsel vollständig gelöst.

3. Die Erkundung des Unendlichen

Desgleichen ist jede Menge, die in der Natur der Dinge existiert, geschaffen; und jedes Geschaffene unterliegt einer bestimmten Absicht des Schaffenden; denn kein Wirkender wirkt ziellos. Daher kann es unmöglich eine aktual unendliche Menge geben [...]
Thomas von Aquin in der *Summa theologiae*

Solche Spitzfindigkeiten, mit denen sich die Griechen abquälten, brauchen wir heute nicht mehr.
Sylvestre François Lacroix in seinem *Handbuch der Differential- und Integralrechnung* von 1814

Die Eins, Achilles und die Schildkröte

In einer Umfrage unter Mathematikern und Physikerinnen nach ihrer Lieblingsformel gab Steven Strogatz, Mathematikprofessor an der Cornell University, folgende Antwort:

$$1 = 0{,}9999999999999999\ldots$$

Diese Wahl ist eher überraschend angesichts der großen Fülle an weitaus imposanteren Formeln, die Mathematik und Physik zu bieten haben. Umso interessanter ist Strogatz' Begründung für seine originelle Wahl:

> Ich mag, wie schlicht sie daherkommt – jeder versteht, was sie besagt – und wie provokant sie zugleich ist. Viele Leute glauben nicht, dass sie wahr sein kann. Auch ist sie wunderbar ausgewogen. Die linke Seite steht für den Beginn der Mathematik; die rechte Seite repräsentiert die Mysterien des Unendlichen.

Das trifft es. Jeder glaubt, er kenne die 1 in- und auswendig – eine etwas biedere, wenn auch unentbehrliche alte Bekannte; viel mehr gebe es über sie eigentlich nicht zu berichten. Und nun auf einmal diese verborgene Seite, dieses verruchte, lockende Spiel mit dem Antlitz des Unendlichen! Was hätte wohl Michael Stifel, der Freund Luthers, dazu gesagt?

Bevor wir zu Stifel zurückkehren, sollten wir uns zuvor nochmals einige Fakten zum Dezimalsystem vergegenwärtigen. Das oberste Faktum lautet – ein letztes Mal: Dezimalzahlen sind überhaupt keine Zahlen, sondern *Namen* von Zahlen, allerdings strukturierte Namen. Die Struktur besteht darin, dass jedes Zeichen innerhalb des Namens für eine Zahl zwischen 0 und 9 steht, und jede Stelle für eine bestimmte Zehnerpotenz. Bei den Zeichen handelt es sich natürlich um die Ziffern «0» bis «9», und die Exponenten bzw. «Hochzahlen» der Zehnerpotenzen steigen, bei 0 angefangen, von Zeichen zu Zeichen und von rechts nach links gelesen stets um 1 an. Diese Systematik lässt sich problemlos auf alle rationalen Zahlen erweitern; man muss lediglich ein zusätzliches Zeichen einführen, um die Stelle mit dem Exponenten 0 zu markieren – etwa das Komma oder den Punkt, wie im deutschen bzw. angelsächsischen Sprachraum üblich. Dann bleibt links von diesem Zeichen alles wie gehabt, und rechts davon fallen die Exponenten der Zehnerpotenzen von Stelle zu Stelle um 1 ab. So steht etwa «712,5376» für die rationale Zahl $7 \cdot 10^2 + 1 \cdot 10^1 + 2 \cdot 10^0 + 5 \cdot 10^{-1} + 3 \cdot 10^{-2} + 7 \cdot 10^{-3} + 6 \cdot 10^{-4} = 7 \cdot 100 + 1 \cdot 10 + 2 \cdot 1 + 5/10 + 3/100 + 7/1000 + 6/10\,000 = 712{,}5376$. Wem die Zehnerpotenzen mit der Null oder negativen Zahlen als Exponenten Unbehagen bereiten, der denke sich diese einfach definitorisch als Eins bzw. Kehrwerte der entsprechenden Potenzen mit positiven Exponenten.

Dezimalzahlen mit endlich vielen Ziffern hinter dem Komma sind also völlig unproblematisch; sie stehen in leicht nachvollziehbarer Weise jeweils für eine ganz bestimmte rationale Zahl. Doch wie sieht die Sache für Dezimalzahlen mit unendlich vielen Ziffern hinter dem Komma aus, oder vielmehr für solche mit endlich vielen Ziffern, gefolgt von drei Punkten? Nun, die Punkte suggerieren, dass es mit der Summe irgendwie «immer weiter» geht; im Beispiel von Strogatz legen die Punkte folgende Deutung der Gleichung nahe:

$$1 = \frac{9}{10} + \frac{9}{100} + \frac{9}{1000} + \frac{9}{10000} + \cdots$$

Doch was besagen die Punkte nun? Offenbar ist eine Summe mit *unendlich* vielen Summanden gemeint. Aber wie ist eine solche Summe zu verstehen? Nur weil man hinter einen Summenausdruck ein weiteres Pluszeichen und drei Punkte setzen kann, heißt das noch lange nicht, dass man damit in sinnvoller Weise auf eine wirkliche Summe, also eine bestimmte Zahl, Bezug nimmt. Man nehme etwa den Ausdruck «$1 - 1 + 1 - 1$». Die entsprechende Summe (bzw. Differenz) hat offenbar ein eindeutiges Ergebnis, nämlich 0. Anders verhält es sich für «$1 - 1 + 1 - 1 + \cdots$». Denn das Ergebnis dieser «Summe» können wir so berechnen: $1 - 1 + 1 - 1 + \cdots = (1 - 1) + (1 - 1) + \cdots = 0 + 0 + \cdots = \mathbf{0}$; wir können es aber auch so berechnen: $1 - 1 + 1 - 1 + \cdots = 1 + (-1 + 1) + (-1 + 1) + \cdots = 1 + 0 + 0 + \cdots = \mathbf{1}$; oder auch so: $1 - 1 + 1 - 1 + \cdots = -1 + 1 - 1 + 1 - \cdots = -1 + (1 - 1) + (1 - 1) + \cdots = -1 + 0 + 0 + \cdots = \mathbf{-1}$.

Für Stifel führten solche Beispiele lediglich vor Augen, was ohnehin klar war: Man sollte tunlichst die Finger von «unendlichen Summen» lassen – zumal sich Gleichungen wie die von Strogatz auch ganz anders deuten lassen. Um zu verstehen, wie, müssen wir nur kurz auf *Divisionen mit Rest* eingehen: Wenn man eine natürliche Zahl n durch eine natürliche Zahl m teilen will, so wird die Division in der Regel nicht «aufgehen»; es gibt keine weitere natürliche Zahl k, die mit m multipliziert n ergäbe. Was es aber immer gibt, sind zwei natürliche Zahlen (inkl. 0) k und r, für die gilt: $n = km + r$ und $r < m$. Deswegen lässt sich zum Beispiel die Dezimalzahl des Bruchs 25/8 wie folgt ermitteln:

1. In $n = 25$ passt $m = 8$ genau dreimal ($k = 3$); deswegen steht vor dem Komma «3». Und es bleibt der Rest $r = 1$.
2. Dieser Rest ergibt mit 10 multipliziert 10, und darein passt 8 genau einmal; deswegen steht direkt hinter dem Komma «1». Und es bleibt der Rest $r = 2$.
3. Dieser neue Rest ergibt mit 10 multipliziert 20, und darein passt 8 genau zweimal; deswegen steht an der zweiten Stelle hinter dem Komma «2». Und es bleibt der Rest $r = 4$.

4. Dieser neue Rest ergibt mit 10 multipliziert 40, und darein passt 8 genau fünfmal; deswegen steht an der dritten Stelle hinter dem Komma «5». Und es bleibt kein Rest mehr.
5. Somit endet die «Dezimalentwicklung» hier und lautet: «3,125»

Ganz analog kann man für jeden beliebigen Bruch n/m vorgehen. Nur ist nicht immer garantiert, dass die Dezimalentwicklung irgendwann endet, sprich dass irgendwann kein Rest übrig bleibt ($r = 0$). Es ist stattdessen auch möglich, dass irgendwann ein Rest ($r \neq 0$) zum zweiten Mal erscheint,[1] sodass sich auch die weitere Abfolge der Reste wiederholt. Dies ist beispielsweise bei 1/7 so, wo sich folgende Reste ergeben: 1, 3, 2, 6, 4, 5, 1, 3, 2, ... Entsprechend wiederholen sich die ersten sechs Ziffern hinter dem Komma immer wieder: $1/7 = 0{,}142857142857142857\ldots$

Hier – so könnte Stifel mit Fug und Recht behaupten – lässt sich den Punkten ein klarer Sinn verleihen, ganz ohne phantasmagorische Summen mit unendlich vielen Summanden ins Spiel zu bringen. Dieser Sinn kommt noch prägnanter und weniger irreführend in der Perioden-Schreibweise zum Ausdruck: $1 / 7 = 0{,}\overline{142857}$. Der Strich über den sechs Ziffern besagt schlicht, dass diese sich bei fortgesetzter Division mit Rest immer wieder zyklisch wiederholen. Hier kommt zwar das Unendliche durchaus ins Spiel, aber lediglich in der harmlosen Form des *potentiell* Unendlichen, des zwar unabgeschlossenen, stets erweiterbaren Endlichen, aber eben stets Endlichen.

Ich möchte diesen Punkt an einem anderen Beispiel verdeutlichen: Wenn Helene Fischer in der Schule unartig war, musste sie nachsitzen und immer wieder an die Tafel schreiben: «Ich werde in Zukunft ein braves Mädchen sein.» Das sollte so lange gehen, bis die Lehrerin sie entließ. Prinzipiell könnte die Schlagerdiva noch heute an der Tafel stehen und schreiben und wischen, wenn die Tafel voll ist, und weiterschreiben. Das wäre zwar höchst bemerkenswert, aber dennoch vorstellbar. Darüber hinaus können wir uns sogar vorstellen, dass das ewig so weiterginge. Aber was, wenn die Lehrerin befohlen hätte, *unendlich* oft «Ich werde in Zukunft ein braves Mädchen sein!» an die Tafel zu schreiben? Ein solcher Befehl wäre nicht nur pädagogisch fragwürdig, ihn auszuführen wäre zudem unmöglich; mehr noch, wir können uns nicht einmal vorstellen, wie er auszuführen wäre.

Zurück zur Gleichung von Strogatz, jetzt aber in Perioden-Schreibweise:

$$1 = 0{,}\overline{9} = 9 \cdot 0{,}\overline{1}$$

In dieser Form besagt die Gleichung etwas ganz Profanes: Die 1 ist gleich dem Produkt der 9 mit demjenigen Bruch, bei dem die Division mit Rest in jedem Schritt denselben Rest und stets die Nachkomma-Ziffer «1» ergibt. Hierbei handelt es sich schlicht um den Bruch 1/9, sodass die Gleichung auf folgende wenig überraschende Gleichung hinausläuft:

$$1 = 9 \cdot 1/9$$

In der Stifel'schen Lesart besagt die Gleichung von Strogatz also mitnichten, dass auch die rationalen Zahlen, sogar die biedere 1, von einem Nebel des Unendlichen umgeben sind. In dieser Lesart kommen die rationalen Zahlen mit dem Unendlichen vielmehr nur in der unbedenklichen «potentiellen» Form in Berührung: Es gibt eben rationale Zahlen, bei denen die sukzessive Division mit Rest niemals den Wert 0 als Rest liefert, sondern sich die Reste zyklisch immer wiederholen.

Würde sich doch nur alles so in Wohlgefallen auflösen! Aber nein, Auftritt Parmenides und sein Schüler Zenon – über die David Foster Wallace in seiner sehr amüsanten, informativen und klugen *Entdeckung des Unendlichen* schreibt:

> ∞-mäßig vielleicht noch bedeutender als [Pythagoras] ist der vormystische Parmenides von Elea (um 540 – um 470 v. Chr.), nicht nur, weil seine Unterscheidung zwischen dem «Weg der Wahrheit» und dem «Weg des Scheins»

> den Rahmen für die Termini der griechischen Metaphysik vorgab und Platon [...] beeinflusste, sondern weil Parmenides' bester Schüler und Verteidiger [...] Zenon war – der teuflisch schlaue und aufregendste griechische Philosoph aller Zeiten (der dem Sokrates in Platons Parmenides, argumentativ gesehen, in den Hintern tritt). Zenons Argumente für die Metaphysik des Parmenides erscheinen in Form [...] einiger der tiefsten und verzwicktesten Paradoxa der Weltgeschichte.

Der Aspekt der Parmenides'schen Metaphysik, auf den Wallace hier anspielt, lässt sich grob so zusammenfassen: Alles zusammen ist eine unteilbare Einheit ohne jegliche Veränderung. Das klingt zunächst nach einer übertrieben steilen These, um sich im akademischen Betrieb einen Namen zu machen. Doch Parmenides war kein Allerweltsintellektueller, der ständig überlegte, welche provokanten Gedanken er als Nächstes verkünden könnte, um im Gespräch zu bleiben. Ebenso wenig Zenon, der uns u. a. mit seiner Fabel von Achilles und der Schildkröte in der Tat eines der originellsten und tiefschürfendsten Paradoxa der Philosophiegeschichte geschenkt hat. Die Geschichte ist hinlänglich bekannt. Leicht abgewandelt, geht sie so:

Achilles und die Schildkröte verabreden sich zu einem 100-m-Rennen. Achilles läuft die 100 m in 10 s; die Schildkröte schafft in derselben Zeit nur 10 m. Deshalb erhält sie einen Vorsprung von 90 m. Nun der Startschuss! Achilles läuft in gewohnter Topform und erreicht die 90-m-Marke nach genau 9 s. Doch was ist das?! Die Schildkröte ist nicht da, ebenfalls in Topform ist sie in den 9 s auch vorangekommen, wenn auch nur 9 m. Also läuft Achilles weiter und erreicht die 99-m-Marke nach weiteren 0,9 Sekunden. Doch was ist das?! Die Schildkröte ist wieder nicht da; währenddessen ist sie ja auch weitergelaufen, und zwar 90 cm. Achilles gibt jedoch nicht auf, er läuft immer noch weiter und erreicht nach weiteren 0,09 Sekunden die 99,9-m-Marke.

Mittlerweile dämmert es auch dem letzten Zuschauer: Die Schildkröte ist zwischenzeitlich auch weitergelaufen, sodass sie immer noch einen Vorsprung hat. Der wird zwar immer kleiner, doch er ist immer größer als 0 m. Das heißt, Achilles erreicht die Schildkröte nie, und beide erreichen die 100-m-Marke nie!

In der Einleitung habe ich mit C. P. Snow die Ahnungslosigkeit allzu vieler Naturwissenschaftlerinnen in geisteswissenschaftlichen Dingen beklagt. Diese führt bei manchen von ihnen – beileibe nicht allen – noch dazu zu glauben, mit simplen experimentellen Befunden oder trivialen theoretischen Ableitungen jahrhundertealte, schwierige Debatten in den Geisteswissenschaften entscheiden und ad acta legen zu können. Auch Mathematiker sind nicht davor gefeit, es sich viel zu einfach zu machen. Mit Blick auf das Zenon'sche Paradoxon äußert sich das in etwa so: «Alles gar kein Problem! Die alten Griechen wussten eben noch nichts von Grenzwerten und davon, dass man unendliche Summen als solche definieren kann. Wenn man's weiß, ist klar, dass Achilles zwar unendlich viele Zeitintervalle benötigt, um die Schildkröte einzuholen und die 100-m-Marke zu erreichen, dass die aber in Summe ein *endliches* Zeitintervall ergeben: $9 \sum_{m=0}^{\infty} 10^{-m} \mathrm{s} = 9 \lim_{n \to \infty} \sum_{m=0}^{n} 10^{-m} s = 9 \frac{1}{1-\frac{1}{10}} s = 10s$.» Zu Grenzwerten kommen wir noch, die technischen Details können wir vorerst ignorieren.[2] Wichtig ist hier nur, worauf Wallace hinsichtlich dieser Art von Replik auf das Paradoxon hinweist:

> […] und schon ist Zenons Dichotomie […] komplex, formal sexy, fachlich korrekt und zutiefst trivial beantwortet. Etwa in der Richtung von «Weil es gesetzlich verboten ist» als Antwort auf die Frage «Warum ist es falsch, jemanden zu töten?»
>
> [Doch die oberflächlich komplizierte «Lösung» macht einen nur glauben], man wisse etwas, wo man nichts als abstrakte Formeln und die Regeln für deren Anwendung «weiß».

Die «tiefe Trivialität», die Wallace diagnostiziert, besteht darin, dass die Replik schon voraussetzt, was Zenon zeigen will – allerdings im Rahmen eines Widerspruchsbeweises, einer «Reductio ad Absurdum». Der Witz des Paradoxons soll gerade darin bestehen, zu zeigen, dass uns die unhinterfragte Alltagsvorstellung von Bewegung eine Absurdität aufzwingt, nämlich das *aktual* Unendliche, im Gegensatz zum bloß potentiell Unendlichen. Für Zenon und seine Zeitgenossinnen stand fest, dass das Unendliche nur in seiner potentiellen Form überhaupt denkbar sei; die Annahme eines «aktual» Unendlichen, einer abgeschlossenen Gesamtheit unendlich vieler Dinge, sei hingegen nicht nur nicht vorstellbar, sondern lasse sich gar nicht sinnvoll denken, ohne sich in Selbstwidersprüche zu verstricken. Zenon schlicht entgegenzuhalten, das aktual Unendliche, etwa in Gestalt eines (endlichen) Zeitintervalls, das sich aus unendlich vielen Teilintervallen zusammensetzt, sei doch ganz unproblematisch, ist also bestenfalls völlig unerhellend. Da nützt auch der technische Kniff nichts, das Zeitintervall als Grenzwert darzustellen. Auf die Gleichung von Strogatz übertragen, besteht der Kniff darin, sie so umzuformulieren:

$$1 = \lim_{n \to \infty} \frac{9}{10} + \frac{9}{100} + \cdots + \frac{9}{10^n}$$

Wie gesagt, zu Grenzwerten kommen wir noch, aber diese Gleichung können Sie jetzt schon verstehen: Sie besagt, dass die 1 die kleinste reelle Zahl ist, die größer als 0,9 ist, und größer als 0,99 und größer als 0,999 usw. Das hätte Zenon aber weder bestritten, noch hätte er es bestreiten müssen. Denn es lässt sich voll und ganz im Sinne des potentiell Unendlichen verstehen. Wenn man das aktual Unendliche akzeptiert, so erlaubt es einem die Grenzwertrechnung zwar unter bestimmten Bedingungen, für eine unendliche Zahlenmenge die Summe über alle ihre Elemente zu definieren. Dies leistet sie aber gerade durch Zurückführung der Summe auf potentiell unendlich viele endliche Summen. Die Grenzwertrechnung kann die Annahme der Existenz bzw. logischen Konsistenz solcher unendlichen Mengen also gar nicht begründen.

Im Gegensatz zu manchem heutigen Mathematiker erkannte Aristoteles, was auf dem Spiel steht: Wenn Zenons Argumentation stichhaltig ist, so befinden wir uns anscheinend in einem veritablen Dilemma, wonach wir entweder unsere Vorstellung von Bewegung und überhaupt von einer veränderlichen Welt über Bord werfen müssen oder die Existenz (abgeschlossener) unendlicher Mengen hinzunehmen haben. Beides war nicht nur für Aristoteles völlig inakzeptabel, sodass er alles daransetzte, Zenons Argumentation zu entkräften. Seine Kritik läuft im Wesentlichen auf Folgendes hinaus: Wenn Achilles die 100-m-Marke erreicht und damit gleichzeitig die Schildkröte einholt – was er ja wirklich tut –, so lassen sich in der Tat unendlich viele Punkte auf der Rennbahn festmachen, die Achilles passiert haben muss. Dabei handelt es sich aber bloß um potentiell unendlich viele Punkte. Dies lässt sich noch klarer, wenn auch weniger dramatisch, anhand einer schlichten geraden Verbindungsstrecke zweier Punkte verdeutlichen: Es wäre falsch – so Aristoteles – zu sagen, die Strecke bestünde aus unendlich vielen Punkten. Vielmehr lassen sich auf der Strecke unendlich viele Punkte lokalisieren. So könnte man beispielsweise erst den Mittelpunkt der Strecke markieren, dann den Mittelpunkt der rechten Teilstrecke, dann den Mittelpunkt der rechten Teilstrecke der rechten Teilstrecke und immer so weiter. Bei den so lokalisierten Punkten handelt es sich aber um potentiell, nicht um aktual unendlich viele; egal wie viele (endlich viele) Punkte bereits lokalisiert sind, es lässt sich immer ein weiterer Punkt auf der Geraden lokalisieren. Mehr hat Zenon, wenn es nach Aristoteles geht, nicht gezeigt, und das hatten wir auch vorher schon gewusst.

Aristoteles' Einwand gegen Zenon fanden nahezu alle Philosophinnen und Mathematiker späterer Jahrhunderte überzeugend genug, um das Paradoxon guten intellektuellen Gewissens als Scheinproblem abtun zu können. Das finde ich erstaunlich, denn meines Erachtens ist es vielmehr die Argumentation des Aristoteles, die alles andere als zwingend ist. Vermutlich rührte die allgemeine Akzeptanz der angeblichen Entkräftung des Zenon'schen Paradoxons durch Aristoteles unter den Gelehrten zum einen von der (berechtigten) Verehrung scholastischer Denker für das Aristotelische Werk im Allgemeinen her, zum andern daher, dass erst im 19. Jahrhundert der Nachweis gelang, dass sich das aktual Unendliche sehr wohl sinnvoll denken lässt – zumindest so, dass sich kein offenkundiger

Selbstwiderspruch auftut. Dieser Nachweis ist die größte der vielen Großtaten Cantors (zu der wir noch kommen werden).

Aber zunächst zur Begründung, weshalb meines Erachtens die Replik des Aristoteles ungenügend ist: Nun, schmücken wir die Fabel von Achilles und der Schildkröte noch ein wenig aus, nämlich um winzige Schweißtropfen, die von Achilles' Stirn zu Boden fallen und bis zum Verdunsten einige Zeit als dunkle Punkte auf der Rennbahn sichtbar bleiben. Der erste Tropfen möge beim Start auf die Startlinie fallen und alle weiteren Tropfen jeweils genau dorthin, wo sich die Schildkröte befand, als der vorherige Tropfen den Boden traf. So hinterlässt Achilles im Rennen der Reihe nach Spuren an den Wegmarken 90 m, 99 m, 99,9 m, 99,99 m usw. Würde das Rennen nie enden, so würde es sich dabei wieder nur um potentiell unendlich viele Spuren handeln. Doch unser Alltagsverstand sagt uns ja, dass es sehr wohl endet, und zwar nach 10 s. Und wenn dem so ist, so sind kurz nach diesen 10 s unendlich viele Spuren sichtbar, und zwar alle zugleich! Gerade deswegen brachte Zenon das aktual Unendliche mit Bewegung in Verbindung.

Solche Tropfen sind natürlich physikalisch gar nicht möglich, weder was ihre Größe noch was ihre Frequenz anbelangt. Die Frage ist aber nicht, ob die Fabel realistisch ist, sondern ob sie eine kohärente Idee veranschaulicht. Idealisiert und aufs Wesentliche reduziert (ohne Schildkröte), geht die Geschichte so: Ein Punkt (Achilles) bewegt sich gleichförmig, mit konstanter Geschwindigkeit auf gerader Strecke (Rennbahn) von einem Ausgangspunkt zu einem Endpunkt. Dabei markiert er nach 9/10 der Strecke den Punkt, an dem er sich dann gerade befindet; ebenso markiert er nach weiteren 9/100 der Strecke den Punkt, an dem er sich dann gerade befindet; und entsprechend fährt er fort, bis er den Zielpunkt erreicht hat.

Nennen wir dies das «Z-Gedankenexperiment» und folgende Variante das «A-Gedankenexperiment»: Der Punkt bewegt sich nun nicht durchgängig mit derselben Geschwindigkeit, sondern er reduziert jedes Mal, nachdem er einen Punkt auf der Strecke markiert hat, seine Geschwindigkeit auf 1/10 der aktuellen Geschwindigkeit, sodass zwischen dem Markieren eines Punktes und dem nächsten Markieren eines weiteren Punktes immer dieselbe Zeitspanne vergeht. In beiden Gedankenexperimenten werden dieselben Punkte markiert; im Z-Experiment sind es aber nach endlicher Zeit aktual unendlich viele, im A-Experiment hingegen nur potentiell unendlich viele. Somit hätte Aristoteles wohl das A-Experiment für zulässig befunden, im Gegensatz zum Z-Experiment. Aber warum? Warum sollte das A-, nicht aber das Z-Experiment eine legitime Idealisierung einer echten oder auch nur gedachten Bewegung darstellen? Der einzige Unterschied, auf den man zur Begründung abzielen könnte, ist offenbar der, dass im Z-Experiment die Zeitspannen zwischen zwei aufeinanderfolgenden Punktmarkierungen immer kleiner werden und gegen null (Sekunden) gehen. Doch was genau soll daran das Problem sein? Es wird nichts Inkohärentes gefordert, etwa dass der sich bewegende Punkt zur selben Zeit an zwei verschiedenen Orten wäre oder dergleichen. Besagte Zeitspannen sind stets größer als null. Sie können zwar beliebig klein werden, aber das gilt auch für das A-Experiment. Für dieses kann man die Ausgangsgeschwindigkeit des Punktes nämlich beliebig groß wählen, sodass die Zeitspanne zwischen zwei aufeinanderfolgenden Punktmarkierungen beliebig klein werden kann.

Wie man es auch dreht und wendet, es erscheint völlig willkürlich, das A-Experiment zu akzeptieren, aber das Z-Experiment abzulehnen, nur weil man die Konsequenzen fürchtet. Daher muss man – so scheint es zumindest bei unvoreingenommener Betrachtung – entweder beide Gedankenexperimente bzw. Idealisierungen akzeptieren – und damit auch die Idee einer abgeschlossenen unendlichen Menge – oder beide gleichermaßen ablehnen. Das ist, worauf das Zenon'sche Dilemma im Kern hinausläuft. Und für Zenon war die Antwort klar: Beide Gedankenexperimente sind inkohärent, die ihnen gemeinsame Idealisierung von Bewegung führt zwangsläufig in einen Selbstwiderspruch.

Zenon wählte einen radikalen Ausweg aus seinem Dilemma; statt das aktual Unendliche zu akzeptieren, warf er lieber die Vorstellung von Bewegung und damit die von einer veränderlichen Welt über Bord. Denn wie – so hätte Zenon gefragt – sollte man sich Bewegung anders idealisiert vorstellen können denn als Punkt, der sich zu unterschiedlichen Zeiten an unterschiedlichen Stellen einer beliebig fein teilbaren Strecke befindet? Doch es gibt eine alternative Vorstellung, eine zwar ebenfalls radikale, aber das Phänomen der Bewegung bewahrende – zumindest in gewissem Sinn. Nach dieser Vorstellung ist der Raum, aber auch die Zeit nicht mehr beliebig fein aufteilbar; Raum und Zeit sind quantisiert. Das heißt, es gibt eine kleinste Zeitspanne und eine kleinste Länge, die nicht unterschritten werden können. Man stelle sich den Raum in kleine Würfel eingeteilt vor, so wie ein Computerbildschirm in kleine Pixel eingeteilt ist. Und man stelle sich Pac-Man vor, wie er, vor den Gespenstern fliehend und sich Kekse (?) einverleibend, durchs Labyrinth wandert. Pac-Man bewegt sich gar nicht, zumindest nicht nach gewöhnlichem Verständnis. Vielmehr leuchten jeweils nach einer bestimmten kleinen Zeiteinheit neue Pixel in den Farben Pac-Mans auf. So ähnlich müssen wir uns Bewegung gemäß der quantisierten Konzeption von Raum und Zeit vorstellen. Das mag ziemlich abwegig erscheinen, aber logisch spricht erst einmal nichts dagegen. Mehr noch, es spricht sogar einiges dafür, dass eine derartige Konzeption von Raum und Zeit bzw. der Raum-Zeit nötig ist, um die derzeitige Unvereinbarkeit von Quantenphysik und Relativitätstheorie zu überwinden.[3]

Die Zähmung des verschwindend Kleinen

Um Bewegung als reales Phänomen zu bewahren, ist eine quantisierte Konzeption von Raum und Zeit aber gar nicht unbedingt nötig. Schließlich gibt es noch einen Ausweg aus dem Dilemma des Zenon: die Akzeptanz des aktual Unendlichen. Wie gesagt, derjenige, der uns diesen Ausweg bereitet hat, sodass wir ihn (anschei-

Lesehinweis: In diesem Abschnitt wird es ein wenig technischer. Ich habe mich zwar weiterhin bemüht, das formal-mathematische Niveau so niedrig wie möglich zu halten. Dennoch kann es vielleicht für mathematisch weniger Bewanderte stellenweise etwas herausfordernder werden. Für den Fall, dass Sie diesen Abschnitt deshalb überspringen wollen, hier eine knappe Zusammenfassung:
Anhand eines konkreten Beispiels für die Bestimmung der Länge einer gekrümmten Linie wird eine Ahnung davon vermittelt, wie die von Newton und Leibniz entwickelte Differential- und Integralrechnung vergleichsweise einfache algebraische Lösungen für vielfältige theoretische und praktische Problemstellungen ermöglichte, die zuvor nur mit besonderem geometrischen Scharfsinn oder überhaupt nicht lösbar gewesen waren. Mit ihrer neuen Methode schienen Newton und Leibniz aber ein neues Einfallstor für das aktual Unendliche in die Mathematik eröffnet zu haben, nämlich in Form von «unendlich kleinen» Intervallen (Strecken auf dem Zahlenstrahl), die trotzdem eine Länge größer als 0 haben sollten. Erst im 19. Jahrhundert gelang es mit der Entwicklung des mathematischen Grenzwertbegriffs, die Differential- und Integralrechnung unter ausschließlicher Bezugnahme auf das potentiell Unendliche solide zu begründen.

nend) gefahrlos begehen können, ist Cantor. Vor ihm hielt man einfach an der traditionellen Konzeption von Raum und Zeit als beliebig fein Teilbarem fest und verschloss mehr oder weniger die Augen vor der Konsequenz, sich näher mit dem aktual Unendlichen beschäftigen zu müssen.

Dieses machte sich jedoch irgendwann in neuer Gestalt so sehr bemerkbar, dass es sich nicht länger ignorieren ließ. Zumindest schien es so, und zwar in Form von *Infinitesimalen:* unendlich kurzen Längen oder Zeitspannen (u. a.), die trotzdem größer als null waren. Die enge Verbindung von Infinitesimalen mit dem aktual Unendlichen bestand anscheinend darin, dass eine infinitesimale Länge insbesondere für jede natürliche Zahl n kleiner als 1/n sein sollte, und zwar für alle zugleich. Da die Länge aber ferner größer als 0 sein sollte, konnte man anscheinend auch ihren Kehrwert bilden, also 1 durch die Länge teilen, und das Resultat wäre eine Länge größer als alle natürlichen Zahlen zugleich.

Die beiden Geistesgiganten, die am engsten mit diesen merkwürdigen Kleinstgrößen verbunden werden, sind Newton und Leibniz.

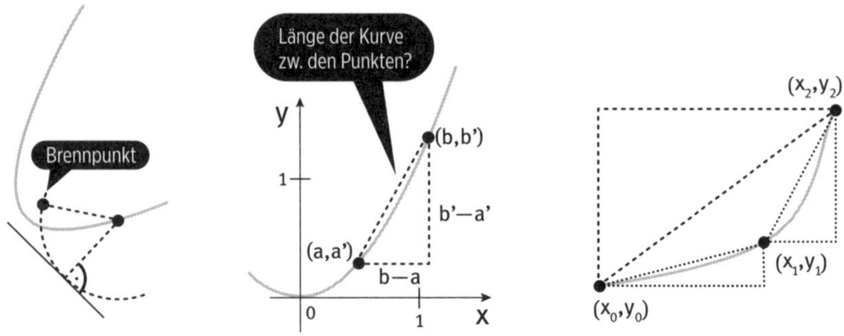

Bestimmung der Länge eines Parabelstücks

Zwischen beiden entbrannte ein heftiger Prioritätenstreit um die Entwicklung des *Infinitesimalkalküls*. Auf diesen Streit werde ich aber nicht näher eingehen. Die vielen Irrungen und Wirrungen auf dem Weg zur Entwicklung des Kalküls werde ich ebenso wenig nachzeichnen. Stattdessen möchte ich mit Ihnen gleich ins kalte Wasser springen – wobei ich mich der Leibniz'schen Notation bediene, die der von Newton haushoch überlegen ist.

Links ist eine Parabel abgebildet – ohne Koordinatensystem. In geometrischer Reinform ist die Parabel als diejenige Kurve definiert, deren Punkte von einer bestimmten Geraden und einem bestimmten Punkt, wieder dem «Brennpunkt», jeweils denselben Abstand haben. In der Mitte sehen wir eine Parabel, die bezüglich eines geeigneten Koordinatensystems die Gleichung $y = x^2$ erfüllt.

Stellen wir uns nun die Frage: Wie lang ist das Parabelstück zwischen den beiden markierten Punkten? Dank dem Satz des Pythagoras wissen wir, wie lang die gerade Verbindungsstrecke zwischen den Punkten ist: $\sqrt{(b - a)^2 + (b' - a')^2}$. Aber diese Strecke entspricht der gesuchten Länge nur ungefähr. Wie erhalten wir die genaue Länge? Haben Sie eine Idee? Selbst Leibniz und Newton mussten lange grübeln. Aber wie sieht's bei leicht abgewandelter Fragestellung aus: Wie erhalten wir eine genauere Näherung der Länge? Die generische Darstellung rechts weist den Weg: Offensichtlich ergeben die «Hypothenusen» der beiden gepunkteten

Dreiecke, das sind die jeweils längsten Seiten, zusammen eine bessere Näherung der Kurve als die Hypothenuse des gestrichelten Dreiecks allein. Das heißt, wenn wir die Differenzen $x_1 - x_0$ und $x_2 - x_1$ der x-Koordinaten mit «Δx_1» bzw. «Δx_2» und die Differenzen der y-Koordinaten entsprechend bezeichnen, so erhalten wir mit der Summe $\sqrt{\Delta x_1^2 + \Delta y_1^2} + \sqrt{\Delta x_2^2 + \Delta y_2^2}$ eine verbesserte Näherung für die gesuchte Länge des Parabelstücks. Und ebenso offenkundig verbessert sich die Näherung umso mehr, je mehr Zwischenpunkte mit entsprechenden (rechtwinkligen) Dreiecken wir einfügen. Das heißt, mit steigender Anzahl an Punkten nähert sich die analoge Summe immer mehr der gesuchten Länge an. Bekanntlich begnügen sich Mathematiker aber meist nicht mit Näherungen. Das wird ihnen oft als Pedanterie ausgelegt. Doch es gibt zwei gute Gründe für das Streben nach (perfekter) Exaktheit, einen praktischen und einen theoretischen. Der praktische Grund besteht darin, dass man oft nicht vorhersagen kann, in welchen anderen Zusammenhängen das Ergebnis wie weiterverarbeitet werden wird. Und je nachdem, können sich selbst minimale Abweichungen in der Weiterverarbeitung zu großen Abweichungen potenzieren. Der weitaus gewichtigere Grund ist jedoch der theoretische, dass sich oft ganz unerwartete Zusammenhänge, deren Entdeckung die Mathematik enorm voranbringen, nur in exakter Form zweifelsfrei erkennen lassen. Nehmen wir als Beispiel die hübsche und ziemlich verblüffende Gleichung:

$$\frac{\pi}{4} = 1 - \frac{1}{3} + \frac{1}{5} - \frac{1}{7} + \cdots$$

Hätten Sie vermutet, dass die Kreiszahl Pi (der halbe Umfang eines Kreises mit Radius 1) in dieser Weise mit den ungeraden natürlichen Zahlen verbunden ist? Begnügte man sich mit bloßen Näherungen, könnte niemand mit Sicherheit sagen, ob sich dieser Zusammenhang wirklich über alle ungeraden Zahlen erstreckt oder vielmehr «ganz weit hinten» endet oder dort Lücken klaffen – eine ästhetische Zumutung!

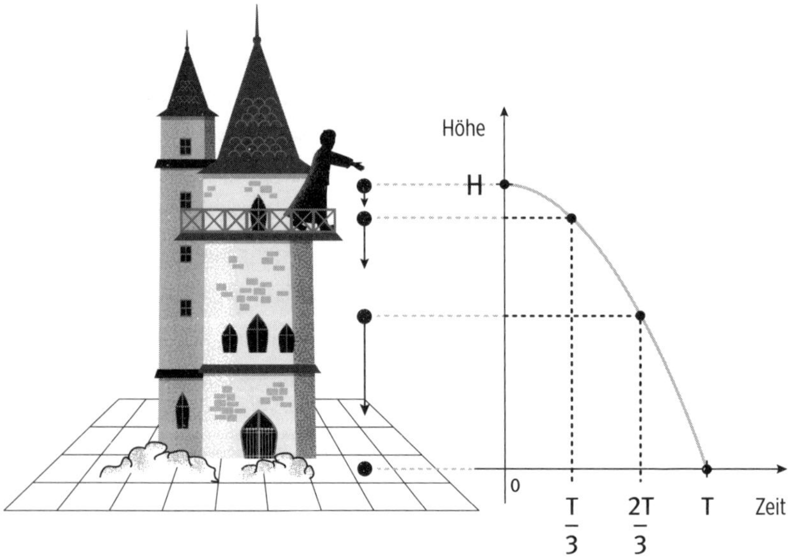

Fallexperiment

Nehmen wir, um zur exakten Lösung zu gelangen, einen kleinen Umweg über die Physik – wobei wir bei der Parabel bleiben. Ein Hobbyphysiker will es Galileo Galilei gleichtun und die Fallgesetze studieren. Dazu steigt er mit einer schweren Eisenkugel auf einen hohen Turm und lässt die Kugel von der Turmspitze zu Boden fallen, was sein Assistent mit einer Hochgeschwindigkeitskamera aus größerer seitlicher Entfernung filmt. Wenn man die Höhen der Kugel gegen die Zeiten wie rechts dargestellt abträgt, erhält man – zum großen Erstaunen des Hobbyphysikers – eine Parabel. «Was hat denn der freie Fall mit Abständen von einer Geraden und einem Brennpunkt zu tun?!», fragt er sich. Doch er nimmt es hin, denn ihn interessiert eine andere Frage noch mehr: Welche Geschwindigkeit hat die Kugel zu einem beliebigen Zeitpunkt zwischen Loslassen und Aufprall?

Offenbar wird die Kugel während des Falls immer schneller. Denn sie hat beispielsweise nach zwei Dritteln der gesamten Fallzeit (T) eine viermal so lange Strecke zurückgelegt wie nach einem Drittel;

und nach der gesamten Fallzeit hat sie die neunfache Strecke (H) zurückgelegt. Nur, wie erfolgt der Anstieg der Geschwindigkeit genau? Zur Klärung dieser Frage bedarf es zunächst einer sinnvollen Definition der *Momentan*-Geschwindigkeit. Unter Geschwindigkeit verstehen wir zuallererst eine durchschnittliche Geschwindigkeit, nämlich das Verhältnis der Strecke, das ein Körper in einer bestimmten Zeitspanne zurückgelegt hat, zu ebendieser Zeitspanne. Aber was ist unter der Geschwindigkeit des Körpers zu einem bestimmten Zeitpunkt zu verstehen? Newtons Vorschlag besteht darin, die übliche Definition als Verhältnis von Strecke durch Zeitspanne beizubehalten, aber dabei die Zeitspanne als unendlich klein, jedoch nicht ganz verschwunden zu denken. Dieses Verhältnis nennt er das «letzte Verhältnis verschwindender Größen» und beschreibt es als «dasjenige Verhältnis dieser Größen [...], mit dem sie verschwinden, nicht dasjenige, bevor sie verschwinden oder nachdem sie verschwunden sind». Wirklich erhellend ist diese Charakterisierung nicht, und es gelingt Newton auch in anderen Erläuterungsversuchen nicht, seinem «letzten Verhältnis» einen richtigen Sinn zu verleihen. Umso erstaunlicher, dass es funktioniert!

Wenden wir das «letzte Verhältnis» auf unser Fallbeispiel an: Dabei sei h(t) die Höhendifferenz, die die Kugel zum Zeitpunkt t zwischen Loslassen (t = 0) und Aufprall (t = T) zurückgelegt hat. Wie die Aufnahme der Kamera gezeigt hat, wächst h(t) quadratisch mit der Zeit t, es gilt somit bei geeigneter Wahl der Einheiten für Länge und Zeit: $h(t) = t^2$. Wie man mithilfe der ersten Binomischen Formel zeigen kann, folgt daraus als Verhältnis:

$$\frac{dh}{dt} = \frac{2tdt + dt^2}{dt}$$

Hierbei ist *dh* die «infinitesimale» bzw. «verschwindende» Wegstrecke, die die Eisenkugel in der gleichgearteten Zeitspanne *dt* (unmittelbar vor oder nach dem Zeitpunkt t) zurücklegt. Dieses Verhältnis *dh*/*dt*, also die (Momentan-)Geschwindigkeit der Eisenkugel (zum Zeitpunkt t), lässt sich aber noch vereinfachen, indem man durch dt kürzt und das verbleibende dt gleich 0 setzt: $dh/dt = 2t + dt = 2t$. Demnach steigt die Fallgeschwindigkeit der Kugel proportional zur Zeit an; nach doppelter Fallzeit hat sich auch die Fallgeschwindigkeit verdoppelt. Entscheidend ist aber der letzte Schritt, wo die Zeitspanne *dt* gleich 0 gesetzt wird, obwohl sie davor im Nenner stand. Und wir wissen ja, dass man durch 0 nicht teilen *kann* (nicht «darf»); es ergäbe schlicht keinen Sinn – so wenig wie etwa einen Junggesellen verheiraten zu wollen, ohne dass dieser sein Junggesellentum einbüßt. Wie passt das zusammen? Gar nicht! Aber, wie gesagt, es funktioniert.

In dieser Manier können wir auch unser Ausgangsproblem lösen, nämlich die Bestimmung der Länge des Parabelstücks im x-Achsenbereich zwischen *a* und *b*. Wir legen einfach an das Parabelstück bzw. den «Graphen» der Funktion $y(x) = x^2$ unendlich viele infinitesimale Dreiecke mit den Seitenlängen dx, dy, dz an und summieren die Hypothenusenlängen dz auf. Einfach gesagt, einfach getan! Wir müssen bloß in obiger Näherungssumme die Differenzen Δx_1, Δx_2 und Δy_1, Δy_2 durch Infinitesimale ersetzen und die Summe unendlich weiterführen:

$$\sqrt{dx_1{}^2 + dy_1{}^2} + \sqrt{dx_2{}^2 + dy_2{}^2} + \cdots$$

Zugegeben, ganz koscher ist diese angebliche Summe nicht, aber das soll uns jetzt nicht bekümmern. Wir behandeln sie wie eine legitime Größe und schreiben sie mithilfe des Zeichens «∫» für «Summe» kürzer als sogenanntes *Integral* – wobei die Grenzen am Integralzeichen anzeigen, dass x in infinitesimalen Schritten von *a* bis *b* läuft:

$$\int_a^b \sqrt{dx^2 + dy^2}$$

Damit haben wir unserer Summe nicht nur eine bündige Bezeichnung gegeben. Die Bezeichnung hat einen darüber hinausgehenden Witz. Wir können nämlich darin *dy* durch die offenbar äquivalente

Größe $\frac{dy}{dx}dx$ ersetzen – dx kürzt sich weg – und anschließend dx^2 «aus der Wurzel ziehen». Damit erhalten wir ein neues Integral: $\int_a^b \sqrt{1 + 4x^2}\, dx$. Denn dy/dx berechnet sich genau so wie dh/dt im Beispiel der fallenden Eisenkugel: $dy/dx = 2x$.

Aber wozu diese Umformung? Jetzt sind wir wieder bei einer «Summe» mit unendlich vielen Summanden angelangt – schließlich soll das x in «unendlich kleinen» Schritten von a nach b laufen. Es scheint so, als wären wir in eine Sackgasse geraten. Doch angenommen, wir fänden eine neue Größe f(x) mit $df / dx = \sqrt{1 + 4x^2}$ – eine sogenannte *Stammfunktion* von $\sqrt{1 + 4x^2}$. Dann könnten wir wie folgt weiter umformen: $\int_a^b \sqrt{1 + 4x^2}\, dx = \int_a^b \frac{df}{dx}\, dx = \int_a^b df = f(b) - f(a)$. Entscheidend dabei ist wieder der letzte Schritt. Betrachten wir zum Beispiel die Summe $(3 - 1) + (7 - 3) + (4 - 7) + (5 - 4)$. Liest man sie von rechts nach links, fällt sofort auf, dass nur die beiden «äußeren» Werte 1 und 5 übrig bleiben: $5 - 4 + 4 - 7 + 7 - 3 + 3 - 1 = 5 - 1$. Die Zwischenwerte 3, 7, 4 heben sich auf. Ganz analog heben sich auch die Zwischenwerte im Integral auf. Denn jedes Infinitesimal df ist ebenfalls als Differenz zweier Zahlen aufzufassen, die jeweils mit umgekehrten Vorzeichen in den beiden benachbarten Infinitesimalen auftreten – mit Ausnahme der beiden äußersten Infinitesimale, sodass lediglich $f(b)$ und $f(a)$ übrigbleiben. Mit anderen Worten, wir müssen gar nicht unendlich viele Summanden aufsummieren, sondern nur die Stammfunktion «an den Rändern» auswerten! Das ist im Wesentlichen, was der aus der Schule vielleicht noch bekannte *Hauptsatz der Differential- und Integralrechnung* besagt. So einfach das Grundprinzip dahinter, so wirkmächtig ist der Satz. In unserem Beispiel liefert er in der Tat eine exakte Lösung; es gibt tatsächlich eine Stammfunktion von $\sqrt{1 + 4x^2}$, deren Werte sich an den Randpunkten a und b exakt berechnen lassen und deren Differenz die gesuchte Länge ergibt.[4]

Was ist von dem Ganzen zu halten? Wer es in höchstem Maße erstaunlich findet, wie eine im wahrsten Sinne des Wortes unberechenbare Summe allein durch eine geschickte Benennung und anschließende Umformung auf einmal doch berechenbar wird – dank einer vom Himmel gefallenen «Stammfunktion» –, dem geht es wie mir. Wem die Sache dennoch oder gerade deshalb nicht ganz geheuer ist, wem es wie intellektuelle Schizophrenie vorkommt, mit «dx», «dy», «dz» etc. so zu rechnen, als stünden sie für (sehr kleine) Zahlen bzw. Intervalle größer als null, sie aber dann gleich null zu setzen, wenn's gerade passt, der ist in noch viel besserer Gesellschaft. Der scharfzüngig-geistreiche Bischof und Philosoph George Berkeley kommentierte Newtons Einführung von Momentan-Geschwindigkeiten – von Newton auch «Fluxionen» genannt – seinerzeit wie folgt:

> Und was sind diese Fluxionen? Die Geschwindigkeiten verschwindender Inkremente. Und was sind diese verschwindenden Inkremente? Sie sind weder endliche Größen noch unendlich klein und doch auch nicht nichts. Dürfen wir sie nicht die Gespenster abgeschiedener Größen nennen? [...] Wer eine [...] Fluxion verdauen kann, braucht [...] bei keinem Satz der Gottesgelehrsamkeit überempfindlich zu sein.

Die streng logische Mathematik letztendlich um keinen Deut solider als die Theologie? Das saß! Schlimmer noch, weder Newton, Leibniz noch irgendein anderer Anhänger des neuen Infinitesimalkalküls konnten Berkeley argumentativ Paroli bieten. Sie konnten lediglich darauf verweisen, dass ihr Kalkül zahllose ungeahnte Entdeckungen und praktische Problemlösungen in so unterschiedlichen Forschungsgebieten wie Astronomie, Nautik oder Ballistik ermöglichte, angesichts derer einige logische Inkonsistenzen doch kaum ins Gewicht fallen dürften. Aber der Makel der Selbstwidersprüchlichkeit blieb. Und dies konnten Mathematikerinnen, die weniger pragmatisch gesinnt waren als der eingangs zitierte Lacroix, nicht einfach auf sich beruhen lassen – zumal wenn von philosophischer Seite zu hören war, solche schwierigen begrifflichen Angelegenheiten lägen jenseits ihres Kompetenzbereichs:

Über die Natur der Analysis, welche sogenannte unendliche Differenzen veränderlicher Größen betrachtet, der Differential- und Integralrechnung, ist im ersten Teile dieser Logik ausführlicher gehandelt worden. Daselbst wurde gezeigt, daß hier eine qualitative Größenbestimmung zugrunde liegt, welche allein durch den Begriff gefaßt werden kann. Der Übergang zu derselben von der Größe als solcher ist nicht mehr analytisch; die Mathematik hat daher bis diesen Tag nicht dahin kommen können, die Operationen, welche auf jenem Übergange beruhen, durch sich selbst, d. h. auf mathematische Weise, zu rechtfertigen, weil er nicht mathematischer Natur ist.

Derart verkündete es Hegel 1816 in seiner *Wissenschaft der Logik*. Und er meinte, der Schlüsselbegriff müsse irgendwo im Spannungsfeld zwischen *Sein* und *Werden* zu finden sein. Doch es waren zwei Mathematiker, Bernhard Bolzano und Augustin-Louis Cauchy, die unabhängig voneinander den Begriff fanden, mit dem die «qualitative Größenbestimmung» zu fassen sei: den bereits erwähnten rein mathematischen Begriff des Grenzwerts.

Betrachten wir zum Beispiel die Zahlenfolge $1, \frac{1}{2}, \frac{1}{3}, \frac{1}{4}, \cdots$ Diese Folge hat den Grenzwert null. Das wird gern als gleichbedeutend damit erklärt, dass die Folge zwar nie die Null erreicht, aber gegen sie strebt. Das ist nicht falsch, als Verknüpfung eines technischen Begriffs mit einer bestimmten dynamischen Anschauung. Es ist aber nicht besonders hilfreich, wenn man höherstufige mathematische Resultate beweisen will. Selbst einfache Grenzwert-Aussagen wären damit allein nicht wirklich zweifelsfrei zu belegen. Wie würden Sie etwa den Einwand entkräften, dass die Zahlen $1/n$ mit zunehmendem n zwar immer kleiner werden, aber trotzdem nicht gegen die Null streben, sondern gegen eine sehr kleine Zahl $\varepsilon > 0$? Vielleicht würden Sie entgegen, das könne nicht sein. Denn egal wie klein ε auch sein möge, es müsse eine natürliche Zahl N mit $N > 1/\varepsilon$ geben. Und für jede natürliche Zahl $n \geq N$ gälte dann auch: $1/n < \varepsilon$.[5] Mit dieser Entgegnung hätten Sie schon den Wesenskern des Grenzwertbegriffs erfasst, welcher in folgender Definition zum Ausdruck kommt:

Die Zahlenfolge $a_1, a_2, a_3, \ldots$ konvergiert gegen bzw. hat den Grenzwert a – formal: $\lim_{n \to \infty} a_n = a$ –, wenn für jede noch so kleine (reelle)

Zahl $\varepsilon > 0$ eine natürliche Zahl N existiert, sodass gilt: Alle Folgenglieder ab der N-ten Stelle weichen um weniger als ε von a ab. (Die minimale Zahl N mit dieser Eigenschaft wird in der Regel umso größer sein, je kleiner ε ist.)

Wie bei einem subtil-hintergründigen Scherz, erschließt sich einem der Witz dieser Definition womöglich nicht auf Anhieb. Er besteht darin, das vage «Streben gegen», das den Grenzwert letztendlich erst «im Unendlichen» fixiert, auf eine mathematisch verifizierbare Eigenschaft potentiell unendlicher Mengen zu reduzieren.

Machen wir uns dies nochmals anhand der Beispielfolge $1, \frac{1}{2}, \frac{1}{3}, \frac{1}{4}, \cdots$ klar: Ein fiktiver Gegenspieler gibt ein beliebig kleines $\varepsilon > 0$ vor und fordert uns auf, eine Stelle in der Folge zu finden, ab der alle Folgenglieder kleiner als ε sind. Wir verweisen als Antwort etwa auf die kleinste natürliche Zahl N, die größer als $1/\varepsilon$ ist. Denn wir können leicht zeigen, dass 1/N kleiner als ε ist und für jede natürliche $n \geq N$ gilt: $1/n < 1/N$. Man beachte, dass wir hierbei zwar etwas über *alle* natürlichen Zahlen jenseits von N aussagen, dies uns aber keineswegs dazu zwingt, eine abgeschlossene Menge all dieser Zahlen zu akzeptieren. Denn ganz allgemein lässt sich eine Aussage, wonach alle natürlichen Zahlen eine bestimmte Eigenschaft aufweisen, so verstehen: Egal wie weit man auf dem Zahlenstrahl voranschreitet, jede natürliche Zahl, die man passiert haben wird, wird die Eigenschaft aufweisen. So gedeutet, betrifft die Aussage also nicht alle Elemente einer unendlichen Zahlenmenge, sondern alle Elemente einer *unbestimmten* endlichen Zahlenmenge.

Wie so oft in der Mathematik, war es auch im Falle des Grenzwerts von Bolzano und Cauchy eine ganz einfache, fast trivial anmutende Begriffsbildung, die bereits bekannte Forschungsgebiete auf solide Füße gestellt und den Weg in zahlreiche neue Gebiete eröffnet hat. Kehren wir, um einen Eindruck davon zu gewinnen, zu Newtons letztem Verhältnis bzw. der sogenannten *Ableitung* einer Funktion y(x) zurück. Statt sie mittels der ominösen Infinitesimale dx und dy zu definieren, betrachten wir Folgen von *echten* Zahlen $\Delta x_1, \Delta x_2, \ldots$, die ungleich 0 sind, aber gegen 0 konvergieren. Und für diese Zahlen betrachten wir wiederum die *echten* Verhältnisse $\frac{y(x+\Delta x_1)-y(x)}{\Delta x_1}, \frac{y(x+\Delta x_2)-y(x)}{\Delta x_2}, \ldots$ Wenn nun diese Verhältnisse für jede derartige Folge $\Delta x_1, \Delta x_2, \ldots$ gegen denselben Wert konvergieren, so sagen wir, dass die «Ableitung von y an der Stelle x» existiert und ebendiesen Wert annimmt.

Das Tolle an dieser Definition ist, dass sie den Fluxionen und sonstigen letzten Verhältnissen alle «Gespenster abgeschiedener Größen» austreibt, ohne sie aber im Verlauf des Exorzismus bis zur Unkenntlichkeit zu verstümmeln. Im Gegenteil, mit der neuen Definition der Ableitung ließen sich alle (bis auf die falschen) Resultate des ursprünglichen Infinitesimalkalküls reproduzieren. Und darüber hinaus ermöglichte sie überhaupt erst strenge Beweise subtiler Theoreme, auf deren Grundlage sich immer mächtigere Trutzburgen und filigranere Kathedralen des analytischen Geistes emporerheben konnten.

Zur Veranschaulichung möge wieder das Beispiel der Parabel dienen – wobei «dy/dx» nur noch als suggestive Bezeichnung der Ableitung dient und sich nicht mehr auf ein wie auch immer geartetes Verhältnis unendlich kleiner Größen bezieht:

$$\frac{dy}{dx} = \lim_{n \to \infty} \frac{2x\Delta x_n + \Delta x_n^2}{\Delta x_n} = \lim_{n \to \infty} (2x + \Delta x_n) = 2x$$

Die Umformungen sind eins zu eins dieselben wie mit «dx», nun aber mit der wirklichen Zahl $\Delta x_n \neq 0$. Deshalb ist ihr Auftreten im Nenner völlig unproblematisch. Und ganz zum Schluss werden wir sie dadurch wieder los, dass wir ja nach dem Grenzwert fragen und per Annahme gilt: $\lim_{n \to \infty} \Delta x_n = 0$.

Wem das Ganze ein bisschen wie Münchhausens Befreiung aus dem Sumpf durch sein kräftiges Ziehen am eigenen Schopf vorkommt, der hat's verstanden. Es ist in der Tat ähnlich wundersam – mit dem Unterschied, dass es sich bei näherer Betrachtung nicht als Lügengeschichte entpuppt, sondern als leuchtender Beleg für eine

Erkenntnis, die auch in anderen intellektuellen Disziplinen gilt: Eine gute Definition erleichtert nicht nur das Sprechen, sondern ordnet und erweitert das Denken.

Der Dämon kehrt zurück

Schön! Die süßen Früchte der Integral- und Differentialrechnung lassen sich also ernten, ohne dass man sich wirklich auf das Unendliche einlassen müsste. Wie gesehen, entkräftet das aber mitnichten das Zenon'sche Paradoxon: Entweder lassen wir uns doch darauf ein, sprich auf das aktual Unendliche, oder wir müssen Bewegung und alle Veränderung anscheinend als bloße Illusion ansehen – aller Rechnerei mit Momentan-Geschwindigkeiten und sonstigen (vermeintlichen) Änderungsraten zum Trotz.

Die große Stunde Cantors ist nun fast angebrochen. Seine Wegweisung zum richtigen Verständnis des Zählens und damit der Zahlen bis hinauf zur Ebene der rationalen Zahlen war nur eine kleine Fingerübung. Die wahrhaft große Entdeckung steht noch aus. Um diese richtig würdigen zu können, sollten wir uns aber zunächst nochmals kurz die Sachlage vergegenwärtigen:

- Mit dem Begriff der Eins-zu-eins-Beziehung verfügen wir über eine solide begriffliche Grundlage für die Zahlen, von den natürlichen ausgehend über die ganzen bis hin zu den rationalen.
- Anschauungen wie die unseres Kreismengenbildes erleichtern das Verständnis vom Funktionieren dieser Zahlen, sie sind jedoch nicht wesentlich; begrifflich sind die Zahlen unabhängig von diesen Anschauungen.
- Mit bestimmten geometrischen und algebraischen Überlegungen, sprich dem Satz des Pythagoras und den Resultaten Cardanos, drängt sich aber der Verdacht auf, dass es jenseits der rationalen Zahlen noch weitere Zahlen geben muss: die übrigen reellen und die komplexen Zahlen.

- Für diese neuen Zahlen verfügen wir aber bisher nur über ein Bild, nämlich das vom reellen Zahlenstrahl bzw. von der komplexen Zahlenebene. Und diese Anschauung ist kein Ersatz für eine klare begriffliche Bestimmung.

Zunächst tritt hier Richard Dedekind auf den Plan, der in *Was sind und was sollen die Zahlen?* von 1888 schreibt:

> Die Zahlen sind freie Schöpfungen des menschlichen Geistes, sie dienen als Mittel, um die Verschiedenheit der Dinge leichter und schärfer aufzufassen. Durch den rein logischen Aufbau der Zahlenwissenschaft und durch das in ihr gewonnene stetige Zahlenreich sind wir erst in den Stand gesetzt, unsere Vorstellungen von Raum und Zeit genau zu untersuchen, indem wir dieselben auf dieses in unserem Geiste geschaffene Zahlenreich beziehen.

Wieder war es ein brillant einfacher, auf den ersten Blick womöglich trivial wirkender Gedanke, mit dem Dedekind der «logische Aufbau der Zahlenwissenschaft» gelang: Jeder Punkt des reellen Zahlenstrahls unterteilt die rationalen Zahlen in zwei Mengen, nämlich in diejenigen rationalen Zahlen, die links von dem Punkt liegen, und diejenigen, die rechts davon liegen (inklusive des Punktes selbst, falls er eine rationale Zahl repräsentiert.) Eine solche Unterteilung wird als *Dedekind'scher Schnitt* bezeichnet. Und jeder Punkt des Zahlenstrahls lässt sich in eindeutiger Weise als Stellvertreter eines solchen Schnitts auffassen.

Der Dedekind'sche Schnitt für die $\sqrt{2}$ etwa unterteilt die Menge der rationalen Zahlen in die Teilmenge A aller rationalen Zahlen, die kleiner als $\sqrt{2}$ sind, und die Teilmenge B aller rationalen Zahlen, die größer als $\sqrt{2}$ sind. So formuliert, ist das zwar richtig, bringt aber nicht viel. Denn es setzt die irrationale Zahl $\sqrt{2}$ ja schon voraus. Doch der Schnitt lässt sich auch anders setzen: A ist die Teilmenge aller negativen rationalen Zahlen sowie aller positiven rationalen Zahlen, deren Quadrat kleiner als 2 ist, und B ist die Menge aller positiven rationalen Zahlen, deren Quadrat größer als 2 ist. Das setzt wirklich nur die rationalen Zahlen voraus sowie die Möglichkeit, sie gedanklich in zwei komplementäre Untermengen aufzuteilen. So lässt sich prinzipiell jeder Dedekind'sche Schnitt mit ausschließlicher Bezugnahme auf die rationalen Zahlen bestimmen.

Entscheidend ist nun, dass sich Addition und Multiplikation (und auch die Kleiner-Relation) für Dedekind'sche Schnitte so definieren lassen, dass die üblichen Rechenregeln für die rationalen Zahlen erhalten bleiben. Die Details sind etwas ermüdend, aber die Botschaft ist aufregend: Obwohl uns die Geometrie auf die irrationalen Zahlen gestoßen hat, braucht es keinerlei geometrische Anschauung, um sie begrifflich sauber zu bestimmen. Danach ist der Zahlenstrahl nur noch ein anschauliches Bild für eine rein abstrakte Sache, nämlich die Menge aller Dedekind'schen Schnitte, welche ihrerseits letztendlich nur auf der Eins-zu-eins-Beziehung und einfachen Mengenoperationen beruhen. Mehr noch, wie Dedekind in obigem Zitat vorschlägt, könnte man umgekehrt einen Schuh daraus machen. Man könnte behaupten, dass erst die Identifikation der Punkte des Zahlenstrahls mit je einem Dedekind'schen Schnitt unserer geometrischen Vorstellung von einer Geraden, oder vielmehr einer stetigen Linie, die nötige Präzision verleiht. Vor dieser Identifikation können wir sie nur vage umschreiben, etwa in Worten wie diesen: «Eine solche Linie ist dadurch ausgezeichnet, dass sie je zwei beliebige Punkte ihrer selbst verbindet, und zwar lückenlos.» Aber was heißt hier «lückenlos» genau? Dass man zwischen zwei beliebig nah benachbarten Punkten immer noch einen weiteren finden kann, reicht nicht. Denn das trifft allein schon auf die rationalen Zahlen zu, insofern man sie als Punkte auf dem Zahlenstrahl deutet. Und wie Hippasos gezeigt hat, klaffen zwischen diesen Zahlen bzw. Punkten unzählige Lücken. Die Lücken ließen sich erst mit den Dedekind'schen Schnitten vollständig und zweifelsfrei schließen, so könnte man behaupten.

Ich persönlich glaube nicht, dass die Geometrie einer begrifflichen Fundierung durch die Algebra bzw. «Zahlenwissenschaft» bedarf. Ich sehe beide, wie Lagrange, vielmehr als eigenständige Disziplinen mit ganz unterschiedlichen Erklärungsansprüchen und

Methoden, die sich freilich gegenseitig enorm befruchten. Aus der Eigenständigkeit beider Disziplinen folgt – um es nochmals zu betonen – umgekehrt: Erst mit der Konstruktion der Dedekind'schen Schnitte steht das Reich der Zahlen bis hinauf zu den reellen (und komplexen) Zahlen auf festen begrifflichen Füßen. Davor galt dies nur bis zu den rationalen Zahlen; für die irrationalen Zahlen konnten wir uns nur an ein geometrisches Bild halten – und an das Motto: Rechne mit ihnen einfach wie mit den rationalen Zahlen.

Doch ist das sichere Fundament, das Dedekind den reellen bzw. irrationalen Zahlen bereitet hat, wirklich so sicher? Wie ich die Dedekind'schen Schnitte eingeführt habe, wirkt es so, als sei Dedekind von einer abgeschlossenen Gesamtheit aller rationalen Zahlen ausgegangen, die man sich beliebig in zwei komplementäre Untermengen aufgeteilt denken könne. Und würde das nicht schnurstracks in die Selbstwidersprüchlichkeit des aktual Unendlichen führen, vor der nicht nur die alten Griechen gewarnt haben? In der Tat, Dedekind ist von der Menge der rationalen Zahlen als einer aktual unendlichen Menge ausgegangen, die man beliebig aufteilen kann, wie jede endliche Menge auch. Die Frage ist daher: Ist das wirklich selbstwidersprüchlich?

Abgesehen davon, dass es den meisten Leuten schwerfallen dürfte, sich unendlich viele Dinge auf einmal vorzustellen, schien es lange so, als gäbe es darüber hinaus ein schlagendes Argument für die Selbstwidersprüchlichkeit des aktual Unendlichen. Die erste klare Formulierung dieses Arguments ist von Galilei überliefert und nimmt die Gestalt eines nach ihm benannten «Paradoxons» an:

Angenommen, die natürlichen Zahlen bildeten eine abgeschlossene Menge. Dann würden auch alle natürlichen Quadratzahlen eine solche Menge bilden. Zwischen diesen beiden Mengen bestünde dann aber auch eine Eins-zu-eins-Beziehung, nämlich diejenige, die jeder natürlichen Zahl n ihr Quadrat n^2 zuordnet. Beide Mengen enthielten also *gleich viele* Zahlen, obwohl es offenkundig *mehr* natürliche Zahlen als natürliche Quadratzahlen gibt.

Hierbei handelt es sich weniger um ein Paradoxon als vielmehr um den Versuch einer Reductio ad Absurdum. Es soll gezeigt werden, dass die Annahme einer abgeschlossenen Menge aller natürlichen Zahlen zu einem (logischen) Widerspruch führt. Es gibt allerdings einen Haken, und der steckt in der Doppeldeutigkeit des Wörtchens «mehr». Zum einen verwenden wir «mehr» beispielsweise so: «Es sitzen mehr Abgeordnete im Bundestag als eigentlich vorgesehen.» Hier wird offenbar festgestellt, dass die Anzahl der Bundestagsabgeordneten größer ist als die ursprünglich angedachte Höchstzahl. Zum andern verwenden wir «mehr» aber beispielsweise auch so: «Dir schmecken meine Kekse? Iss nur, iss; es gibt noch mehr davon.» Hier wird hingegen nichts über irgendwelche Anzahlen von Keksen gesagt (zumindest nicht direkt), sondern der Gastgeber versichert dem Gast, dass die Menge der bereits gegessenen Kekse eine (echte) Teilmenge der Menge aller gebackenen Kekse darstellt. In diesem zweiten Sinne gibt es natürlich mehr natürliche Zahlen als natürliche Quadratzahlen. Einen Widerspruch hätten wir aber nur, wenn dies dann zwangsläufig auch im ersten Sinne gelten würde. Tut es aber nicht!

Wenn Sie sich intuitiv gegen diese Einsicht sträuben, so geht es Ihnen wie Galilei. Selbst er unterschied die beiden Bedeutungen von «mehr» offenbar nicht sauber voneinander. Der Grund dafür war schlicht der, dass für *endliche* Mengen beide Bedeutungen im Grunde zusammenfallen: Hat eine endliche Menge in ersterem Sinne mehr Elemente als eine andere, so ist entweder die zweite Menge eine Teilmenge der ersten, oder sie steht in einer Eins-zu-eins-Beziehung zu einer solchen Teilmenge. Und wenn die eine der beiden Mengen im zweiten Sinne mehr Elemente hat als die andere, so gilt das auch in ersterem Sinne. Das heißt, wenn man nur endliche Mengen als abgeschlossene Gesamtheiten akzeptiert, braucht man die beiden Bedeutungen von «mehr» nicht penibel zu trennen. Sie aber nicht zu trennen und daraus zu schlussfolgern, dass die Akzeptanz aktual unendlicher Mengen in Selbstwidersprüche führen würde, ist wenig überzeugend. Das ist so, als wollte man wie folgt darlegen, weshalb Menschlichkeit nur eine ausschließlich menschliche Eigenschaft sein könne: «Besäße ein nichtmenschliches Wesen Menschlichkeit,[6] so wäre es menschlich, also ein Mensch, also kein nichtmenschliches Wesen – Widerspruch!»

Nehmen wir also an, dass es aktual unendliche Mengen «wirklich» gibt, und schauen wir, wohin uns das bringt. Dieses Motto beherzigte Cantor als Erster in voller Konsequenz – ohne zu ahnen, wie weit es ihn bringen würde. Seine erste bedeutende Einsicht ergab sich damit im Grunde von selbst: Endliche und unendliche Mengen unterscheiden sich gerade darin, dass Erstere stets mehr Elemente, sprich eine größere Anzahl von Elementen, enthalten als jede ihrer (echten) Teilmengen. Mit anderen Worten, unendliche Mengen zeichnen sich gerade dadurch aus, dass zwischen ihnen und (unendlich) vielen ihrer Teilmengen jeweils eine Eins-zu-eins-Beziehung besteht.

Schön, wir haben also mit Cantor eine neue Zahl entdeckt, im Sinne von Anzahl, eine neue sogenannte *Kardinalzahl*. Diese Anzahl bezeichnete Cantor mit dem ersten Buchstaben des Hebräischen Alphabets: $\aleph_0$ (gesprochen: «Aleph-Null»). Es ist die kleinste Anzahl von Elementen, die eine unendliche Menge insgesamt enthalten kann. Soll das heißen, dass es noch *größere* Kardinalzahlen gibt? Genau das! So unglaublich es klingt, es gibt Mengen mit mehr Elementen als die Menge aller natürlichen Zahlen, und zwar im ersten Sinne von «mehr». Pointierter formuliert: Es gibt anzahlmäßig noch Größeres als die natürlichen Zahlen zusammen. Das ist vielleicht Cantors größte Entdeckung überhaupt; er erkannte nicht nur, dass sich das Unendliche nicht im potentiell Unendlichen erschöpft bzw. erschöpfen muss, sondern er erkannte als Erster, dass sich beim Überschreiten der Schwelle zum aktual Unendlichen ein komplexes Reich unendlich vieler Formen des Unendlichen auftut. Deshalb genügte ihm auch nicht das eine Zeichen «∞» zur Bezeichnung des vermeintlich einen Unendlichen.

Doch bevor wir unseren Blick etwas weiter in dieses Reich hineinschweifen lassen, sollten wir uns noch etwas näher mit dem ersten Exemplar des Unendlichen vertraut machen, dem wir dort begeg-

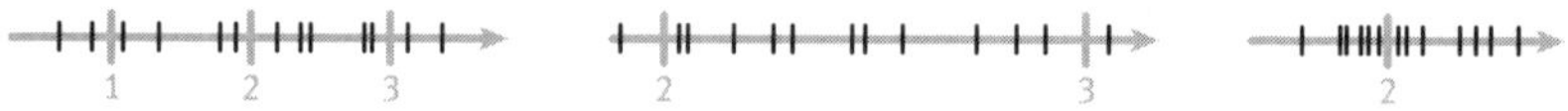

Heranzoomen an den Zahlenstrahl

net sind: dem $\aleph_0$-Unendlichen. Diese Form des Unendlichen wird auch das *abzählbar* Unendliche genannt. Wie gesagt, wir erhalten es, wenn wir zum Beispiel die Menge der natürlichen Zahlen als abgeschlossene Gesamtheit betrachten. Wie steht es aber mit der Menge aller rationalen Zahlen?

Links in der Abbildung sehen wir einen Ausschnitt des reellen Zahlenstrahls mit den ersten drei natürlichen Zahlen. Die dunklen Striche markieren beispielhaft einige rationale, nichtnatürliche Zahlen. In der Mitte sehen wir ein Bild vom Strahl nach einem Heranzoomen an den Abschnitt zwischen der 2 und der 3, und das Bild rechts ergibt sich nach einem weiteren Heranzoomen an die 2. Es fällt auf, dass durch das Heranzoomen immer weniger helle Striche, die die natürlichen Zahlen markieren, im Bild bleiben, bis sie eventuell sogar ganz verschwinden. Dunkle Striche lassen sich aber immer in beliebiger Zahl einzeichnen, egal wie nah man an den Zahlenstrahl heranzoomt. In diesem anschaulichen Sinne ist man also geneigt zu sagen, dass es deutlich mehr rationale als natürliche Zahlen gibt. Und dieser Sinn von «mehr» ist ein anderer als der obige zweite; er erschöpft sich nicht darin, dass die natürlichen Zahlen eine Teilmenge der rationalen Zahlen bilden. Heißt das, dass es im ersten, anzahlmäßigen Sinne von «mehr» mehr rationale Zahlen gibt als natürliche? Anders gefragt, ist die Kardinalzahl der rationalen Zahlen größer als $\aleph_0$?

Die Abbildung auf der nächsten Seite veranschaulicht die genial einfache Beweisidee Cantors, mit der er gezeigt hat, dass die Frage zu verneinen ist; auch die rationalen Zahlen sind abzählbar. Wir beschränken uns auf die positiven rationalen Zahlen. Das tut der Sache keinen Abbruch. Denn wenn man den Beweis für diesen Fall versteht, wird man ihn problemlos auf alle rationalen Zahlen übertragen können. Wir starten also beim Bruch 1/1 und folgen den Pfei-

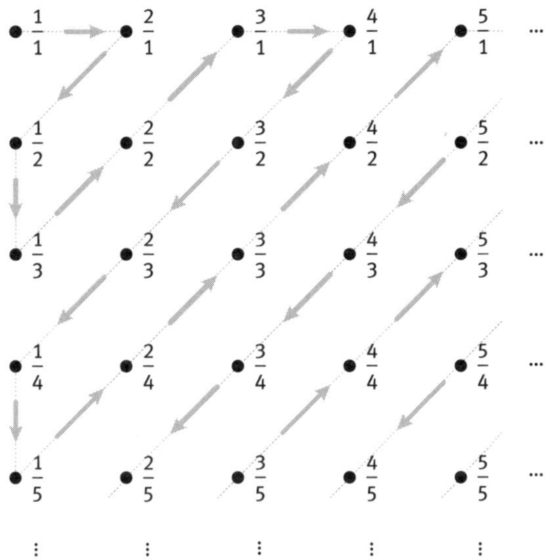

Abzählbarkeit der rationalen Zahlen

len. Jedes Mal, wenn wir an einem Bruch vorbeikommen, dessen Zahlenwert bislang noch nicht vorgekommen ist, notieren wir diesen auf einem Zettel. Die ersten Zahlen auf dem Zettel lauten also (in dieser Reihenfolge): 1, 2, 1/2, 1/3, 3, 4, 3/2, 2/3, 1/4, 1/5, 5, … Die gesuchte Eins-zu-eins-Beziehung ist nun schlicht diejenige, die jeder natürlichen Zahl n den n-ten Bruch auf dem Zettel bzw. die entsprechende rationale Zahl zuordnet.

Dieses Resultat macht deutlich, wie wenig wir uns auf unser Bauchgefühl verlassen können, wenn es um das Unendliche geht. Einerseits sagt uns der Bauch, der Cantor'sche «Diagonalisierungstrick» (wegen der vielen diagonal verlaufenden Pfeile) bestätige nur, was ohnehin klar sei, nämlich dass es nur verschiedene Spielarten *eines* Unendlichen geben könne. Andererseits ist demselben Bauch der Trick nicht ganz geheuer; es müsse «irgendwie mehr» rationale als natürliche Zahlen geben, schließlich lägen sie «unendlich dicht» auf dem Zahlenstrahl beieinander, wohingegen zwischen den natürlichen Zahlen echte Lücken klafften. Aber noch übler stößt ihm folgender noch phantastischere Beweis Cantors auf:

Betrachten wir die reellen Zahlen zwischen 0 und 1 im Binärsystem. Jede solche Zahl hat darin die Darstellung $0, a_1 a_2 a_3 \cdots$, wo wir uns anstelle von «a_1», «a_2», «a_3», … jeweils «0» oder «1» denken. Anders gesagt, jede reelle Zahl zwischen 0 und 1 lässt sich entsprechend als Grenzwert bestimmen: $\lim_{n \to \infty} a_1 / 2 + \cdots + a_n / 2^n$ mit a_1, a_2, a_3 … jeweils gleich 0 oder 1. (Es ist nicht schwer zu zeigen, dass jedem Dedekind'schen Schnitt zwischen 0 und 1 eindeutig ein solcher Grenzwert entspricht, und umgekehrt.)

Angenommen, diese reellen Zahlen wären abzählbar. Dann könnten wir sie der Reihe nach so aufschreiben:[7]

$$
\begin{array}{c}
0, a_{1,1}a_{1,2}a_{1,3} \cdots \\
0, a_{2,1}a_{2,2}a_{2,3} \cdots \\
0, a_{3,1}a_{3,2}a_{3,3} \cdots \\
\vdots
\end{array}
$$

Die Ziffernausdrücke «$a_{1,1}$», «$a_{1,2}$», …, «$a_{2,1}$», «$a_{2,2}$», … haben nun zwei Indizes; der erste steht für die Zeile in der Zahlenliste und der zweite für die Stelle hinter dem Komma. So ist beispielsweise $a_{5,4}$ die vierte Ziffer («0» oder «1») hinter dem Komma der fünften Zahl in der Liste.

Doch was ist dann mit der Zahl $0, b_1 b_2 b_3 \cdots$, für deren n-te Stelle hinter dem Komma gilt: $b_n = 0$, falls $a_{n,n} = 1$, andernfalls $b_n = 1$? Diese Zahl liegt offenbar zwischen 0 und 1, ist aber nicht in der Liste aufgeführt. Denn wäre sie es, etwa in der 53. Zeile, so müsste gelten: $b_{53} = a_{53,53}$. Aber b_{53} ist ja gerade per Definition ungleich der 53. Nachkommastelle der 53. Zahl. Und ganz analog für jede andere Zeile bzw. Stelle. Die Annahme, alle reellen Zahlen zwischen 0 und 1 ließen sich so auflisten, führt also zu einem Widerspruch.

Was halten Sie von diesem Beweis? Ist Ihr erster Gedanke womöglich: «Was soll's, dann schreiben wir die neue Zahl halt als Erste auf!»? Aber spätestens, wenn man diesen Gedanken ausspricht, wird einem schnell klar, wo das Problem liegt: Dann ließe sich ja wieder ganz analog eine neue Zahl zwischen 0 und 1 finden, die *nicht* in der Liste steht. Und das könnte man beliebig oft wiederholen. Nie wären alle Zahlen aufgelistet!

Das Erstaunliche an diesem Beweis – in einem schwachen Moment wäre ich geneigt, von seiner «poetischen Kraft» zu sprechen – ist, dass es Cantor mit einer einfachen Vorstellung (Entlanghangeln an den Ziffern in der Diagonalen) gelingt, etwas buchstäblich Unvorstellbares aufscheinen zu lassen: eine Form des Unendlichen, die weit über das $\aleph_0$-Unendliche hinausgeht – über das Abzählbare, das der drei Pünktchen «…», des «immer noch eins mehr».

Der bereits mehrfach erwähnte David Hilbert griff zum Bild eines Hotels, um in die ganze Sache etwas mehr Anschaulichkeit zu bringen. Er fragte, was wohl passiert, wenn in einem gewöhnlichen, vollbelegten Hotel ein neuer Gast an der Rezeption erscheint und um ein Zimmer für die Nacht bittet. «Gnädige Frau, es tut uns furchtbar leid! Wir sind komplett ausgebucht», wird eventuell die Antwort lauten. In diesem Fall wird der Gast, egal über wie viele Zimmer das Hotel verfügen mag, keines der Zimmer beziehen können. Ganz anders im Hotel des Aristoteles. Dieser Vorläufer von Hilberts Hotel verfügt wie das gewöhnliche Hotel nur über endlich viele Zimmer. Das Besondere an Aristoteles' Hotel ist aber, dass sich stets in Windeseile ein neues Zimmer anbauen lässt. Ein neuer Gast wird also nie zurückgewiesen werden müssen; selbst wenn das Hotel ausgebucht sein sollte, kann er einfach in ein neues Zimmer einziehen. Noch außergewöhnlicher aber ist Hilberts Hotel. Es verfügt über unendlich viele Zimmer mit den Nummern 1, 2, 3, … Selbst wenn es komplett ausgebucht ist und ein neuer Gast erscheint, gibt es ebenfalls kein Problem. Per Lautsprecherdurchsage werden einfach alle anderen Gäste aufgefordert, in das Zimmer mit der jeweils nächsthöheren Nummer umzuziehen. Der neue Gast kann dann gerne Zimmer Nr. 1 beziehen.

Das gewöhnliche Hotel steht für das profane Endliche, wie groß es auch sein möge. Und Aristoteles' Hotel steht für das potentiell Unendliche. Hilberts Hotel schließlich steht für das abzählbar Unendliche. Wie sonderbar dieses ist, wird noch deutlicher, wenn wir uns folgende Szene an der Rezeption denken: Nicht nur ein neuer Gast begehrt Herberge, sondern eine ganze Reisegruppe, die sich aus Tourist 1, Tourist 2, Tourist 3 usw. zusammensetzt. Richtig, unendlich viele Touristen wollen je ein Zimmer. Da es sich aber «nur» um abzählbar unendlich viele Touristen handelt, bekommt jeder sein Zimmer. Es braucht nur die Lautsprecherdurchsage: «Werte Gäste, wir bitten Sie, wieder umzuziehen, und zwar jeweils in das Zimmer mit der doppelt so großen Nummer wie Ihr aktuelles Zimmer. Vielen Dank!» Anschließend kann Tourist 1 ins Zimmer 1 einziehen, Tourist 2 ins Zimmer 3, Tourist 3 ins Zimmer 5 usw. Mehr noch, selbst wenn (abzählbar) unendlich viele derartige Reisegruppen Einlass in Hilberts Hotel wollen, kriegt jeder ein Zimmer. (Man denke an Cantors Diagonalisierungstrick.)

Im Gegensatz dazu kann in Aristoteles' Hotel nur *potentiell* jedem Touristen ein Zimmer angeboten werden; zu keinem Zeitpunkt werden *alle* wohlig in ihren Betten schlafen. Das macht den Größenunterschied zwischen beiden Hotels aus. Aber selbst Hilberts Hotel ist in folgendem Szenario zu klein: Es findet eine internationale Konferenz unendlich vieler Staaten statt. Vorab haben sich für jede mögliche Teilmenge der Staaten Delegierte der betreffenden Staaten zu Konsultationen über Fragen getroffen, die für die jeweils anderen Staaten nicht von Interesse waren. Aus jeder dieser Zusammenkünfte wurde ein Vertreter gewählt und zur Konferenz entsandt. Nun stehen alle diese Abgesandten an der Rezeption und wollen je ein Zimmer. Doch keine noch so findige Lautsprecherdurchsage wird genügend viele Zimmer freiräumen können. Es sind schlicht mehr – im ersten Sinne, im Sinne von Anzahl – Abgesandte, als Hilberts Hotel Zimmer zur Verfügung hat.

Die Ruhe nach dem Sturm

Wir haben bisher nur an der Oberfläche des Unendlichen gekratzt und wollen es dabei bewenden lassen. Cantor bohrte viel tiefer bzw. erforschte das Reich des Unendlichen viel eingehender. Er entdeckte dabei unzählige weitere Kardinalzahlen für unterschiedliche Formen des Unendlichen; er entdeckte deren äußerst merkwürdige Rechenregeln, die sogenannte *transfinite Kardinalzahl-Arithmetik*. Ferner beschäftigte er sich mit *Ordinalzahlen*, die dem Reich des Unendlichen eine noch differenziertere Struktur verleihen, als die von den Kardinalzahlen induzierte.

Trotz dieser epochalen Entdeckungen wurde Cantor erst gegen Ende seines Lebens ansatzweise die Anerkennung zuteil, die er für sein Werk verdient hätte und die ihm, zumindest in gebührendem Maße, bis zu seinem Tod im Jahr 1918 versagt blieb. Zuvor war er gar Anfeindungen prominenter Gelehrter ausgesetzt, allen voran denen Leopold Kroneckers. Kronecker musste selbstverständlich zugeben, dass das Galilei'sche «Paradoxon» kein wirklich überzeugendes Argument gegen das aktual Unendliche darstellt. Er hatte aber grundsätzlichere Bedenken gegen die Akzeptanz des aktual Unendlichen, teils theologisch-philosophischer, teils methodischer Natur. Letztere lassen sich an einem weiteren Beweis von Cantor gut verdeutlichen, nämlich dem für die Existenz «transzendenter» Zahlen:

Eine *algebraische* Zahl ist eine reelle Zahl r, für die es rationale Zahlen $a_0, a_1, \dots, a_n$ mit $a_0 + a_1r + a_2r^2 + \cdots + a_nr^n = 0$ gibt. Die $\sqrt{2}$ ist ein Beispiel für eine algebraische Zahl, da $(\sqrt{2})^2 - 2 = 0$. Doch es muss nichtalgebraische bzw. *transzendente* Zahlen geben. Denn da es nur abzählbar unendlich viele rationale Zahlen gibt, kann es auch nur abzählbar unendlich viele algebraische Zahlen geben. Und dank Cantor wissen wir, dass es *über*abzählbar viele reelle Zahlen gibt (allein schon zwischen 0 und 1), unter denen sich also (überabzählbar viele) transzendente befinden müssen.

Ich finde diesen Beweis deshalb so faszinierend, weil er etwas ganz Konkretes zeigt – dass es Zahlen mit einer bestimmten einfachen algebraischen Eigenschaft gibt –, ohne es konkret zu zeigen, sondern «nur» indem er es mittels einer hochabstrakten, völlig unanschaulichen Begriffsbildung – Überabzählbarkeit bzw. $\aleph_1$, $\aleph_2$, $\aleph_3$, … – als notwendig wahr ausweist. Das ist in etwa so, als wollte man die Existenz von Möpsen frei nach Loriot wie folgt beweisen:

«Es gibt Möpse. Denn ein Leben ohne Mops wäre sinnlos. Und das Leben muss einen Sinn haben.»

Gegen letzteren Beweis wird man womöglich einwenden: «Die Existenz von Möpsen kann man nur zweifelsfrei feststellen, indem man einen leibhaftigen Mops präsentiert. Ein bloßer Verweis auf ein nicht fassbares Ding namens ‹Sinn des Lebens› (das angeblich auch noch eine enge Verbindung zu Möpsen aufweist) reicht da nicht.» Fast wortwörtlich könnte das die Entgegnung Kroneckers auf Cantors Beweis sein, wenn man «Mops» durch «transzendente Zahl» und «Sinn des Lebens» durch «Überabzählbarkeit» ersetzt. Für Kronecker – und nicht nur ihn – stand fest: Die Existenz mathematischer Größen bestimmten Typs lässt sich grundsätzlich nur beweisen, indem man sie explizit «konstruiert», und das heißt im Bereich der Zahlen, indem man konkrete Zahlenbeispiele angibt und mit elementaren Rechenoperationen nachweist, dass diese Beispiele die betreffende Eigenschaft wirklich besitzen. Oder zumindest indem man einen Algorithmus angibt, mit dessen Hilfe sich erwiesenermaßen solche Beispiele prinzipiell berechnen lassen.

Bereits im Jahr 1844 hatte Joseph Liouville konkrete Beispiele transzendenter Zahlen präsentieren können. Kronecker ging es also nicht um eine bestimmte Fragestellung für Spezialisten, es ging ihm ums Prinzip. Und dieses Prinzip untersagt die unkritische Anwendung der klassischen Logik auf unendliche Mengen: Für eine *endliche* Menge von Objekten und eine potentielle Eigenschaft dieser Objekte, die jedes davon jeweils entweder besitzt oder nicht besitzt, wird man gewiss sagen können, dass entweder alle Objekte die Eigenschaft haben oder wenigstens eines der Objekte die Eigenschaft nicht hat. Und wenn man zeigen kann, dass die Annahme, alle Objekte hätten die Eigenschaft, zu einem Widerspruch führt, kann man daraus schließen, dass wenigstens eines der Objekte die Eigenschaft nicht hat. Diese Schlussweise lässt sich aber, so Kronecker, nicht einfach auf unendliche Mengen übertragen, nicht einmal auf potentiell unendliche Mengen, geschweige denn auf aktual unendliche.

Das klingt alles ziemlich streng und trist. Oder kennen Sie irgendjemanden, der nur glaubt, was er sieht, und trotzdem kein freudloser Misanthrop ist? Nicht umsonst entgegnete Hilbert darauf mit den berühmten Worten: «Aus dem Paradies, das Cantor uns geschaffen, soll uns niemand vertreiben können.» Doch Polemik und Wunschdenken allein helfen hier nicht weiter. Kronecker und andere Konstruktivisten konnten und können nämlich zu Recht darauf hinweisen, dass der scheinbar so elementare und grundlegende Begriff der Menge alles andere als unproblematisch ist. Dies gilt zumindest für den «naiven Mengenbegriff», wie er in folgender «Definition» von Cantor zum Ausdruck kommt:

> Unter einer «Menge» verstehen wir jede Zusammenfassung M von bestimmten wohlunterschiedenen Objekten m unserer Anschauung oder unseres Denkens (welche die «Elemente» von M genannt werden) zu einem Ganzen.

Was könnte hieran problematisch sein? Ist das etwa keine völlig triviale Umschreibung eines ohnehin schon gut verstandenen Begriffs? So erschien es den meisten Mathematikerinnen – bis der Philosoph Bertrand Russel (ein weiteres seltenes Exemplar der Gattung ‹Geisteswissenschaftler, der sich auch in Mathematik und Naturwissenschaften auskennt›) im Jahr 1903 die Bombe platzen ließ. Bei der Bombe handelt es sich um eine gedankliche «Zusammenfassung wohlunterschiedener Objekte zu einem Ganzen», die nach Cantors Definition oder Umschreibung sicherlich als legitime Menge durchgehen müsste. Wir können sie aber nicht durchgehen lassen, da sie selbstwidersprüchlich ist. Die Rede ist von der *Menge aller Mengen, die sich selbst nicht als Element enthalten.*

Bevor wir uns klarmachen, weshalb diese vermeintliche Menge kein konsistentes intellektuelles Gebilde sein kann, lassen Sie uns zunächst ihre große Schwester kennenlernen: die *Menge aller Mengen.* Diese «Menge» erscheint zunächst etwas befremdlich. Denn wenn man kurz darüber nachdenkt, fällt einem auf, dass sie die sehr merkwürdige Eigenschaft besitzt, sich selbst zu enthalten bzw.

ein Element ihrer selbst zu sein. In der Tat, sehr merkwürdig, aber nicht unbedingt selbstwidersprüchlich, oder? Zumindest dürfte den allermeisten spontan kein zwingendes Argument gegen die Existenz dieser Menge einfallen. Doch für die kleine Schwester, Russels Menge, ist das Argument ganz einfach: Wir nehmen an, die Menge existiert, und fragen uns, ob sie ein Element ihrer selbst ist. Falls nein, so wäre sie eine Menge, die sich selbst nicht enthält, und somit wäre sie ein Element der Menge aller Mengen, die sich selbst nicht enthalten, also ihrer selbst – Widerspruch! Falls ja, so wäre sie keine Menge, die sich selbst nicht enthält, und somit wäre sie kein Element der Menge aller Mengen, die sich selbst nicht enthalten, also ihrer selbst – Widerspruch!

Dieses simple Argument führte zu einer veritablen Krise, der sogenannten *Grundlagenkrise der Mathematik*, die bis weit ins 20. Jahrhundert hinein Mathematiker erbittert streiten und verzweifeln ließ. Es zeigte nämlich, dass die Konstruktivistinnen zumindest in einem Punkt recht hatten: Man kann nicht einfach nach Belieben aus Mengen von Mengen von Mengen immer wieder neue Mengen erschaffen; es bedarf einer gewissen Reglementierung. Die Reglementierung, die sich letztendlich durchgesetzt hat, wurde von Ernst Zermelo und Abraham Fraenkel entwickelt und 1907 in Form des nach ihnen benannten Axiomensystems veröffentlicht. Eines der Axiome legt etwa fest, dass zwei Mengen gleich sind (es sich also um ein und dieselbe Menge handelt), wenn sie sich aus denselben Objekten zusammensetzen. Das ist ziemlich unstrittig; es gibt einfach den Aspekt des (mathematischen) Mengenbegriffs wieder, dass dieser von jeglicher Struktur zwischen den betreffenden Objekten untereinander abstrahiert.[8] Das Axiomensystem insgesamt ist allerdings keineswegs unstrittig. Da gibt es zum einen ein Axiom, das explizit die Existenz (aktual) unendlicher Mengen postuliert. Und es gibt weitere Axiome, die festlegen, wie neue Mengen aus vorgegebenen Mengen entstehen können. Diesen Axiomen werden nicht konstruktivistisch Gesinnte sicherlich, für sich genommen, ohne weiteres zustimmen können. Als Ganzes betrachtet wirkt das

Zermelo-Fraenkelsche Axiomensystem aber durchaus etwas willkürlich – als wäre es gerade so zusammengestellt worden, um möglichst viel vom naiven Mengenbegriff zu retten, aber ohne dabei Selbstwidersprüchliches wie die Russel'sche «Menge» zuzulassen. Und in der Tat, genau diesen Zweck verfolgten Zermelo und Fraenkel mit ihrem System.

Ihr Axiomensystem stellt also weniger einen vollständigen Katalog der Grundprinzipien eines intuitiven, vorgängigen Begriffs dar als vielmehr eine implizite Definition eines Terminus technicus, ebendes theoretischen Mengenbegriffs der Zermelo-Fraenkel'schen Mengenlehre. Unschön, aber deswegen gleich verzweifeln? Um zu verstehen, weshalb die mathematische Zunft sich angesichts dessen in einer Grundlagenkrise wähnte, erinnere man sich an das Zitat von Dedekind. Darin bringt er ja nicht nur den Anspruch zum Ausdruck, mit seinen Schnitten die reellen Zahlen mengentheoretisch zu erklären. Er vertritt zudem die Auffassung, die Geometrie, also die Lehre vom Raum, auf ein solides «logisches Fundament» stellen zu können. Damit nicht genug, er meint, jede mathematische Teildisziplin lasse sich letztendlich mengentheoretisch, und damit logisch solide bzw. begrifflich transparent, deuten. Diese Überzeugung setzte sich nach und nach immer stärker als herrschende Doktrin durch. Mathematik war Mengenlehre, und Mengenlehre war die auf einfachen Grundprinzipien beruhende Analyse eines zugleich elementaren, allgemeinen und präzisen Begriffs. Doch wenn die Mengenlehre ihrerseits nur mittels künstlicher, willkürlich erscheinender Einschränkungen vor Selbstwidersprüchen zu bewahren war, so erschien die Zurückführung der gesamten Mathematik auf die Mengenlehre auf einmal gar nicht mehr als die solide logische Fundierung, die man sich davon versprochen hatte.

Die Enttäuschung lässt sich gut anhand von Cantors Vermutung nachempfinden, dass $\aleph_1$ die Kardinalzahl der reellen Zahlen ist. Dies ist die sogenannte *Kontinuumshypothese;* sie besagt in weniger technischem Jargon: Es gibt keine Form des Unendlichen, die anzahlmäßig größer ist als die der natürlichen Zahlen und kleiner als die der reellen Zahlen. Von einer Basistheorie für die gesamte Mathematik dürfte man doch wohl erwarten, dass sie eine so einfache, klare Fragestellung eindeutig entscheiden könnte: Gibt es unendlich viele reelle Zahlen, die weder mit den natürlichen Zahlen noch mit sämtlichen reellen Zahlen in einer Eins-zu-eins-Beziehung stehen? Wer das aktual Unendliche nicht schon von vornherein ablehnt, kommt kaum umhin zu glauben, dass die Frage entweder zu bejahen oder zu verneinen ist, dass die Kontinuumshypothese entweder wahr oder falsch sein muss. Doch im Jahr 1938 konnte der Logik-Titan des 20. Jahrhunderts, Kurt Gödel, zeigen, dass die Hypothese mit den Zermelo-Fraenkel'schen Axiomen vereinbar ist. Und im Jahr 1963 zeigte dann Paul Cohen, dass die Verneinung der Hypothese mit denselben Axiomen ebenfalls vereinbar ist. Das heißt, die Zermelo-Fraenkel'sche Mengenlehre kann die Kontinuumshypothese *nicht* entscheiden.

Die Aufregung hat sich mittlerweile gelegt. Die meisten Mathematiker akzeptieren nun, dass ihre geliebte Disziplin zwar eine Sonderstellung unter den Wissenschaften einnimmt, aber nicht in dem quasireligiösen Sinne, dass sie auf *einen* Urbegriff zurückzuführen wäre – einen Begriff, der diametral Gegensätzliches aufs Harmonischste in sich vereinigte: größtmögliche Einfachheit, die für völlige Klarheit über die dem Begriff gemäßen Schlussweisen sorgt, und größtmögliche Komplexität, die es erlaubt, jegliche Form von Mathematik im Geflecht dieser Schlussweisen zu verorten. An ihrem orthodoxen Glauben hätten sie bereits stark zweifeln müssen, als derselbe Gödel 1931 seine beiden «Unvollständigkeitssätze» veröffentlichte. Der erste davon besagt, dass sich im Rahmen jeglicher mathematischer Theorie, die komplex genug ist, um damit elementare Arithmetik betreiben zu können, Sätze formulieren lassen, die *nachweislich wahr* sind, aber in einem bestimmten formalen Sinne *nicht beweisbar*.[9] Gödel konnte damit zeigen: Wenn der vermeintliche Urbegriff wirklich komplex genug war, um alle Mathematik in sich zu bergen, so ließen sich die ihm gemäßen Schlussweisen nicht vollständig explizit machen, zumindest nicht in der erhofften formal-axiomatischen Weise.

Meines Erachtens bedarf es aber keiner genialen mathematisch-logischen Theoreme, um zu erkennen, woran alle Projekte der endgültigen «logischen Fundierung der Mathematik» grundsätzlich kranken: Sowohl die orthodoxen Mathematiker als auch die Konstruktivisten wollten (und wollen zum Teil immer noch) die vielfältigen Spielarten und Aspekte mathematischen Denkens auf eine einzige Denkfigur reduzieren. Bei den einen ist es die des gedanklichen Zusammenfassens von Objekten zu einer Menge, bei den anderen die, in Gedanken eine Reihe von Objekten bestimmter Art um ein weiteres Objekt derselben Art fortzusetzen.[10] In der Tat, es ist höchst erstaunlich, was sich mit diesen beiden elementaren geistigen Operationen jeweils bewerkstelligen lässt. Doch Mathematik ist viel mehr. Als beispielsweise Riemann über die intrinsische Krümmung bestimmter Räume nachdachte, dachte er an keine noch so komplexe Menge und auch an keine noch so komplexe Anordnung diskreter Objekte. Er dachte eben in *geometrischen* Begriffen. Und zu diesen gehört wesentlich, dass sie sich direkt oder indirekt auf den uns umgebenden Raum beziehen. Das heißt nicht, dass man sie nicht etwa auch mengentheoretisch umdeuten und dadurch bestimmte neue, überaus interessante logische Aspekte der Geometrie entdecken könnte. Es heißt aber, dass es sich bei der Umdeutung um eine *Um*deutung handelt. Die meisten mathematischen Begriffe sind hochabstrakt, und zwar in solchem Maße, dass selbst viele Mathematiker irgendwann ganz vergessen, dass die Begriffe Bedeutung haben – sonst wären es ja keine Begriffe – und dass sie diese Bedeutung einzig und allein ihrer Anbindung an elementare Begriffe mit konkretem Weltbezug verdanken. Die Anbindung mag über noch so viele Abstraktionsstufen hinweg vermittelt sein, sie allein stellt sicher, dass interessante mathematische Theorien überhaupt von etwas handeln. Warum sollte uns etwa der Primzahlsatz des Euklid überhaupt interessieren und sein Beweis faszinieren, wenn die natürlichen Zahlen nicht in der Weise mit der ganz konkreten Praxis des Zählens ganz konkreter Objekte zusammenhingen, wie im ersten Kapitel beschrieben?

Womit wieder bestätigt wäre, dass man im Angesicht des Unendlichen leicht auf philosophische Abwege gerät. Die Frage war doch: Gibt es das aktual Unendliche oder bloß das potentiell Unendliche? Die Frage ist auf den letzten rund 40 Seiten nicht geklärt worden. Vielleicht hatten Aristoteles und Zenon in dem einen Punkt recht, in dem sie sich einig waren, nämlich dass sich das Unendliche nur als potentiell Unendliches sinnvoll denken lässt. Dann könnten wir auch Raum und Zeit nur in einer Weise sinnvoll denken, nämlich als quantisiert – zumindest wenn wir nicht Zenon folgen und Bewegung und jegliche Veränderung als bloße Illusion abtun wollen. Vielleicht hatte aber stattdessen Cantor recht; vielleicht rühren unsere Verständnisprobleme im Zusammenhang mit dem aktual Unendlichen nicht aus Selbstwidersprüchlichkeit, sondern allein aus einer völlig unerwarteten Vielschichtigkeit, aus der unendlichen Fülle seiner unterschiedlichen Erscheinungsformen.

TEIL 2

Mathematik und Welt

4. Die Geometrie der Speziellen Relativitätstheorie

Was [die Ideen Einsteins] verlangen, ist eine Veränderung des Bildes [von der Welt, ...] das uns von fernen, vielleicht vormenschlichen Vorfahren überliefert worden ist und das jeder von uns in früher Kindheit in sich aufgenommen hat.
Bertrand Russel in *Das ABC der Relativitätstheorie*

[...] *wenn wir für die Zeit Eigenschaften suchen wie die des Raumes, dann bleiben wir beim Raum stehen, beim Raum, der die Zeit verdeckt und der sie unseren Augen bequem darstellt: Wir stoßen nicht bis zur Zeit selbst vor.*
Henri Bergson in *Dauer und Gleichzeitigkeit*

Weltlinien

Ein Zwillingspaar umarmt sich zum Abschied an der Startrampe in Cape Canaveral. «Sei nicht traurig», sagt der Bruder zur Schwester, «in ein paar Jahren bin ich doch wieder zurück. So schnell kannst du gar nicht gucken, da schließen wir uns wieder in die Arme.» Die Schwester, in Einsteins Relativitätstheorie bewanderter als ihr Astronautenbruder und um die Fortschritte in der neuesten Raketentechnik wissend, ahnt es allerdings schon: «Ja, für dich werden nur wenige Jahre vergangen sein, wenn du als junger Mann zurückkehrst. Aber ich werde eine alte Frau sein!»

Diese anrührende Szene inniger Geschwisterliebe veranschaulicht eine der kontraintuitivsten Konsequenzen von Einsteins Spezieller Relativitätstheorie. Als «Zwillingsparadoxon» bekannt, ist seit seiner ersten öffentlichen Erwähnung heftig darüber gestritten worden. Wie in diesem Kapitel deutlich werden soll, ist insbesondere an diesem vermeintlichen Paradoxon rein gar nichts paradox. Es ist eben nur sehr, sehr kontraintuitiv – so sehr, dass selbst Koryphäen der Physik Erklärungen dafür gegeben haben, die am eigentlichen Kern der Sache vorbeigehen: der Geometrie der Raum-Zeit,

Lesehinweis: Bei der Erörterung schwieriger physikalischer Sachverhalte sollte man sich an das Einstein'sche Motto «So einfach wie möglich – aber nicht einfacher!» halten. Viele populärwissenschaftliche Darstellungen der Relativitätstheorie halten sich leider nicht daran; sie sind *zu* einfach. Diesen Fehler wollte ich vermeiden, um Ihnen kein leicht verdauliches, aber verfehltes Verständnis der Theorie zu vermitteln. Das hat zur Folge, dass die nachfolgenden Ausführungen durchaus herausfordernd sind, obwohl der mathematische Apparat weiterhin möglichst elementar gehalten ist. Falls Ihr Interesse vor allem den in direkterem Sinne philosophischen Themen gilt, die in den beiden nachfolgenden Kapiteln verhandelt werden, und Sie kein gesondertes Interesse an der (Speziellen) Relativitätstheorie haben, können Sie dieses Kapitel (hoffentlich nur fürs Erste) überspringen. Folgende kurze Zusammenfassung reicht in dem Fall:
Klassische Mechanik (die Lehre von bewegten Teilchen mit Masse) und Elektrodynamik (die Lehre von bewegten Teilchen mit elektrischer Ladung) sind unvereinbar, und zwar betrifft die Unvereinbarkeit bereits die geometrischen Fundamente beider Theorien. Vor Einstein war die Fachwelt überzeugt, es sei die Elektrodynamik, welche so modifiziert werden müsse, dass sie sich in die Geometrie der klassischen Mechanik einfügen ließe. Einstein zeigte jedoch, dass es sich umgekehrt verhält: Die Mechanik muss die Geometrie der Elektrodynamik übernehmen.
Dies hat zahlreiche Konsequenzen, die unserer gewohnten Anschauung von räumlichen und zeitlichen Größen wie Länge und Dauer eklatant zuwiderlaufen. Wenn man den rein *mathematischen* Charakter dieser Konsequenzen verkennt und stattdessen versucht, sie im engeren Sinne *physikalisch* zu erklären, etwa durch das Wirken von Kräften, so gelangt man zu einem grundsätzlich verfehlten Verständnis der gesamten Theorie. Umgekehrt gilt: Wenn man die «Merkwürdigkeit» der Speziellen Relativitätstheorie als bereits in ihrer geometrischen Struktur angelegt erkennt, wird man problemlos ein solides Verständnis auch der übrigen Aspekte der Theorie entwickeln können.

wie sie von der Speziellen Relativitätstheorie postuliert wird. Bevor wir dazu kommen, müssen wir uns aber zunächst ein wenig mit Raum, Zeit und Koordinatensystemen im Rahmen der klassischen Physik vertraut machen. Erinnern wir uns hierzu an den ersten Beweis des Satzes des Thales gegen Ende des Geometriekapitels. Dieser war insofern unbefriedigend, als er mit Steigungen von Geraden operierte, die von einem willkürlich gewählten Koordinatensystem abhingen; das Produkt der Steigungen war hingegen davon unabhängig. Dieses einfache Beispiel führt eine Unterscheidung vor

Augen, wie sie für algebraische Beschreibungen geometrischer Konstellationen mittels Koordinatensystemen von zentraler Bedeutung ist: die Unterscheidung zwischen den *relativen* Aspekten der Beschreibung, die vom konkret gewählten Koordinatensystem abhängen, und den *absoluten* Aspekten der geometrischen Konstellation an sich. So sind Steigungen von Geraden in diesem Sinne rein relative Größen, die nur im Zusammenhang mit einem Koordinatensystem eine Bedeutung haben. Für sich betrachtet, als geometrisches Objekt, hat eine Gerade keine Steigung. Hingegen ist etwa der Umstand, dass sich zwei Geraden im rechten Winkel schneiden, in besagtem Sinne ein absoluter Aspekt der geometrischen Konstellation.

Aber was hat das Ganze mit Physik zu tun? Eine berechtigte Frage; die Physik, im engeren Sinne, ist noch ein ganzes Stück entfernt, aber wir nähern uns ihr. Nehmen wir beispielsweise an, die beiden Geraden seien Spuren im Sand, die zwei Ameisen hinterlassen haben. Und fragen wir uns, ob sich die beiden Ameisen auf ihren jeweiligen Wegen begegnet sind. Dies könnten wir dann beantworten, wenn wir nicht nur die «Projektionen» der Wege der Ameisen in der sandigen Ebene sähen, sondern die Wege selbst als Bahnen oder – im Jargon der Relativitätstheorie – *Weltlinien* in der «Raum-Zeit». Eine solche Weltlinie haben wir im letzten Kapitel schon gesehen, als der Hobbyphysiker Fallexperimente durchführte. Die Eisenkugel fiel zwar in einer geraden Linie zu Boden, aber wenn man ihren Weg unter Hinzunahme der Zeitachse einzeichnet, erhält man eine Parabel – die Weltlinie der Kugel (im betreffenden Zeitraum). In diesem Beispiel liegt die Weltlinie komplett in einer Ebene, weil die Bewegung in nur einer räumlichen Dimension erfolgte (gerade von oben nach unten). Die Weltlinie einer Schwalbe hingegen, die in allen möglichen Richtungen umhersaust, benötigt alle vier Dimensionen der Raum-Zeit – eine Zeit- und drei Raumdimensionen. Wir werden uns der Übersichtlichkeit halber aber weiterhin auf nur eine Dimension des Raumes beschränken.

Der eigentliche Witz an dieser etwas eigentümlichen Betrachtungsweise, wonach die Zeit ganz ähnlich zu behandeln ist wie die drei Dimensionen des uns umgebenden Raumes, nämlich als vierte Dimension eines noch umfassenderen «Raumes» namens «Raum-Zeit», wird erst später klar werden. Vorerst können wir aber festhalten: Die dynamischen Bewegungen von Körpern (Ameisen, Eisenkugeln, Planeten etc.) verwandeln sich (idealisiert) in statische Weltlinien, also in Gebilde, die sich unter Zuhilfenahme von Koordinatensystemen mit einem reichen Arsenal an algebraisch-geometrischen Methoden analysieren lassen. So lässt sich beispielsweise mithilfe des Infinitesimalkalküls von Newton und Leibniz die Weltlinie eines Körpers daraufhin untersuchen, welche Geschwindigkeiten und Beschleunigungen er zu welchen Zeitpunkten und an welchen Orten besitzt. Umgekehrt lässt sich bei vorgängiger Kenntnis dieser Beschleunigungen (sowie eines Ausgangspunktes und einer Ausgangsgeschwindigkeit) die Weltlinie des Körpers rekonstruieren, und es lassen sich damit Fragen beantworten wie: Wann kollidiert er mit dem und dem anderen Körper?

Letzteres ergibt sich aus der wohl revolutionärsten aller naturwissenschaftlichen Entdeckungen überhaupt:

1. «Ein Körper verharrt im Zustand der Ruhe oder der gleichförmig geradlinigen Bewegung, sofern jener nicht durch einwirkende Kräfte zur Änderung seines Zustands gezwungen wird.»
2. «Die Änderung der Bewegung ist der Einwirkung der bewegenden Kraft proportional und geschieht nach der Richtung derjenigen geraden Linie, nach welcher jene Kraft wirkt.»

Man kennt diese als die ersten beiden *Newton'schen Gesetze* aus dem Physikunterricht in der Schule – wo man sie sich so oder ähnlich eingeprägt hat: «Ohne Kraft keine Änderung der Geschwindigkeit (oder Richtung)» und «Kraft gleich Masse mal Beschleunigung». Und allen echten und angeblichen Revolutionen zum Trotz, die sich nach Newton in der Physik ereignet haben, haben sie ihre Gültigkeit in enorm vielen Anwendungsbereichen bewahrt – zumindest in sehr, sehr guter Näherung. Das heißt freilich nicht, dass sich nicht trefflich über ihren genauen Gehalt streiten ließe. Vor allem die beiden zentralen Begriffe der *Masse* und der *Kraft* sind alles andere als selbsterklärend. Doch sei's drum, wir können uns hier getrost mit einem anschaulichen Alltagsverständnis begnügen: Masse ist das, was den Widerstand eines Körpers gegen eine kleine (infinitesimale) Verschiebung bzw. Geschwindigkeitsänderung in kurzer (infinitesimaler) Zeit ausmacht; Kraft ist das, was diesen Widerstand überwindet.

Sobald man analysiert, wie Kräfte auf Massen wirken und sie die Bewegungen bzw. Weltlinien der betreffenden Körper bestimmen, betreibt man – wie ich sagen möchte – Physik im engeren Sinne. Nimmt man hingegen die Weltlinien als gegeben hin und analysiert «nur», was diese über die räumliche und zeitliche Entfernung verschiedener Ereignisse besagen, betreibt man eher eine Art von Protophysik, die man als «physikalische Geometrie» bezeichnen könnte.[1] Allein um diese geht es mir hier. Mit Blick auf die Spezielle Relativitätstheorie heißt das, dass ich insbesondere *nicht* auf die wohl berühmteste Formel ihrer und der gesamten Physik schlechthin eingehen werde: $E = mc^2$. Stattdessen konzentriere ich mich auf das geometrische Fundament der Theorie. Dieses zu begreifen, ist, wie ich meine, die eigentliche intellektuelle Herausforderung, die sich mit der Speziellen Relativitätstheorie stellt. Wer diese Herausforderung annimmt und meistert, wird $E = mc^2$ und weitere Resultate der Speziellen Relativitätstheorie, als physikalischer Theorie im engeren Sinne, ohne größere Schwierigkeiten verstehen können.

Doch zurück zur Newton'schen Mechanik und deren ersten beiden Gesetzen. Wenn man kurz darüber nachdenkt, wird einem schnell klar, dass allein schon das erste Gesetz nicht unter beliebigen Umständen gültig sein kann: Versetzen Sie sich einmal leibhaftig oder gedanklich auf einen Drehhocker und kreisen Sie um Ihre Längsachse. Sofort sehen Sie, wie sich die Wände und alle Möbel um Sie herum bewegen, und zwar keineswegs stets in dieselbe, sondern in sich ändernder Richtung, sodass eben eine Kreisbewegung resultiert. Das widerspricht anscheinend dem ersten Newton'schen

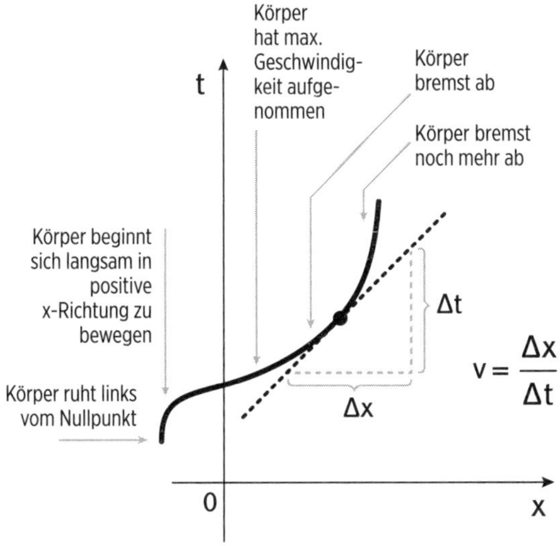

Weltlinie eines Körpers

Gesetz. Denn dass urplötzlich irgendwelche Kräfte auf jede Wand und jedes einzelne Möbelstück wirken würden, die die Kreisbewegungen verursachten, ist doch sehr abwegig. Der scheinbare Widerspruch löst sich auf, wenn man wieder an Weltlinien denkt und sich klarmacht, dass (je Richtung) die Geschwindigkeit eines Körpers zu einem bestimmten Zeitpunkt der Steigung der Tangente an der Weltlinie im betreffenden Punkt entspricht.

Der Körper, dessen Weltlinie hier (zum Teil) abgebildet ist, bewegt sich ausschließlich entlang der x-Achse, allerdings mit unterschiedlichen Geschwindigkeiten zu verschiedenen Zeitpunkten. Zu dem Zeitpunkt, der der t-Koordinate des hervorgehobenen Punktes entspricht, hat der Körper die Geschwindigkeit v. Diese momentane Geschwindigkeit wurde seinerzeit von Newton als das «letzte Verhältnis» zwischen räumlicher und zeitlicher Änderung zu besagtem Zeitpunkt definiert: $v = dx/dt$. Wie gesehen, lässt sich dieses Verhältnis allerdings auch sauber definieren, nämlich als Grenzwert. In beiden Fällen ergibt sich als Geschwindigkeit die (umgekehrte) Steigung der Tangente (gestrichelte Linie): $\Delta x/\Delta t$.[2]

Doch Steigungen besitzen ja keine eigenständige geometrische

Existenz; sie existieren nur in Relation zu «Bezugs-» oder «Beobachtersystemen», sprich zu Koordinatensystemen. Das heißt, allein schon das erste Newton'sche Gesetz setzt stillschweigend voraus, dass die Raum-Zeit mit einem geeigneten Koordinatensystem versehen ist.[3]

Raum und Zeit – absolut! (zumindest teilweise)

Die geeigneten, dem ersten Newton'schen Gesetz genügenden Koordinatensysteme firmieren als *Inertialsysteme*. Selbstverständlich hätte Newton nicht im Traum daran gedacht, Inertialsysteme der gesamten Raum-Zeit überzustülpen. Selbst noch am Vorabend von Einsteins «Annus mirabilis» (1905)[4] wurden die Raum-Zeit und Koordinatensysteme auf dieser lediglich als mathematische Spielereien betrachtet, ohne tieferen physikalischen Nutzen. In besagtem Jahr aber wurde aus Spaß Ernst, weshalb ich die Raum-Zeit hier gleich von Anfang an ins Spiel gebracht habe.

Wie errichtet man nun aber ein Inertialsystem? Für die besonders einfache Klasse der Kartesischen Koordinatensysteme des Raums allein ist die Sache klar:[5] Man wähle zunächst willkürlich irgendeinen Punkt im Raum als Nullpunkt aus. Dann wähle man ebenso willkürlich drei senkrecht aufeinander stehende (gerichtete) Geraden durch den Nullpunkt aus. Schließlich wähle man, wiederum willkürlich, eine bestimmte Länge als Einheitslänge und trage entsprechend auf jeder Geraden den reellen Zahlenstrahl ab. Doch klar ist das alles nur für die über den Dingen schwebende Mathematikerin, die Länge (bzw. Längengleichheit) einfach als unproblematischen Grundbegriff voraussetzt. Was heißt es aber *physikalisch*? Und was heißt es, wenn auch noch die Zeit hinzukommt? Nun, denken wir uns einen langen Bahndamm – Einsteins Lieblingsbeispiel –, der schnurgerade durch ein beschauliches Dörfchen mit einem schmucken Bahnhof führt und auf dessen Gleisen die Züge völlig reibungsfrei und ohne jeglichen Luftwiderstand dahinglei-

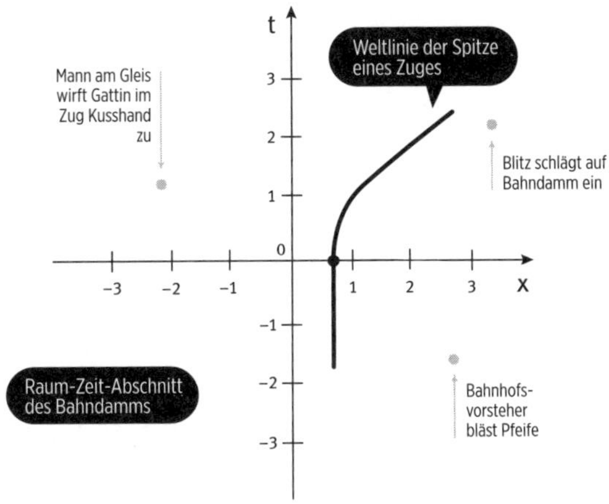

Inertialsystem des Bahnhofsvorstehers

ten. Dem Bahndamm entspricht ein zweidimensionaler Ausschnitt der Raum-Zeit, und die Punkte innerhalb dieses Ausschnitts repräsentieren mögliche Ereignisse, etwa einen Blitzeinschlag, die auf oder am Bahndamm stattfinden (können). Die Repräsentation ist selbstverständlich hochgradig idealisiert: Vertikale oder horizontale Abweichungen von der gedachten Mittelgeraden zwischen den Gleisen werden ignoriert, und der ausgedehnte Einschlagsort des Blitzes wird – wie wir es schon aus dem Geometriekapitel kennen – zu einem ausdehnungslosen Punkt verdichtet; analog schnurrt die gesamte Zeitspanne des Einschlags zu einem einzigen Moment zusammen. Nach dieser gedanklichen Vorarbeit stellen wir uns nun den Bahnhofsvorsteher vor, wie er den Bahnsteig parallel zum Bahndamm gleichmäßig abschreitet und nach jedem Schritt mit roter Farbe an der betreffenden Stelle einen Strich zieht; die Striche nummeriert er dabei, von einer negativen ganzen Zahl ausgehend, in Einerschritten aufsteigend. Anschließend stellt er am Strich mit der «0» eine große Anzeigetafel auf, die, wieder von einer negativen ganzen Zahl ausgehend, nach jeder Bewegung des großen Zeigers auf der alten Bahnhofsuhr die nächstgrößere ganze Zahl anzeigt. Auf diese Weise hat der Bahnhofsvorsteher ein Koordinatensystem über einen Teil des Raum-Zeit-Abschnitts des Bahndamms gelegt.

Gemäß diesem Koordinatensystem – dem «Bahnhofssystem» – schlägt beispielsweise der Blitz rechts von der mit «3» markierten Stelle ein, kurz nachdem die Anzeigetafel «2» anzeigt. Freilich ist, wenn man es genau nimmt, das Bahnhofsystem kein Inertialsystem. Denn da wäre zum einen die Erdrotation, die insbesondere bewirkt, dass ruhende Züge allmählich ihre Position auf der x-Achse zu verändern beginnen, also scheinbar in Bewegung geraten, obwohl keine entsprechende Kraft auf den Zug einwirkt. Zum andern wirken sich die unzuverlässigen Methoden zur Längen- und Zeitmessung aus: Die Schritte des Vorstehers hatten sicherlich leicht unterschiedliche Längen, und die Intervalle zwischen zwei aufeinanderfolgenden Zeigerbewegungen der Bahnhofsuhr werden nie exakt gleich lang dauern. Somit wird ein Zug nicht immer dasselbe $\Delta x/\Delta t$-Verhältnis aufweisen, selbst wenn er sich mit konstanter Geschwindigkeit auf dem Bahndamm fortbewegt.

«Moment mal», könnte jemand intervenieren, «wer bestimmt denn, was gleiche Länge und gleiche Dauer überhaupt ausmacht? Der Bahnhofsvorsteher kann doch schlicht festlegen, dass seine Schritte immer dieselbe Länge haben und dass die Bahnhofsuhr immer gleichmäßig läuft.» Ja, das könnte er; aber dann müsste er erklären, weshalb fast alles außer seinen Schritten schrumpft oder sich ausdehnt, wenn man es (sachte) entlang des Bahndamms bewegt. Auch müsste er erklären, weshalb viele Prozesse mal merklich schneller, mal merklich langsamer ablaufen. Wesentlich einfacher ist es, diese Scheinphänomene mit Verweis auf die bei genauerer Betrachtung doch nicht so regelmäßigen Schritte und Zeigerbewegungen wegzuerklären – das macht sie eben zu bloßen *Schein*phänomenen. Der Einwand weist allerdings auf einen wichtigen Punkt hin: Es gibt nicht die «an und für sich» richtigen Methoden zur Längen- und Zeitmessung; es gibt nur die in folgendem pragmatischen Sinne richtigen: Man wähle die Methoden so, dass sich möglichst viele Phänomene möglichst einfach erklären lassen.

Newton hätte hier, wie ich vermute, heftig widersprochen: «Es gibt sehr wohl die an und für sich *richtigen* Methoden! Es sind ebendie Methoden, mit denen Gott Raum und Zeit eingeteilt hat und nach denen er die Naturgesetze ausgerichtet hat.» Da würden heutzutage nur wenige mitgehen, aber viele immerhin in eine ähnliche Richtung. «Es gibt eindeutige Naturgesetze», so selbige, «und diese nehmen in bestimmten ausgezeichneten Koordinatensystemen eine besonders einfache Gestalt an. Die richtigen Methoden zur Längenbzw. Zeitmessung und zur Errichtung solcher Koordinatensysteme sind diejenigen, mit denen wir uns dieser einfachen Gestalt möglichst gut annähern.» Hierzu gibt es viel zu sagen – aber erst in den nächsten beiden Kapiteln. Bis dahin wollen wir die Frage, ob die Naturgesetze uns machen oder wir die Naturgesetze, auf sich beruhen lassen. Auch wollen wir von allen Effekten der Erdrotation absehen sowie von allen Schwankungen in den Schritten des Bahnhofsvorstehers und den Zeigerbewegungen der Bahnhofsuhr. Kurzum: Wir wollen annehmen, der Bahnhofsvorsteher habe ein perfektes Inertialsystem errichtet, sodass alle seine Beobachtungen am Bahndamm die beiden Newton'schen Gesetze vollauf bestätigen.

Der Begriff der Beobachtung führt im Zusammenhang mit der Speziellen Relativitätstheorie regelmäßig zu großer Verwirrung. So wird etwa eine Aussage wie die, dass für den einen Beobachter ein Gegenstand kürzer ist als für einen anderen Beobachter, leicht so missverstanden, als ginge es lediglich um unterschiedliche *Wahrnehmungen* der Länge des Gegenstands. Unterschiedliche Wahrnehmungen der Länge eines Gegenstandes ergeben sich aber auch schon in der klassischen Physik, allein aufgrund der endlichen Lichtgeschwindigkeit von ca. 300 000 Kilometern pro Sekunde. Wenn etwa ein Zug mit annähernd Lichtgeschwindigkeit durch den Bahnhof rast, wird es allen Beobachtern am Bahnhof so erscheinen, als wäre der Zug vor der Durchfahrt deutlich länger gewesen als danach, wohingegen für die Fahrgäste im Zug dieser wahrheitsgemäß stets gleich lang erscheint.[6] Wenn aber die Beobachter am Bahnhof die endliche Lichtgeschwindigkeit in Rechnung stellen und entsprechend ermitteln, wann und von wo jeweils die Lichtsignale der beiden Zugenden ausgesandt wurden, die gleichzeitig in ihre Augen treffen, werden auch sie im gemeinten Sinne beobachten, dass der Zug seine Länge nicht verändert hat.

Um jegliche Verwechselungsgefahr zu bannen, empfiehlt es sich, die Diskussion anhand von Weltlinien und unterschiedlichen Koordinatensystemen zu führen anstatt von Beobachtungen aus unterschiedlichen Perspektiven bzw. «Beobachtersystemen». So hat insbesondere jeder Punkt der in obiger Abbildung eingezeichneten Weltlinie einer Zugspitze seine eigenständige Existenz als Ereignis – etwa der markierte Punkt als das Ereignis, dass die Zugspitze erstmals eine Beschleunigung erfährt und sich somit in Bewegung setzt. Das heißt, sofern das eingezeichnete Bahnhofssystem erst einmal errichtet ist, ist die Lage der Weltlinie darin völlig *unabhängig* von jeglicher Beobachtung. Es spielt also keine Rolle, was der Bahnhofsvorsteher und alle anderen vom Bahnhof aus sehen, hören oder fühlen; es ist allein dafür von Belang, ob sie Ereignisse und Weltlinien in dem Inertialsystem korrekt verorten können (unter Berücksichtigung der endlichen Lichtgeschwindigkeit u. a.).

Nach dieser Klarstellung möchte ich fragen: Worin können sich verschiedene Inertialsysteme unterscheiden? In der folgenden Abbildung sind drei Kandidaten dargestellt. Links ist wieder das Bahnhofssystem abgebildet sowie die Weltlinie der Zugspitze aus der vorigen Abbildung und vier nicht näher charakterisierte Ereignisse $E_1, \dots, E_4$. Am mittleren, einmal gestrichelten Koordinatensystem fällt zuallererst auf, dass die Zeitachse etwas schräg steht. Das ist kein Fehler in der Grafik, sondern veranschaulicht einen bestimm-

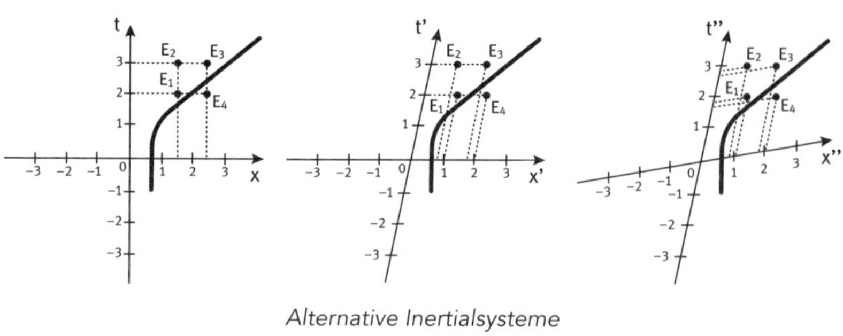

Alternative Inertialsysteme

ten physikalischen Sachverhalt: Es handelt sich um das Koordinatensystem der Vorsteherin eines (anderen) Zuges, der mit konstanter Geschwindigkeit auf dem Bahndamm fährt. Die Zugvorsteherin hat ihr System – das «Zugsystem» – so errichtet wie der Bahnhofsvorsteher seines, mit gleichen Schritten und baugleicher Uhr. Wenn man die Zeitachse des Zugsystems wie gewohnt einzeichnet, nämlich senkrecht zur Raumachse, so verändern die Weltlinie und die vier Ereignispunkte zwar (graphisch) ihre Lage. Aber wenn man gewissenhaft ableitet, wird man sehen, dass die zweiten Ableitungen bzw. Beschleunigungen an der Weltlinie in beiden Systemen identisch sind. Das heißt insbesondere, ein Körper bewegt sich in dem einen System gleichförmig, wenn er sich in dem anderen gleichförmig bewegt, und umgekehrt. Das Zugsystem ist somit ebenfalls ein Inertialsystem. Ganz anders – wie es scheint – das zweimal gestrichelte System, bei dem zusätzlich die Raumachse etwas schräg steht. Da die Zeit- und Raumkoordinaten von Ereignissen in einem Koordinatensystem (per Konvention) parallel zur jeweiligen Gegenachse abgetragen werden, hat dies insbesondere zur Folge, dass die Ereignispaare E_1, E_4 und E_2, E_3 jeweils *nicht* mehr gleichzeitig eintreten!

«So was kann sich auch nur ein veritabler Spinner ausdenken!», werden einige denken – und wir alle würden es denken, wenn wir noch auf dem Stand der klassischen Physik vor Einstein wären. Vor Einstein schien es eine ganz grundlegende, völlig offenkundige Asymmetrie zwischen Raum und Zeit zu geben: Zwei beliebige Ereignisse treten entweder gleichzeitig oder nacheinander ein, und zwar unabhängig davon, wo sie jeweils eintreten. Demnach ist beispielsweise die Gleichzeitigkeit von E_1 und E_4 eine objektive Tatsache.[7] Umgekehrt ist es aber keine Tatsache, zumindest keine nachprüfbare Tatsache, dass E_1 und E_2 am selben Ort eintreten. Zwar betreffen sie beide per Annahme dieselbe Stelle des Bahndamms. Und zum leichteren Einstieg in die Diskussion habe ich stillschweigend vorausgesetzt, dass der Bahndamm relativ zur Raumdimension des betrachteten Raum-Zeitabschnitts *ruht* – und mit ihm das

Bahnhofssystem. Doch das war nur eine bequeme Setzung; genauso gut könnte stattdessen das Zugsystem im Raum ruhen und sich der Bahndamm samt Bahnhof etc. mit gleichbleibender Geschwindigkeit durch diesen bewegen.[8] Es gibt schlicht kein physikalisches Experiment, anhand dessen man ein ruhendes von einem gleichförmig bewegten Inertialsystem unterscheiden könnte – zumindest nach Newtons klassischer Mechanik.

Halten wir fest: Von den beiden betrachteten Alternativsystemen bleibt (vorerst) nur das gestrichelte der Zugvorsteherin als legitimes Inertialsystem übrig, das mit dem des Bahnhofsvorstehers auf Augenhöhe konkurriert. Zwischen beiden Systemen besteht folgender Zusammenhang, wobei v_z die Geschwindigkeit des Zuges, also des gestrichelten Zugsystems, relativ zum ungestrichelten Bahnhofssystem sei:

$$t' = t \qquad\qquad x' = x - v_Z t$$

Dies ist die *Galilei-Transformation*, die im Rahmen der Newton'schen Mechanik die Koordinaten von Ereignissen oder Weltlinien bezüglich des Bahnhofssystems in Koordinaten bezüglich des Zugsystems übersetzt. Man beachte die perfekte Symmetrie, welche die Ebenbürtigkeit beider Koordinatensysteme bestätigt.[9] Zu den zeitlichen Koordinaten gibt es nicht viel zu sagen, außer dass sie in beiden Systemen jeweils übereinstimmen. Anders die räumlichen Koordinaten, welche proportional zur Relativgeschwindigkeit v_z und dem zeitlichen Abstand t zum gemeinsamen Nullereignis verschoben sind. Dies hat etwa zur Folge, dass der räumliche Abstand zweier nacheinander eintretender Ereignisse in beiden Systemen unterschiedlich ist. Doch es gibt eine räumliche Größe, die über die Systeme hinweg konstant bleibt: der Abstand zwischen *gleichzeitigen* Ereignissen. Daraus folgt insbesondere, dass die Länge eines Körpers zu einem beliebigen Zeitpunkt eine objektive Größe darstellt, die nicht von der Wahl eines bestimmten Inertialsystems abhängt.

Die wesentlichen geometrischen Aspekte der Raum-Zeit gemäß Galilei-Transformation zeigt die nächste Abbildung auf:

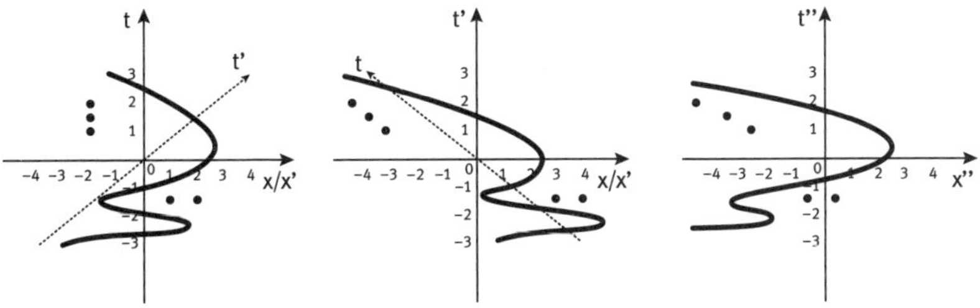

Eindeutigkeit der Gestalt unter Galilei-Transformation bis auf lineare Verschiebung

Links und in der Mitte sehen wir eine Weltlinie und fünf Einzelereignisse in zwei beliebigen Inertialsystemen dargestellt. Beide Darstellungen sind völlig gleichwertig; es gibt kein Experiment, das etwa das eine Koordinatensystem als *absolut ruhend* auszeichnen könnte und das andere als sich im Raum bewegend. Insofern ist die wahre Gestalt der Weltlinie nur bis auf zeitlich lineare Verschiebungen entlang der Raumachse, wie wir sie zwischen beiden Darstellungen sehen, bestimmt. Entlang der Zeitachse treten hingegen keine Verschiebungen auf. In letzterer Hinsicht reiht sich auch das zweimal gestrichelte Koordinatensystem (eines beschleunigten Zuges) rechts ein. Aber die Verschiebungen entlang der Raumachse sind darin zeitlich nicht linear; das sieht man am deutlichsten an den drei oberen Ereignispunkten, die nicht mehr auf einer gemeinsamen Geraden liegen. Somit handelt es sich um kein Inertialsystem, und die Lage der Ereignisse zueinander und die Gestalt der Weltlinie sind darin objektiv verzerrt.

Der Eimer, das Licht und der absolute Raum

Nicht alle sind auf Anhieb von der Raum-Zeit überzeugt. Und selbst nach einer gewissen Gewöhnungsphase dürfte sie den meisten Leuten wie eine mathematische Zwangsvermählung zweier Dinge anmuten, die eigentlich nicht zusammengehören, eben Raum und

Zeit. Die Zeit gleitet dahin im gleichmäßigen, gemächlichen Tempo eines weisen Gondolieres. Und der Raum verharrt in der vollkommenen, selbstvergessenen Ruhe einer alten Meisterin des Zen. Von Alter und Weisheit abgesehen, ist das Einzige, was beide verbindet, der Umstand, dass sich Dinge ereignen, und zwar zu bestimmten Zeitpunkten an bestimmten Raumpunkten. Aber Raum und Zeit hängen nicht von diesen Dingen ab. Somit existieren sie unabhängig voneinander.

Dieses über viele Generationen weitergereichte und mit der Muttermilch aufgesogene Bild von Raum und Zeit wird durch die Galilei-Transformation bestätigt – allerdings nur teilweise. Sie billigt der Zeit in der Tat eine «absolute», vom Raum gänzlich unberührte Stellung zu: Ereignisse haben eine eindeutige zeitliche Reihenfolge und einen eindeutigen zeitlichen Abstand voneinander – ganz gleich, *wo* sie eintreten. Umgekehrt besagt die zweite Galilei'sche Transformationsgleichung jedoch, dass die Zeit durchaus einen Einfluss auf die räumliche Anordnung von Ereignissen hat. Diese Anordnung ist, wie gesehen, nur bis auf zeitlich lineare Verschiebungen eindeutig bestimmt. So erscheint es zumindest im Lichte der Newton'schen Gesetze. Denn diese zeichnen Inertialsysteme als diejenigen Koordinatensysteme aus, deren numerische Abbilder von Ereignispunkten und Weltlinien die geometrischen Verhältnisse wahrheitsgetreu wiedergeben.[10] Und gemäß der Galilei-Transformation sind je zwei Inertialsysteme, die sich mit konstanter Geschwindigkeit relativ zueinander bewegen, physikalisch vollkommen gleichwertig; wie gesagt, kein Experiment, das im Einklang mit den Newton'schen Gesetzen steht, könnte je zeigen, dass eines von beiden Systemen tatsächlich ruht.

Dies war Newton sehr wohl bewusst, dennoch war er der festen Überzeugung, der Raum existiere ebenso in einem «absoluten» Sinne wie die Zeit. Diese Überzeugung war aber kein bloßes Dogma, Newton konnte auch ein starkes Argument dafür vorbringen – mit Verweis auf einen halb mit Wasser gefüllten Eimer, der langsam beginnt, sich immer schneller um die eigene vertikale Achse zu drehen: Zu Beginn ist die Wasseroberfläche, wenig überraschend, ganz eben. Nach einer Weile, wenn Eimer und Wasser gleichermaßen in eine merkliche Drehbewegung geraten sind, türmt sich hingegen das Wasser an den Eimerwänden auf. Aber warum? Newtons Antwort lautet: Weil Eimer und Wasser im *absoluten* Raum um sich kreisen. Denn selbst wenn es im gesamten Universum nichts anderes als den Eimer und das Wasser gäbe, könnten wir anhand des gewölbten Wassers die Kreisbewegung erkennen. Somit ist jegliche Erklärung durch etwaige Relativbewegungen zu anderen Körpern hinfällig.

Eine Variante dieses Gedankenexperiments bringt die Sache vielleicht noch besser auf den Punkt: Stellen wir uns irgendwo draußen im Weltraum, ganz weit von jedweden Sternen, Planeten oder Asteroiden entfernt, zwei Eisenkugeln vor – wie die aus dem Fallexperiment. Stellen wir uns ferner vor, die Kugeln seien so mittels eines dünnen Fadens miteinander verbunden, dass dieser zwar ganz gerade verläuft, aber gerade so noch nicht unter Spannung steht. Und stellen wir uns schließlich vor, wir geben beiden Kugeln gleichzeitig einen leichten Schubs, gleich schwach, aber in entgegengesetzte Richtung. Klar ist, dass die Kugeln durch den Schubs eine Kreisbewegung um den Mittelpunkt des Fadens vollziehen. Und eine physikalische, messbare Konsequenz dessen ist die, dass der Faden nun auf einmal unter einer gewissen Spannung steht oder gar reißt. So scheint es zumindest, und es scheint dabei auch völlig unerheblich zu sein, ob sich in weiter Entfernung von den Kugeln irgendwelche Materie, etwa in Form von «Fixsternen», befindet oder nicht. Wenn das stimmt, so lässt sich der physikalische Unterschied zwischen vor und nach dem Schubs offenbar nur durch die Kreisbewegung *an sich* erklären, nicht relativ zu irgendwelchen anderen Körpern.

Dieses Argument für die Idee des einen, «absoluten» Raumes ist natürlich nicht unwidersprochen hingenommen worden, etwa von Newtons Erzkonkurrenten Berkeley und Leibniz. Eine jüngere Replik stammt von Ernst Mach, dessen Ideen Einstein stark beeinflussten:

> Der Versuch Newtons mit dem rotierenden Wassergefäß lehrt nur, dass die Relativdrehung des Wassers gegen die Gefäßwände keine merklichen Zentrifugalkräfte weckt, dass dieselben aber durch die Relativdrehung gegen die Masse der Erde und die übrigen Himmelskörper geweckt werden. Niemand kann sagen, wie der Versuch verlaufen würde, wenn die Gefäßwände immer dicker und massiger, zuletzt mehrere Meilen dick würden. Es liegt nur der eine Versuch vor, und wir haben denselben mit den übrigen uns bekannten Tatsachen, nicht aber mit unsern willkürlichen Dichtungen in Einklang zu bringen.

Auf die beiden Eisenkugeln übertragen, lautet Machs Einwand: Wir wissen schlicht nicht, was mit dem Faden passieren würde, der die Kugeln verbindet, wenn das Universum ansonsten völlig leer wäre. Dass der Faden unter realistischen Bedingungen nach dem Schubs unter Spannung geriete, könnte einzig und allein von der Drehbewegung relativ zu den umgebenden Gestirnen etc. herrühren, wie weit auch immer diese entfernt sein mögen – so Mach.

Um nicht auf Abwege zu geraten, überlasse ich es Ihnen, Machs Replik näher auf sich wirken zu lassen. Am Ende des Kapitels werde ich, mit einem kleinen Ausblick auf die Allgemeine Relativitätstheorie, kurz darauf zurückkommen. An dieser Stelle ist es sinnvoller, ein wenig innezuhalten und zusammenzufassen:

- Die Zeit ist gerichtet und absolut. Für zwei beliebige (idealisierte Punkt-)Ereignisse E_1, E_2 ist genau eines der Fall: E_1 tritt vor E_2 ein, E_2 tritt vor E_1 ein, oder E_1 und E_2 treten gleichzeitig ein. Ferner trifft für zwei weitere beliebige Ereignisse E_3, E_4 genau eines zu: Die Dauer zwischen (dem Eintreten von) E_1 und E_2 ist kürzer als die zwischen E_3 und E_4, die Dauer zwischen E_3 und E_4 ist kürzer als die zwischen E_1 und E_2 oder beide Zeitspannen sind gleich lang.
- Der Raum ist zwar nicht gerichtet; es gibt kein eindeutiges Oben-unten, Vor-zurück, Links-rechts o. Ä., das wie das Früher-Später eine bestimmte Richtung auszeichnet. Ansonsten ist aber der Raum im ganz analogen Sinne ebenso absolut wie

die Zeit. So gibt es beispielsweise genau eine korrekte Antwort auf die Frage, ob E_1 und E_2 am selben Ort eintreten. Ebenso verhält es sich für die Frage, ob (die Orte des Eintretens von) E_1 und E_2 einen kleineren, gleichen oder größeren Abstand voneinander haben als E_3 und E_4.

- Allerdings spiegelt sich die Absolutheit des Raums nicht in den grundlegenden Gesetzen der Mechanik wider.[11] Denn diese genügen der Galilei-Transformation und erlauben somit prinzipiell keinen experimentellen Nachweis für das Ruhen eines ausgezeichneten Inertialsystems im Raum.

Diese Zusammenfassung gibt, glaube ich, ganz gut die klassische, oder orthodoxe, Auffassung von Raum und Zeit wieder, die die große Mehrheit der Fachleute vor Einstein geteilt haben dürfte und die wohl die meisten Laien noch immer teilen, selbst wenn sie von Einstein und seiner Idee gehört haben, dass Raum und Zeit «irgendwie verschränkt» und nicht getrennt voneinander zu betrachten sind.

Es ist eine Ironie der Physikgeschichte, dass ausgerechnet einer ihrer epochalen Meilensteine, der zur Ehrenrettung des absoluten Raums prädestiniert erschien, Einstein auf seine noch epochalere Idee brachte. Die Rede ist von den *Maxwell'schen Gleichungen:*

$$\text{I)}\ \nabla \cdot E = \frac{\rho}{\varepsilon_0} \qquad \text{III)}\ \nabla \times E = -\frac{\partial B}{\partial t}$$

$$\text{II)}\ \nabla \cdot B = 0 \qquad \text{IV)}\ \nabla \times B = \frac{1}{c^2}\left(\frac{j}{\varepsilon_0} + \frac{\partial E}{\partial t}\right)$$

Sie müssen diese Gleichungen nicht verstehen, mit denen James Clerk Maxwell in den Sechzigerjahren des 19. Jahrhunderts Ordnung in das verwirrende Zusammenspiel von Elektrizität und Magnetismus brachte. Ich habe sie bloß aufgeschrieben, weil man sie, wie ich finde, zumindest einmal im Leben gesehen haben sollte. Sie müssen nur wissen: E repräsentiert ein sogenanntes elektrisches Feld (man denke in Wehmut zurück an die «Feldlinien» aus dem

Physikunterricht in der Schule), B ein magnetisches Feld und j einen elektrischen Strom; ρ ist die (Dichte der) Ladung, die das elektrische Feld verursacht, ϵ_0 eine auf das Vakuum bezogene Naturkonstante und, schließlich, c die Lichtgeschwindigkeit. Damit besagt I), dass und wie das elektrische Feld der elektrischen Ladung entströmt, II), dass es keine magnetischen Ladungen gibt, III), dass und wie Änderungen des magnetischen Feldes das elektrische Feld verwirbeln, und IV), dass und wie Ströme und Änderungen des elektrischen Feldes das magnetische Feld verwirbeln.

Seien wir ehrlich, solche blumigen Umschreibungen ersetzen keine echte Erklärung. Doch wollen wir uns hier damit begnügen und unser Augenmerk nur auf eine kleine Auffälligkeit in der vierten Gleichung richten: Es tritt darin eine Geschwindigkeit auf, ebendie Lichtgeschwindigkeit c. Aber wie kann das sein? Naturgesetze sollten doch in allen Inertialsystemen gleichermaßen gelten, aber in zwei beliebigen relativ zueinander gleichförmig bewegten Inertialsystemen haben ja *alle* Dinge (auch das Licht) jeweils unterschiedliche Geschwindigkeiten. Obwohl von ein und demselben elektrischen Feld, ein und demselben magnetischen Feld, ein und demselben elektrischen Strom und ein und demselben Vakuum die Rede ist, sind diese Größen also in beiden Inertialsystemen in unterschiedlichem Maße miteinander verknüpft – weil ja insbesondere die Lichtgeschwindigkeit unterschiedlich sein muss.

Noch mal einen Schritt zurück. Wir erinnern uns an die zweite Galilei-Transformationsgleichung (nun ohne Index «Z»): $x' = x - vt$. Auf Infinitesimale übertragen, heißt das: $dx' = dx - vdt$, und daraus folgt: $dx'/dt' = dx/dt - v$.[12] Das heißt, die an irgendeinem Punkt einer beliebigen Weltlinie in beiden Inertialsystemen abgeleiteten bzw. gemessenen Geschwindigkeiten unterscheiden sich gerade um die Relativgeschwindigkeit v. Das ist ganz einsichtig und entspricht auch unserer Alltagserfahrung. Wenn beispielsweise ein Auto mit 100 km/h auf der Landstraße fährt und eine Fliege in dem Auto gerade von der Rückscheibe zur Frontscheibe mit 5 km/h fliegt, so beträgt die Geschwindigkeit der Fliege relativ zum Auto eben 5 km/h, aber relativ zur Straße 105 km/h. Ergo könnte irgendetwas nicht ganz stimmen, wenn eine geniale Physikerin eines Tages ein vermeintliches Naturgesetz verkünden würde, in dem Fliegen stets mit einer bestimmten Geschwindigkeit herumschwirren. Abgesehen davon, dass grundlegende Naturgesetze wohl kaum direkt von komplexen Lebewesen wie Fliegen handeln sollten, wäre die explizite Angabe einer bestimmten Geschwindigkeit ein untrügliches Indiz dafür, dass das Gesetz nur eingeschränkt gültig sein könnte.

So schien es sich auch mit den Maxwell'schen Gleichungen zu verhalten. Maxwell selbst und seine Zeitgenossen waren sich sicher, dass die Gleichungen in der von ihm veröffentlichten Form nur in relativer Ruhe zum *Äther* exakt gültig wären. Unter dem Äther stellte man sich dabei eine das gesamte Universum (auch das Vakuum) durchziehende Substanz vor, in der sich Licht – wie jede elektromagnetische Welle[13] – ähnlich ausbreitet wie Schall in der Luft. Demnach handelte es sich bei c um die Geschwindigkeit des Lichts im Äther, nicht in einem beliebigen Inertialsystem, das sich durch den Äther bewegt. Doch dann wurde im Jahr 1887 eines der berühmtesten Experimente aller Zeiten durchgeführt: das *Michelson-Morley-Experiment* – ein echtes, handfestes Experiment mit Apparaten aus Streben und Schrauben, kein verkopftes Gedankenexperiment. Kühn sämtliche Details überspringend, kann ich verkünden: Das Michelson-Morley-Experiment offenbarte keinerlei Anzeichen vom Äther. Das hätte es aber eigentlich tun müssen, denn es war so gut konstruiert und fein justiert, dass damit aufgrund der anzunehmenden Bewegung der Erde durch den Äther in wechselnden Richtungen minimale Geschwindigkeitsunterschiede des Lichts hätten gemessen werden sollen.

Den bekanntesten Versuch zur Rettung der Ätherhypothese unternahm Lorentz – nicht der österreichische Verhaltensforscher Konrad (ohne «t» im Nachnamen), sondern der holländische Physiker Hendrik Antoon. Er postulierte, dass sich ein jeder mit der Geschwindigkeit v durch den Äther bewegende Körper in Bewegungsrichtung um den Faktor $\lambda = \sqrt{1 - v^2 / c^2}$ verkürzt. Dieser Ausdruck wird uns noch häufiger begegnen, und er erlaubte es Lorentz in der Tat, das Resultat des Michelson-Morley-Experiments mit der Ätherhypothese in Einklang zu bringen. Mit Lorentz konnte man sagen: «Michelsons und Morleys Experiment zeigt mitnichten die Nichtexistenz des Äthers auf, sondern vielmehr eine besondere Eigenschaft desselben, nämlich die, sich in ihm bewegende Körper zu verkürzen, wobei sich die Verkürzung auf den absoluten Raum bezieht, in welchem der Äther ruht.»

Um die Bedeutung des Michelson-Morley-Experiments noch klarer hervorscheinen zu lassen, sollten wir uns kurz vergegenwärtigen, was gewesen wäre, wenn das Experiment den erwarteten Ausgang gezeitigt hätte, wenn kleine Änderungen der Lichtgeschwindigkeit entsprechend der Bewegung der Erde gemessen worden wären. Die etablierte Physikerzunft hätte sich entspannt zurücklehnen können in der Gewissheit, das Fundament ihres Weltbildes vollauf bestätigt gefunden zu haben. Das größte Manko der Newton'schen Mechanik war gewesen, dass unter ihrer alleinigen Herrschaft nur die Absolutheit der Zeit eine objektive Eigenschaft in dem Sinne war, dass die zeitlichen Abstände zwischen beliebigen Ereignissen in allen Inertialsystemen identisch waren. Wegen der Galilei-Transformation galt selbiges in Bezug auf räumliche Abstände nur für gleichzeitige Ereignisse. Die räumlichen Abstände ungleichzeitiger Ereignisse hingen hingegen vom betreffenden Inertialsystem ab und waren somit keine objektiven Größen; es sei denn, es ließe sich entgegen den Newton'schen Gesetzen doch ein prinzipiell physikalisch überprüfbares Kriterium zur Auszeichnung ruhender Inertialsysteme finden. Die Konstanz der Lichtgeschwindigkeit in allen Richtungen, wie sie in den Maxwell'schen Gesetzen zum Ausdruck kommt, hätte genau solch ein Kriterium geliefert. Frei nach George Orwell hätte gegolten: Alle Inertialsysteme sind gleich, aber manche sind gleicher – eben diejenigen, in denen die (Vakuum-)Lichtgeschwindigkeit in beliebiger Richtung stets den Wert c annimmt.

Mit Lorentz konnte man dagegen bestenfalls in einem *metaphysi-*

schen Sinne am absoluten Raum festhalten, in einem objektiven physikalischen Sinne aber nicht. Denn der Lorentz'sche Verkürzungsfaktor betraf ja auch die Längenmaßstäbe nichtruhender Inertialsysteme, welche somit ihre absolute Bewegung durch den Äther bzw. den Raum an sich niemals preisgeben würden. In Anbetracht dessen, dass «metaphysisch», oder gar «philosophisch», von vielen in der Zunft lediglich zur Herabsetzung intellektueller Widersacher in den Mund genommen wurde, ist es wenig überraschend, dass sie diese Sachlage nicht zufriedenstellen konnte.

Verdampfender Äther und die Verschmelzung von Raum und Zeit

In seinen späteren Jahren betonte Einstein im Rückblick auf sein «Annus mirabilis» öfter, dass ihn weniger Zweifel an einer mysteriösen Substanz geleitet hätten, die als Leitmedium des Lichts fungierend einerseits im wahrsten Sinne des Wortes ätherisch war, aber andererseits die Längen sämtlicher Körper verändern konnte. Vielmehr waren für ihn grundsätzliche, quasiphilosophische Bedenken maßgeblich; er hatte schlicht nicht akzeptieren können und wollen, dass «absolute Bewegung» ein reales Phänomen sein solle.

Wer vor 1905 so gesinnt war, versuchte sich einen Namen zu machen, indem er danach trachtete, den wahren Kern der Maxwell'schen Gleichungen herauszuschälen und die Schale mit ihrer impliziten Bezugnahme auf vermeintlich absolut ruhende Inertialsysteme im Orkus der Physikgeschichte zu entsorgen. Einstein war eine Ausnahme. Das allzu oft bemühte Klischee vom einsamen Genie, das ganz allein die Dinge auf den Kopf stellt, ohne dass diese ihm vor die Füße fallen, sondern sich im Gegenteil so anordnen, dass auf einmal Klarheit herrscht, wo vorher Dunkel war – hier trifft es zu. Einstein war der Einzige, der sich ernsthaft fragte: Was, wenn die Maxwell'schen Gleichungen unangetastet bleiben könnten, und zwar in genau der von Maxwell vorgelegten Form mit der *einen*

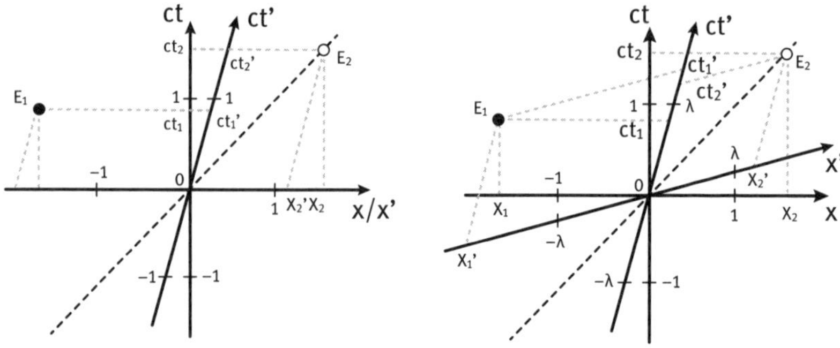

Inertialsysteme im Vergleich unter Galilei- vs. Lorentz-Transformation

Lichtgeschwindigkeit, und stattdessen das zweite Newton'sche Gesetz[14] und mit ihm die Galilei-Transformation überarbeitet werden müssten? Allein diese Frage zu stellen, grenzte bereits an Blasphemie; sie ernsthaft zu verfolgen, erschien einfach nur verrückt. Schließlich hatte die Newton'sche Mechanik eine über zweihundertjährige gloriose Erfolgsgeschichte hinter sich gehabt, in der sie aufs Eleganteste und Harmonischste so scheinbar grundverschiedene Phänomene wie die Bewegungen der Planeten um die Sonne und das Fallen von Eisenkugeln von Türmen (oder Äpfeln von Bäumen) erklärt hatte – und noch vieles, vieles mehr. Da Sie bereits mit der Raum-Zeit und darübergelegten Koordinatensystemen vertraut sind, können wir Einsteins Frage gleich konkreter fassen.

Gibt die linke Abbildung das wahre Wechselverhältnis zwischen dem Inertialsystem des Bahnhofsvorstehers und dem der Zugvorsteherin wieder oder vielmehr die rechte? Beide Formen des gestrichelten Systems haben wir ja schon kennengelernt. Das rechte, in dem beide Achsen, auch die räumliche, schräg stehen, taten wir dabei als bloßes Hirngespinst ab; nun wollen wir es ernsthaft in Erwägung ziehen. Man beachte, dass den Zeitachsen nun aber die Lichtgeschwindigkeit c vorangestellt ist.[15] Das hat den Vorteil, dass die Zahlen auf diesen Achsen jeweils für eine räumliche

Entfernung stehen, und zwar für dieselbe Entfernung, für die dieselbe Zahl auf der entsprechenden Raumachse steht. Es handelt sich dabei um die Entfernung, die das Licht mit seiner – wie wir mit Einstein annehmen wollen – in allen Inertialsystemen übereinstimmenden, konstanten Geschwindigkeit in der entsprechenden Zahl von Zeiteinheiten zurücklegt. Dies macht sich in der rechten Abbildung so bemerkbar, dass die dunkle gestrichelte Linie in beiden Koordinatensystemen eine Winkelhalbierende darstellt, wobei es sich um die Weltlinie eines Photons handelt, also eines Lichtteilchens,[16] das im Zug bzw. auf dem Bahnsteig zum Zeitpunkt 0 die Stelle 0 passiert. In der linken Abbildung halbiert die Weltlinie des Photons hingegen lediglich den rechten Winkel zwischen den Achsen im ungestrichelten Bahnhofssystem, nicht aber den Winkel zwischen den Achsen im gestrichelten Zugsystem.

Dieser Unterschied bedeutet für das Ereignis E_2 auf der Weltlinie des Photons, sprich dessen Passieren der Stelle x_2 zum Zeitpunkt t_2 im Bahnhofssystem, dass gemäß der rechten Abbildung in beiden Inertialsystemen die jeweiligen Koordinaten gleich sind: $x_2 = ct_2$ und $x'_2 = ct_2'$, wohingegen gemäß der linken Abbildung gilt: $x'_2 < ct_2'$. Mit anderen Worten, gemäß der rechten Abbildung hat das Photon in beiden Inertialsystemen dieselbe Geschwindigkeit, während es gemäß der linken Abbildung im System der Zugvorsteherin eine kleinere Geschwindigkeit besitzt als im System des Bahnhofsvorstehers. Letzteres ist wenig überraschend, da die linke Abbildung ja gerade die Galilei-Transformation veranschaulicht, und gemäß dieser hat das Photon im System der Zugvorsteherin eben nicht die Geschwindigkeit c, sondern $c - v$. Wenn die Lichtgeschwindigkeit aber in allen Inertialsystemen die gleiche ist, so kann die Galilei-Transformation nicht stimmen. Es braucht dann eine Transformation, wie sie rechts veranschaulicht wird; es braucht die *Lorentz-Transformation:*

$$t' = \frac{t - \frac{v}{c^2}x}{\lambda} \qquad x' = \frac{x - vt}{\lambda}$$

Diese Gleichungen hatte Lorentz schon einige Jahre vor Einstein gefunden, nur deutete er sie ganz anders: Für Lorentz gaben sie an, wie sich im gestrichelten System die Verkürzung sämtlicher Maßstäbe um den Faktor $\lambda = \sqrt{1 - v^2 / c^2}$ aufgrund einer gleichförmigen Bewegung durch den Äther mit der Geschwindigkeit v (in x-Richtung) auf die gemessenen Zeit- und Raumkoordinaten von Ereignissen auswirkt, im Vergleich zu den «echten» Koordinaten im ungestrichelten, ruhenden System. Für Einstein waren sie hingegen genau das, was zuvor die Galilei'schen Transformationsgleichungen vermeintlich gewesen waren: die korrekten Vorschriften zur Übersetzung von Ereigniskoordinaten innerhalb eines Inertialsystems in Koordinaten innerhalb eines physikalisch völlig *gleichwertigen* anderen Inertialsystems – nun aber unter Wahrung der Konstanz der Lichtgeschwindigkeit c.

Der auffälligste Unterschied zwischen der Lorentz- und der Galilei-Transformation betrifft die Zeit: Unter der Lorentz-Transformation beeinflussen auf einmal die Eintrittsorte von Ereignissen deren Eintrittszeiten und somit auch die Dauer zwischen ihrem Eintreten. Das kann so weit gehen, dass ein Ereignis, das in einem Inertialsystem vor einem anderen Ereignis eintritt, in einem anderen Inertial-

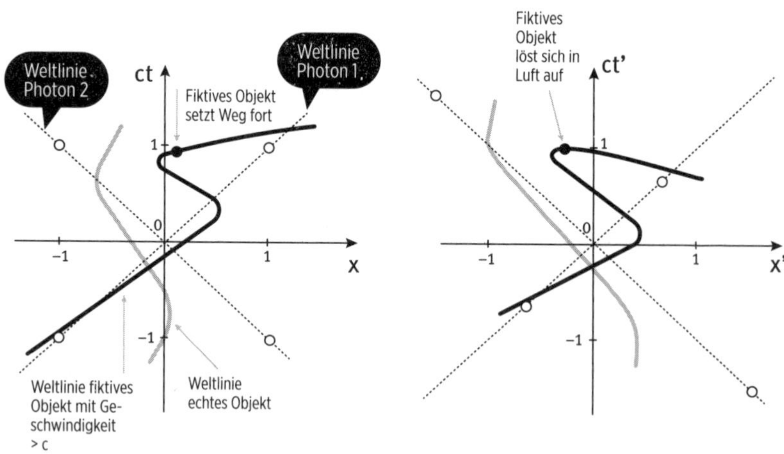

Lichtgeschwindigkeit als Obergrenze

system nach diesem eintritt – wie es rechts in der vorherigen Abbildung für E_1 und E_2 der Fall ist. Das klingt verrückt, doch geben wir der Lorentz-Transformation unter der Einstein'schen Deutung eine faire Chance. Machen wir uns in diesem Sinne anhand weiterer Beispiele ein unvoreingenommenes Bild.

Die letzte Abbildung zeigt die Weltlinien zweier Photonen, eines echten Objekts und eines fiktiven Objekts sowie fünf Ereignispunkte auf den Weltlinien – links im Bahnhofssystem und rechts (dieselben Weltlinien und Ereignispunkte) im Zugsystem.

«Was passiert eigentlich, wenn $v \geq c$?», fragt man sich spätestens beim zweiten Blick auf die Lorentz-Transformationsgleichungen. Offenbar funktioniert die Übersetzungsvorschrift nur für Inertialsysteme, deren Relativgeschwindigkeit v kleiner als die Lichtgeschwindigkeit ist.[17] Das heißt, entweder müssen neue Gleichungen für den Fall gefunden werden, dass v größer als oder gleich c ist, oder aber dieser Fall muss als physikalisch unmöglich ausgeschlossen werden können. Die Weltlinie des fiktiven Objekts spricht für Letzteres. Denn während sie im Inertialsystem des Bahnhofsvorstehers als durchaus realistischer Bewegungsverlauf erscheinen mag, spaltet sie sich im System der Zugvorsteherin offenbar in zwei Teilweltlinien auf, die sich in dem markierten obersten Ereignispunkt der Weltlinie treffen, welcher als solcher die maximale Zeitkoordinate aller Punkte der Weltlinie aufweist. Das heißt, danach existiert das Objekt nicht mehr; es löst sich buchstäblich in Luft auf,[18] wohingegen es im System des Bahnhofsvorstehers noch lange munter weiterexistieren kann. Um es nochmals zu betonen, es geht wohlgemerkt nicht um unterschiedliche Wahrnehmungen von Bahnhofsvorsteher und Zugvorsteherin; es geht darum, wie die Weltlinien in beider Inertialsystemen liegen – ganz unabhängig davon, ob beide überhaupt hinschauen.

Zugegeben, diese Überlegung zeigt zunächst nur, dass wir mit der Lorentz-Transformation in Schwierigkeiten geraten würden, wenn sich Körper innerhalb eines Inertialsystems schneller als das Licht fortbewegen könnten. Und das ist gewiss kein Beweis dafür, dass dies ausgeschlossen ist. Es motiviert aber, ebendies zu postulieren. Darüber hinaus motiviert es das Postulat, dass keine zwei Inertialsysteme eine Relativgeschwindigkeit größer als *c* besitzen können. Denn physikalische Koordinatensysteme – selbst solche, wie sie von idealisierten Beobachtern in Gedankenexperimenten errichtet werden – sind keine rein abstrakten Regelwerke, um Ereignispunkten Koordinaten zuzuordnen. Vielmehr bedürfen sie insbesondere konkreter, mit physischen Objekten verbundener periodischer Prozesse zur Vorgabe einer Zeiteinheit. Und solche Objekte sollen sich laut dem ersten Postulat ja nicht mit Überlichtgeschwindigkeit fortbewegen können.

Bevor einer fragt, was denn mit Körpern ist, die sich *genau* mit Lichtgeschwindigkeit bewegen, wird das Postulat einfach noch verschärft: Jeder materielle Körper hat im Gegensatz zu einem (masselosen) Photon[19] innerhalb jedes Inertialsystems stets eine Geschwindigkeit kleiner als *c*, und je zwei Inertialsysteme haben eine Relativgeschwindigkeit kleiner als *c*.[20] So hemdsärmelig muss man zuweilen in der Physik vorgehen. Ob man damit richtigliegt, zeigt anschließend allein die Empirie.

Kommen wir, nachdem das geklärt wäre, zur Weltlinie des echten Objekts, das sich in beiden Inertialsystemen stets gesittet mit Unterlichtgeschwindigkeit bewegt und dessen zeitliche Entwicklung in beiden Systemen gleichgerichtet ist. An dieser Weltlinie fällt lediglich zweierlei auf: Zum einen sind Weltlinienabschnitte, die in einem Inertialsystem gerade verlaufen und somit einer Bewegung mit konstanter Geschwindigkeit bzw. Beschleunigung gleich 0 entsprechen, auch im anderen Inertialsystem gerade, und umgekehrt. Zum andern stimmen die Beschleunigungen bzw. Krümmungen an den Punkten der übrigen Abschnitte meist nicht überein. Da es sich bei den wirkenden Kräften um objektive physikalische Größen handelt, die als solche nicht von bestimmten Inertialsystemen abhängen sollten, bestätigt dies, dass das zweite Newton'sche Gesetz mit der Lorentz-Transformation unverträglich ist.

Bleiben noch die Weltlinien der beiden Photonen. Das erste

kommt von links und fliegt nach rechts, das zweite umgekehrt, und beide treffen sich an der Stelle 0 des Bahndamms bzw. des Zuges zum Zeitpunkt 0. Die beiden Weltlinien behalten in beiden Inertialsystemen exakt dieselbe Lage bei – was wieder die Konstanz der Lichtgeschwindigkeit in allen Inertialsystemen gemäß der Lorentz-Transformation bestätigt. Doch Vorsicht, das heißt nicht, dass dies auch für alle Punkte auf den Weltlinien gilt. Wie die Abbildung zeigt, treten beispielsweise die beiden oberen hellen Ereignisse, nämlich dass die beiden Photonen auf dem Bahndamm die Marke «1» bzw. «–1» überqueren, im Bahnhofssystem gleichzeitig ein, während sie im Zugsystem zeitlich und räumlich versetzt eintreten.

Spätestens hier stellt sich die Frage, welche Größen denn nun neben der Lichtgeschwindigkeit c unter der Lorentz-Transformation unverändert bleiben. Nur solche Größen können eine eigenständige, objektive physikalische Existenz beanspruchen. Denkt man an die Euklidische Ebene, kommt einem der Abstand zweier Punkte in den Sinn. Dieser ist eine rein geometrische Größe und somit unabhängig von jeglicher Wahl eines Koordinatensystems. Das heißt insbesondere, wenn die Punkte in zwei Kartesischen Koordinatensystemen mit gleicher Längeneinheit die Koordinaten $(x_{1/2}, y_{1/2})$ bzw. $(x'_{1/2}, y'_{1/2})$ haben, so beträgt der quadrierte Abstand der Punkte nach dem Satz des Pythagoras einheitlich $\Delta x^2 + \Delta y^2 = \Delta x'^2 + \Delta y'^2$ – wobei «Δ» wieder die entsprechenden Koordinatendifferenzen anzeigt.[21] Das zeichnet gerade die beiden Koordinatensysteme als Kartesische und die Ebene als Euklidische aus. Das analoge Resultat gilt jedoch nicht für die Raum-Zeit; im Allgemeinen ist $\Delta x^2 + \Delta ct^2$ ungleich $\Delta x'^2 + \Delta ct'^2$. Wie man unschwer nachrechnen kann, gilt aber gemäß der Lorentz-Transformation eine nur leicht abgeänderte Gleichung:

$$\Delta x^2 - \Delta ct^2 = \Delta x'^2 - \Delta ct'^2$$

So wie $\Delta x^2 + \Delta y^2 = \Delta x'^2 + \Delta y'^2$ die Geometrie der Euklidischen Ebene in Kartesischen Koordinatensystemen zum Ausdruck bringt, so bringt diese Formel – man beachte die Minus- anstelle der Pluszeichen – die Geometrie der Raum-Zeit in Inertialsystemen auf den Punkt. Insbesondere führt die Formel in bündiger Form vor Augen, was vor Einstein übersehen worden war: Raum und Zeit sind in ähnlicher (wenn auch nicht ganz analoger) Weise in einer umfassenderen Gesamtheit miteinander verbunden, wie es die verschiedenen Dimensionen des Euklidischen Raumes sind.

Paradoxa und Missverständnisse

Aber warum hat die Raum-Zeit diese Geometrie?! Vor Einstein hätte man genauso gut fragen können, warum der uns umgebende Raum euklidisch sei. «Weil Gott ihn so gemacht hat», wäre wohl die gängigste Erklärung gewesen. Mit Kant hätte man – auf anspruchsvollerem intellektuellem Niveau – sagen können, es sei konstitutiv für den menschlichen Geist, die Welt als Welt der Dinge in zeitlich sich stetig verändernden Anordnungen im Raum gemäß den Euklidischen Gesetzen zu strukturieren. Beide Erklärungen hätten sich freilich als falsch erwiesen. Ich bin daher geneigt, eine Lebensweisheit aus der *Fledermaus* zu zitieren: «Glücklich ist, wer vergisst, was doch nicht zu ändern ist!»

Vergessen wir also (zumindest vorerst) die Frage nach dem Warum, und fragen wir lieber, was aus der merkwürdigen Geometrie der Raum-Zeit folgt. Dass lediglich noch Gleichzeitigkeit *am selben Ort*, nicht aber Gleichzeitigkeit an sich ihren objektiven Status behält,[22] haben wir bereits mehrfach gesehen; ebenso haben wir gesehen, dass Dauer (im klassischen Sinne) ihre Objektivität verliert. Die nächste Abbildung zeigt die Weltlinie einer in Schwingung versetzten Stimmgabel in einem Zug, der eine Weile auf dem Bahndamm steht und sich dann irgendwann in Bewegung setzt, bis er schließlich dieselbe Geschwindigkeit erreicht wie der Zug der Zug-

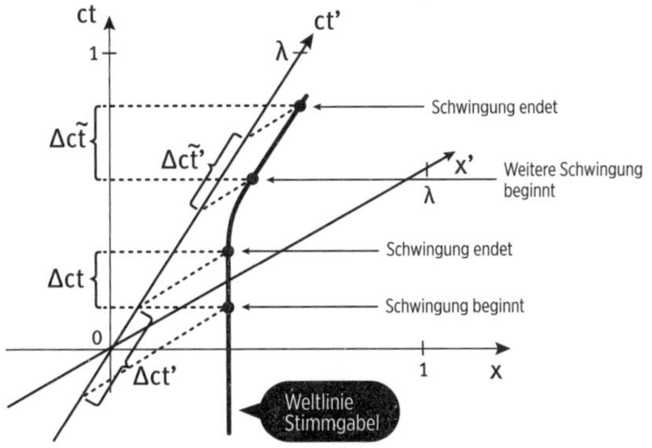

Ruhesysteme einer Weltlinie

vorsteherin. Man sieht, dass sowohl in deren Inertialsystem als auch in dem des Bahnhofsvorstehers die Dauer einer Schwingung bzw. die Frequenz der Stimmgabel nicht konstant ist ($\Delta c\tilde{t} > \Delta ct$ und $\Delta ct' > \Delta c\tilde{t}'$). Hierbei handelt es sich nicht um den Doppler-Effekt (siehe Anmerkung 6); es geht also nicht bloß darum, dass der Bahnhofsvorsteher und die Zugvorsteherin unterschiedliche Tonhöhen hören. Nein, wie schon mehrfach betont, besteht der Vorzug solcher Raum-Zeit-Diagramme darin, die räumlichen und zeitlichen Abstände in den betreffenden Inertialsystemen direkt wiederzugeben. Die Schwingungsdauer ändert sich also wirklich, und das, obwohl die Stimmgabel in ihrem Zug völlig unbehelligt einfach nur vor sich hin- und herschwingt – für Hörer in diesem Zug mit immer der gleichen Tonhöhe. Mehr noch: Im Bahnhofssystem ist die Schwingungsdauer länger, *nachdem* der Zug beschleunigt hat; im Zugsystem ist die Schwingungsdauer länger, *bevor* er beschleunigt hat.

Dieses «Paradoxon» klärt sich auf, wenn man bedenkt, dass es für einen zeitlichen Vergleich zweier Schwingungen bloß am naheliegendsten ist, die entsprechenden zeitlichen Koordinatendifferenzen in *einem* Inertialsystem zu betrachten; es ist jedoch nicht die einzige Möglichkeit. Da es sich beim Schwingen der Stimmgabel um einen periodischen Prozess handelt, der an einen materiellen Körper mit einer Weltlinie gebunden ist, gibt es noch die Möglichkeit, die Differenzen der Zeit-Koordinaten jeweils in einem *Ruhesystem* der Stimmgabel bzw. der Weltlinie zu bilden. In der Abbildung ist zunächst das ungestrichelte Bahnhofssystem ein solches Ruhesystem, später das gestrichelte Zugsystem. Und die beiden Differenzen Δct und $\Delta c\tilde{t}' = \lambda \Delta c\tilde{t}$ stimmen überein.[23]

Diese Überlegung legt folgende Definition für zwei Ereignisse auf einem Weltlinienabschnitt nahe, der in einem (und somit jedem) Inertialsystem geradlinig verläuft: Die Dauer zwischen beiden Ereignissen ist die Differenz der Zeit-Koordinaten in einem Ruhesystem des Weltlinienabschnitts, sprich in einem Inertialsystem, dessen Zeitachse parallel dazu verläuft. Was ist aber mit dem gekrümmten Abschnitt der Stimmgabelweltlinie? Nun, erstens ist es für die avisierte mathematische Definition der Dauer nicht vonnöten, dass für jede mögliche Geschwindigkeit, die ein Körper im Bahnhofssystem haben kann, ein entsprechendes Ruhesystem konkret errichtet ist; es reicht völlig, dass ein solches im Prinzip errichtet werden könnte – genauso wie das der Zugvorsteherin, nur eben mit einer anderen Relativgeschwindigkeit. Zweitens können wir uns einem gekrümmten Weltlinienabschnitt – wie am Beispiel der Parabel im letzten Kapitel gesehen – gedanklich mit vielen kurzen geraden Raum-Zeit-Strecken annähern und die Näherung «unendlich genau» werden lassen, indem wir zu Infinitesimalen übergehen. Diese Idee läuft auf folgende Verallgemeinerung der Definition der Dauer zwischen zwei Ereignissen E_1 und E_2 auf einer Weltlinie hinaus:

$$\int_{t_1}^{t_2} \sqrt{1 - \frac{1}{c^2}\left(\frac{dx}{dt}\right)^2}\, dt$$

Dieses Integral heißt die *Eigenzeit* bzw. *Eigendauer* des betreffenden Körpers (zwischen den beiden Ereignissen). Dabei seien $(ct, x(t))$ die Koordinaten der Weltlinie im betreffenden Inertialsystem, sodass es sich bei dx/dt um die Geschwindigkeit des Körpers in dem System handelt.

Die Eignung dieses Integrals als mathematisches Pendant des all-

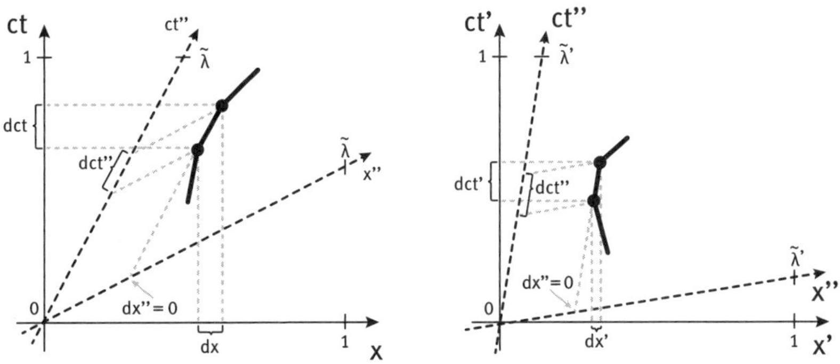

Übergang zu Infinitesimalen bei gekrümmten Weltlinien

täglichen bzw. physikalischen Begriffs der Dauer begründet sich ausgehend von folgender Gleichung: $dx^2 - dct^2 = dx'^2 - dct'^2$. Dies ist die obige für die Geometrie der Raum-Zeit kennzeichnende Abstandsformel, bloß in Infinitesimal-Schreibweise.

Die Abbildung zeigt drei infinitesimale gerade Abschnitte einer gekrümmten Weltlinie, links im Bahnhofssystem, rechts im Zugsystem. Das zweimal gestrichelte Inertialsystem ist ein Ruhesystem des Abschnitts zwischen den beiden markierten Ereignispunkten. Somit gibt das Infinitesimal dct'' eine objektive, unabhängig vom Bahnhofs- oder Zugsystem eindeutig bestimmte Koordinatendifferenz zwischen den beiden infinitesimal benachbarten Ereignissen wieder. Um ihren objektiven Charakter zu unterstreichen, wird die Differenz gerne alternativ mit dem Buchstaben «τ» des griechischen Alphabets gekennzeichnet, sodass per Namenskonvention gilt: $dc\tau = dct''$. Und da $dx'' = 0$,[24] gilt somit gemäß der obigen infinitesimalen Abstandsformel: $dc\tau^2 = dct^2 - dx^2 = dct'^2 - dx'^2$. Wenn man diese Gleichung durch c teilt, die Wurzel bildet und anschließend dt^2 aus der Wurzel zieht, so erhält man: $d\tau = \tilde{\lambda} dt = \tilde{\lambda}' dt'$ mit $\tilde{\lambda} = \sqrt{1 - \frac{1}{c^2}\left(\frac{dx}{dt}\right)^2}$ und $\tilde{\lambda}' = \sqrt{1 - \frac{1}{c^2}\left(\frac{dx'}{dt'}\right)^2}$. Wechselt man von einem infinitesimalen Weltlinienabschnitt zum nächsten, so wechselt auch das entsprechende Ruhesystem. Doch jedes Mal gilt die analoge Gleichung. Somit liefert das Eigenzeit-Integral für einen beliebig gekrümmten Abschnitt einer Weltlinie zwischen zwei Ereignissen E_1 und E_2 in beiden Inertialsystemen denselben Wert: $\int_{t_1}^{t_2}\sqrt{1-\frac{1}{c^2}\left(\frac{dx}{dt}\right)^2}\,dt = \int_{t_1'}^{t_2'}\sqrt{1-\frac{1}{c^2}\left(\frac{dx'}{dt'}\right)^2}\,dt'$.

Diese Überlegung legt die Gleichsetzung der so definierten Eigenzeit mit der Dauer im üblichen Sinne nur nahe, sie beweist sie selbstverständlich nicht. Doch das ist nichts Ungewöhnliches, für *keine* physikalische Größe lässt sich die Gleichsetzung mit einer mathematischen bzw. rechnerischen Größe beweisen; sie lässt sich nur mehr oder weniger überzeugend plausibilisieren und empirisch bestätigen. Was die Plausibilität der Eigenzeit anbelangt, kann festgehalten werden, dass sie sicherlich die einfachste der Lorentz-Transformation genügende und damit objektive Alternative zur reinen Koordinatenzeit, sprich der simplen Differenz der Zeitkoordinaten im betreffenden Inertialsystem, darstellt. Ferner spricht für die Eigenzeit, dass in dem Fall, der unsere Alltagserfahrung prägt, nämlich dem, wenn die Geschwindigkeiten dx/dt weit, weit unterhalb der Lichtgeschwindigkeit liegen, gilt: $\int_{t_1}^{t_2}\sqrt{1-\frac{1}{c^2}\left(\frac{dx}{dt}\right)^2}\,dt \approx \int_{t_1}^{t_2} dt = t_2 - t_1$. Das heißt, die Eigenzeit stimmt näherungsweise mit der Koordinatenzeit überein, wie wir sie in der klassischen Physik aufgrund der Galilei-Transformation verwenden.

Was die Empirie anbelangt, so führten B. Rossi und D. B. Hall im Jahr 1941 ein berühmtes Experiment mit «Myonen» – schnell zerfallenden geladenen Teilchen in der Erdatmosphäre – durch, das die Eigenzeit als relativistischen Begriff von Dauer ebenfalls stützt: Rossi und Hall konnten nachweisen, dass die durchschnittlichen Lebensdauern unterschiedlich schneller Myonen erwartungsgemäß übereinstimmen – allerdings nur im Sinne der Eigenzeit, nicht im Sinne der Koordinatenzeit. Spätere Experimente bliesen kräftig ins selbe Horn.

«Was macht eigentlich der Astronaut in seiner Raumkapsel?», mag sich der eine oder andere Leser fragen. Neben ein paar mehr oder weniger sinnvollen Experimenten eigentlich nicht viel; und nun, er altert, wie seine Schwester und wie wir alle – allerdings nicht ganz genau wie wir, sondern *langsamer*. So versucht man auch sein mag, «langsamer» hier in einem psychologischen oder biologi-

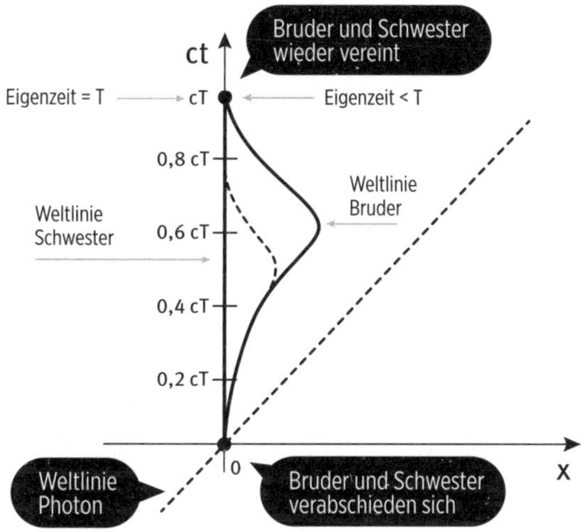

Zwillingsparadoxon

schen Sinne zu deuten, es ist durchaus im physikalischen Sinne gemeint, im Sinne der Eigenzeit.

Um beim liebgewonnenen Bahnhofsvorsteher zu bleiben, wollen wir annehmen, der Bruder sei gar nicht in einer Rakete unterwegs, sondern in einem Zug. Der setzt sich im Bahnhofssystem zum Zeitpunkt 0 von der Stelle 0 aus nach rechts in Bewegung und beschleunigt bis fast auf Lichtgeschwindigkeit. Nach einiger Zeit bremst der Zug ab, wechselt die Fahrtrichtung und beschleunigt wieder bis fast auf Lichtgeschwindigkeit, bis er schließlich wieder abbremst und nach der Zeit T an der Stelle 0 des Bahnhofs zum Stehen kommt. So entsteht die in der Darstellung gekrümmte Weltlinie (die durchgezogene; die gestrichelte ignorieren wir vorerst). Währenddessen wartet die Schwester just an dieser Stelle die ganze Zeit auf ihren Zwillingsbruder.

Um wie viel ist die Schwester bei der Wiedervereinigung zwischenzeitlich gealtert? Physikalisch betrachtet, läuft dies schlicht auf die Frage hinaus, wie viel Eigenzeit der Schwester vergangen ist. Die Antwort ist ganz einfach; sie entspricht der im Rahmen der Newton'schen Mechanik korrekten Antwort: die einfache Koordinatenzeit T. Denn für den gesamten relevanten Abschnitt der Schwesternweltlinie stellt ja das Bahnhofssystem ein Ruhesystem dar, das heißt, $d c\tau = dct$ und somit $\int_0^T d\tau = \int_0^T dt = T$. Für den Bruder gilt das nicht; wenn er etwa in dem Zeitintervall 0,45T bis 0,55T konstant mit 0,99-facher Lichtgeschwindigkeit unterwegs ist, so vergeht für ihn lediglich so viel seiner Eigenzeit: $\int_{0,45T}^{0,55T} \sqrt{1 - \frac{0{,}99^2 c^2}{c^2}}\, dt = \sqrt{1 - 0{,}99^2} \cdot 0{,}1T \approx 0{,}014T$. Und das ist weit weniger als die für die Schwester vergangene Eigenzeit im selben Zeitintervall, nämlich 0,1T. Ferner ist die in der restlichen Zeit zwischen 0 und T für den Bruder vergangene Eigenzeit stets kleiner als oder gleich der Koordinatenzeit bzw. Eigenzeit der Schwester.

Doch könnte man diese ganze Betrachtung nicht einfach umkehren? Könnte man nicht genauso gut sagen, dass sich in besagtem Zeitintervall die Schwester relativ zum Bruder mit 0,99-facher Lichtgeschwindigkeit bewegt und somit ihre Eigenzeit viel langsamer vergeht als seine; und analog für die restliche Zeit? Hierzu schreibt Richard Feynman in seinen *Vorlesungen zur Physik*:

> Dies wird nur von Leuten als «Paradoxon» bezeichnet, die glauben, daß das Relativitätsprinzip bedeutet, daß jegliche Bewegung relativ ist; [... doch] der Mann, der in Bewegung war [...] weiß dies, weil er umkehren mußte. Als er umkehrte, geschah allerlei Ungewöhnliches in [seinem Zug – das Antriebsaggregat] ging los, Gegenstände knallten an die Wand usw. – während [die Zwillingsschwester] nichts spürte.
>
> Als Faustregel läßt sich also zusammenfassend sagen, daß derjenige, der die Beschleunigungen gespürt hat, der Dinge gegen die Wände fliegen sah usw., der Jüngere sein wird; das ist der Unterschied zwischen den [Zwillingen] in einem «absoluten» Sinne [...]

Der Wissenschaftsphilosoph Tim Maudlin zitiert diese Passage in seiner *Philosophie der Physik – Raum und Zeit* ebenfalls und kommentiert Feynmans Ausführungen so: «Alles an dieser ‹Erklärung› ist falsch.» Das ist hart, aber nicht ganz von der Hand zu weisen. Erstaunlich ist, wie einer der größten Physiker der zweiten Hälfte des 20. Jahrhunderts hinsichtlich eines grundlegenden Aspekts einer der grundlegenden Theorien der Physik so danebenliegen konnte – und er war beileibe nicht der Einzige. Das «Zwillingsparadoxon» erklärt sich mitnichten durch die auftretenden Kräfte bzw. Beschleunigungen! Ich glaube, der Grund dafür, dass viele Physiker dies verkennen, ist der, dass sie es gewohnt sind, kausale Erklärungen für die sie interessierenden Phänomene zu geben, Erklärungen im Rahmen physikalischer Theorien im engeren Sinne, in denen es insbesondere um das Wirken von Kräften auf Körper geht (wenn auch womöglich nur indirekt). Doch, wie gesagt, in diesem Kapitel geht es gar nicht darum; es geht um den strukturellen Rahmen, innerhalb dessen dieses Wirken stattfindet, es geht um die Geometrie der Raum-Zeit.

Die Erklärung für das vermeintliche Paradoxon ist also eine geometrische, keine kausale. Beschleunigungen spielen dabei nur insofern eine Rolle, als es ohne Beschleunigungen keine unterschiedlichen Weltlinien gäbe, auf denen sich Körper voneinander trennen und wieder treffen könnten. Die Beschleunigungen *verursachen* aber nicht das unterschiedlich schnelle Vergehen der betreffenden Eigenzeiten. Dies wird noch deutlicher, wenn wir die Geschichte leicht abwandeln: Da der Bruder, der so cool tat, sich nicht von seiner Schwester trennen kann, fleht er sie an, mit in seinen Zug einzusteigen, was sie ihm zuliebe tut. Sobald der Zug aber auf seine Höchstgeschwindigkeit beschleunigt ist, reißt sich die Schwester aus der verzweifelten Umarmung des Bruders los und springt durchs Fenster in einen parallel fahrenden Zug mit derselben Geschwindigkeit; dieser bremst sodann ab und kehrt in den Bahnhof zurück, während der Zug des Bruders weiterrast. Die neue Geschichte ist natürlich so gestrickt, dass Bruder und Schwester exakt die gleichen Kräfte bzw. Beschleunigungen erfahren, nur zeitlich versetzt. Die Weltlinie der Schwester ist nun die in obiger Abbildung teilweise gestrichelte gekrümmte Linie. Wenn die Geschwister sich wiedersehen, ist die für die Schwester vergangene Eigenzeit nun ebenfalls kleiner als die klassische Koordinatenzeit T, aber sie ist immer noch größer als die vergangene Eigenzeit des Bruders – und das, wie gesagt, obwohl beide identische Beschleunigungsphasen erlebt haben. Um das einzusehen, muss man gar nicht die Eigenzeitintegrale konkret ausrechnen, es genügt hinzuschauen. Die Weltlinie des Bruders ist zwischen gemeinsamer Abfahrt und Wiedervereinigung des Zwillingspaars offenbar *länger* als die der Schwester – allerdings nur wenn man, wie wir alle es unwillkürlich tun, das Raum-Zeit-Diagramm euklidisch betrachtet. Als Kurven in der Euklidischen Ebene wären ihre Längen durch das Integral $\int_0^T \sqrt{1 + \frac{1}{c^2}\left(\frac{dx}{dt}\right)^2}\, cdt$ bestimmt. Als Weltlinien in der Raum-Zeit mit der Abstandsformel gemäß Lorentz-Transformation sind ihre Längen aber durch das Integral $\int_0^T \sqrt{1 - \frac{1}{c^2}\left(\frac{dx}{dt}\right)^2}\, cdt = \int_0^{\mathrm{T}} cd\tau = c\tau$ bestimmt. Und wegen des Minuszeichens kehrt sich das Längenverhältnis gerade um. Und da die Eigenzeiten nichts anderes als die Längen sind, geteilt durch die Lichtgeschwindigkeit *c*, überträgt sich die Umkehrung auch auf diese. Das ist der wahre Grund, weshalb der Bruder als junger Mann zurückkehrt, aber seine Zwillingsschwester als alte Frau wiedersieht – nichts anderes!

Da dieser Punkt für das richtige Verständnis der Speziellen Relativitätstheorie so wichtig ist, möchte ich ihn gleich nochmals hervorheben: Die klassische Dauer zwischen zwei Ereignissen in Form der Differenz ihrer Zeitkoordinaten in einem Inertialsystem verliert unter der Lorentz-Transformation den Status einer objektiven physikalischen Größe. An ihre Stelle tritt die relativistische Eigendauer, welche sich nicht allein an den beiden Ereignissen festmachen lässt, sondern zusätzlich von der Weltlinie abhängt, welche die beiden Ereignisse verbindet. Die Eigendauer ist die durch die Abstandsgleichung $\Delta x^2 - \Delta ct^2 = \Delta \mathrm{x}'^2 - \Delta ct'^2$ charakterisierte relativistische Länge des Verbindungsstücks der Weltlinie, geteilt durch die Lichtgeschwindigkeit *c*. Sind die Ereignisse durch verschiedene Weltlinien miteinander verbunden, ergeben sich entsprechend *unterschiedliche* Eigendauern zwischen den Ereignissen. Einzig und allein dieser rein geometrische Sachverhalt erklärt, weshalb der Zwillingsbruder beim Wiedersehen mit seiner Schwester jünger ist als diese; seine Weltlinie ist zwischen Abfahrt und Rückkehr im Bahnhof relativistisch kürzer als die Weltlinie der Schwester.

Die strukturell-geometrische Brille ist der kausal-physikalischen auch mit Blick auf das Phänomen der sogenannten *Längenkontraktion* vorzuziehen. Diese ist der seinerzeit von Lorentz postulierten Verkürzung von Körpern, die sich durch den Äther bewegen, zum Verwechseln ähnlich, aber doch grundverschieden. Bei der Längenkontraktion der Speziellen Relativitätstheorie geht es nicht darum, dass Gegenstände aufgrund einer Bewegung durch ein Medium irgendwie gestaucht würden, also ihre *eigentliche* Länge teilweise einbüßten. Es geht vielmehr darum, dass der Begriff der Länge neu gedacht werden muss – oder weniger hochtrabend, aber dafür genauer: dass der Längenbegriff nicht so naiv verwandt werden sollte wie in der klassischen Physik. Stellen wir uns zu diesem Zweck einen Stab der Länge l vor, der auf dem Bahnsteig parallel zum Bahndamm liege, und zwar mit dem linken Ende an der Stelle 0 und dem rechten Ende an der Stelle l. Die Länge entspricht also der Differenz der x-Koordinaten beider Stabenden. Einfach, aber ganz so einfach ist es auch wieder nicht. Denn würde sich der Stab entlang des Bahndamms bewegen und würden wir die x-Koordinaten der Enden zu unterschiedlichen Zeitpunkten bestimmen, so nähme die Koordinatenlänge, sprich die Differenz der Koordinaten, einen anderen Wert an (da sich der Stab ja zwischenzeitlich weiterbewegt hätte). Die Koordinatenlänge entspricht also der «wahren» Länge nur dann, wenn beide Koordinaten *gleichzeitig* bestimmt werden. Doch wir wissen ja, dass das mit der Gleichzeitigkeit in der Relativitätstheorie so eine Sache ist. Da überrascht es kaum noch, zu erfahren, dass die Koordinatenlänge l' im Zugsystem nicht mit l übereinstimmt; es gilt vielmehr: $l' = \lambda l = \sqrt{1 - v^2 / c^2}\ l$.

In ihrer empfehlenswerten Einführung zum Thema schreiben Hanns und Margret Ruder in diesem Zusammenhang:

> Ein Stab der Länge l bewege sich mit großer Geschwindigkeit durch ein Haus mit ebenfalls der Länge l. Nun gibt es dazu zwei Betrachtungsmöglichkeiten:
>
> a) Vom Ruhesystem des Hauses aus betrachtet, unterliegt der bewegte Stab der Längenkontraktion, er wird verkürzt. Als Folge davon paßt er in das Haus hinein; er hat den Hinterausgang noch nicht erreicht, obwohl sein Ende schon den vorderen Eingang passiert hat.

b) Vom Ruhesystem des Stabes aus bewegt sich aber das Haus relativ zum Stab. Es erscheint also die Länge des Hauses verkürzt, und die Enden des Stabes schauen für eine gewisse Zeit auf beiden Seiten des Hauses hervor.

Diese beiden Interpretationen sind im Rahmen der Relativitätstheorie korrekt, liefern aber scheinbar widersprüchliche Ergebnisse. Es stellt sich somit die Frage, ob der Stab ins Haus paßt oder nicht.

Für meinen Geschmack ist in dieser Passage etwas zu viel von «Betrachten» und «Scheinen» die Rede. Nein, der Stab passt *tatsächlich* ins Haus hinein – im Ruhesystem des Hauses –, und er passt *tatsächlich nicht* ins Haus hinein – im Ruhesystem des Stabes.[25] Paradox erscheint dies nur, wenn man übersieht, dass beide Aussagen implizit von Gleichzeitigkeit ausgehen, und vergisst, dass Gleichzeitigkeit relativ ist.

Das Haus stehe irgendwo rechts vom Bahnhof am Bahndamm, und der Stab setze sich allmählich in Richtung des Hauses in Bewegung; er beschleunigt so lange, bis er dieselbe Geschwindigkeit wie die Zugvorsteherin relativ zum Bahndamm erreicht. Links sehen wir die Weltlinien der beiden Stabenden (gestrichelt) sowie des Vor-

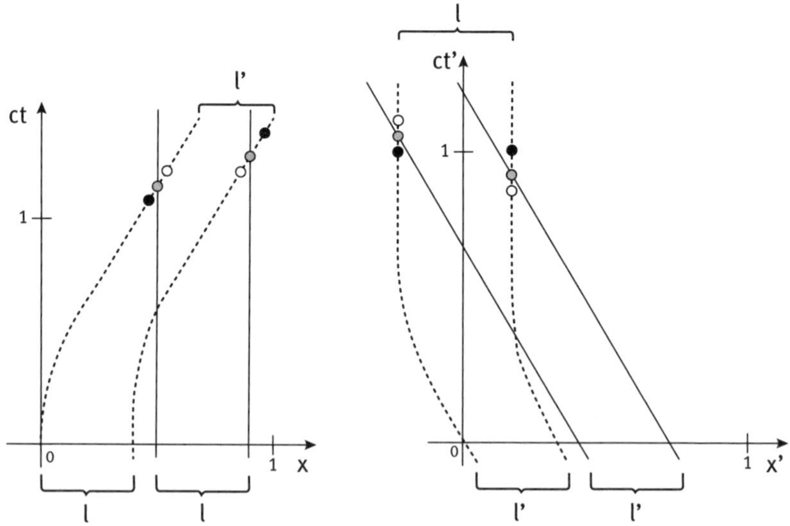

Paradoxon des Hauses und Stabes gleicher Länge

der- und des Hintereingangs des Hauses (durchgezogen) im Inertialsystem des Bahnhofsvorstehers. Rechts sind dieselben Weltlinien im Inertialsystem der Zugvorsteherin abgebildet. Es fällt sofort auf, dass links die Weltlinien der Stabenden ihren horizontalen Abstand mit der Zeit von der Ausgangslänge l auf die kürzere Endlänge l' verringern; rechts verhält es sich gerade umgekehrt.

Interessant sind nun zunächst die durch die unterschiedlich gefärbten Punkte markierten Ereignispaare. Die grauen Punkte repräsentieren die beiden Ereignisse, dass das linke Stabende den Vordereingang des Hauses passiert bzw. das rechte den Hintereingang. Die weißen Punkte repräsentieren zwei «Längenereignisse» im Bahnhofssystem. Darunter seien zwei Ereignisse zu verstehen, wovon eines auf der Weltlinie des einen Stabendes und das andere auf der Weltlinie des anderen Stabendes liegt und die in dem System gleichzeitig eintreten bzw. dieselbe Zeitkoordinate haben. Entsprechend stellen die schwarzen Punkte zwei Längenereignisse im Zugsystem dar. Wie man sieht, kommt das rechte Stabende im Bahnhofssystem erst zum Hintereingang heraus, nachdem das linke Stabende zum Vordereingang hineingekommen ist. Entsprechend treten die beiden weißen Längenereignisse innerhalb des Hauses ein. Im Zugsystem kommt das rechte Stabende hingegen schon zum Hintereingang heraus, bevor das linke Stabende zum Vordereingang hineingekommen ist. Entsprechend treten im Zugsystem die beiden schwarzen Längenereignisse außerhalb, zu beiden Seiten des Hauses, ein. Hieran ist nichts Paradoxes zu entdecken; es widerspricht bloß unserer alltäglichen Anschauung, wonach sich die Frage, ob der Stab ins Haus hineinpasst, «absolut» bzw. objektiv beantworten ließe. Verwirrend ist das Ganze, wenn man versucht, die Szene dynamisch aus zweierlei Perspektiven zu erfassen; wer hingegen konsequent geometrisch über die Sache nachdenkt bzw. vorurteilsfrei die statischen Weltlinien in beiden Koordinatensystemen betrachtet, lässt sich nicht verunsichern. Es hängt eben alles bloß an der *relativen* Gleichzeitigkeit.

Alles bloß Messunterschiede?

Selbst wer die obigen Ausführungen über Länge durchaus plausibel findet, ist vielleicht dennoch nicht restlos überzeugt. Da ist er nicht der Einzige. Tim Maudlin zitiert in seinem bereits erwähnten Buch zum Thema eine Anekdote von John Stewart Bell, dem Entdecker einer wichtigen, nach ihm benannten quantenmechanischen Ungleichung, der einst seinen Kolleginnen am CERN folgendes Problem (in leicht abgewandelter Form) vorlegte: Zwei Züge stehen in gewissem Abstand voneinander eine Weile am Bahnsteig. Zwischen beiden Zügen wird ein Faden straff gespannt. Anschließend beschleunigen beide Züge in dieselbe Richtung auf nahezu Lichtgeschwindigkeit, und zwar so, dass der Abstand der Zugenden, zwischen denen der Faden gespannt ist, im Inertialsystem des Bahnhofsvorstehers konstant bleibt. Frage: Reißt der Faden irgendwann? Bell berichtet:

> Dieses alte Problem kam einmal in der Kantine am CERN zur Sprache. Ein renommierter Experimentalphysiker weigerte sich anzuerkennen, dass der Faden reißen würde, und tat meine Behauptung, der Faden würde sehr wohl reißen, als eine Fehlinterpretation der Speziellen Relativitätstheorie meinerseits ab. Wir entschieden uns, die theoretische Abteilung am CERN zur Urteilsfindung aufzusuchen, und führten eine (nicht sehr systematische) Meinungsbefragung durch. Es kristallisierte sich ein klarer Konsens heraus, nämlich dass der Faden nicht reißen würde.

Wenn man einen Blick auf das linke Raum-Zeit-Diagramm für das Stab-Haus-Experiment wirft, sieht man sofort, dass der Faden natürlich reißt. Denn man sieht ja, dass der Stab im Inertialsystem des Bahnhofsvorstehers mit der Zeit immer kürzer wird, und ganz analog würde sich auch der Faden so lange verkürzen, bis die Züge ihn zerrissen.

Die Kollegen Bells am CERN würden hierauf wohl entgegnen, dass die Raum-Zeit-Diagramme nicht unbedingt die *wahren* Verhältnisse darstellten, sondern bloß die *beobachteten* – einmal aus der Perspektive des Bahnhofsvorstehers, einmal aus der der Zugvorsteherin. Dass zum Beispiel das Haus des Stab-Haus-Experiments im Zugsystem nur die Länge *l'* statt der Länge *l* wie im Bahnhofssystem besitzt, könne ja nicht heißen, dass es sich tatsächlich verkürzt habe. Der fahrende Zug übe ja keinerlei Kraft auf das Haus aus, die eine derartige Verkürzung bewirken könnte. Ebenso, so die Kollegen, könne der Faden nur dann reißen, wenn eine entsprechende Kraft auf ihn einwirke. Und eine solche sei nirgends auszumachen. Da irren Bells Kollegen aber gewaltig – bis auf einen Punkt: In der Tat, es müsste irgendeine Kraft am Haus wirken, um dieses zu «verkürzen»; allerdings nur, wenn man darunter eine Art von Stauchen versteht, das die Molekülstruktur des Hauses irgendwie verändert. Um ein solches Stauchen geht es in dem Gedankenexperiment aber gar nicht; alle Molekülbindungen im Haus bleiben per Annahme völlig unangetastet. Anders beim Faden-Experiment. Hier ist die Frage wirklich, ob irgendeine Kraft wirkt, die die Molekülstruktur des Fadens verändert, sprich: die ihn zerreißt.

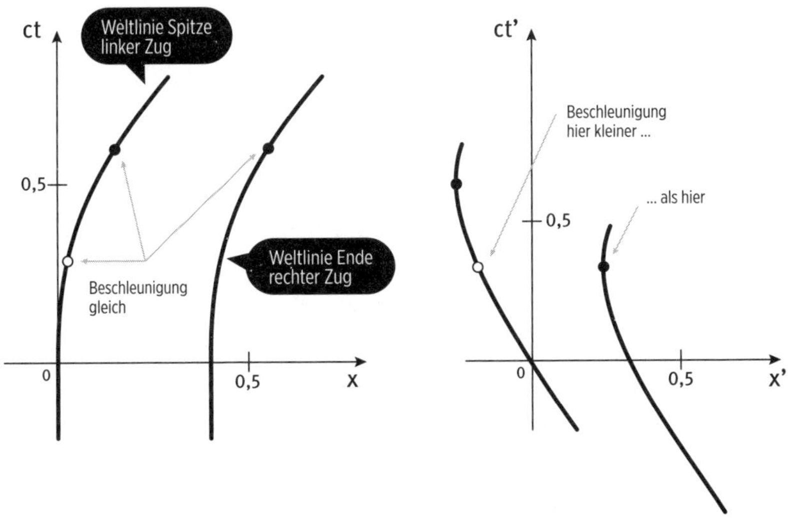

Paradoxon des zerrissenen Fadens

Links sind die Weltlinien der beiden Zugenden, zwischen denen der Faden gespannt ist, im Bahnhofssystem zu sehen. Beide Züge bewegen sich mit konstanter und gleicher Beschleunigung. Deshalb scheint es keine Kraft zu geben, die den Faden zerreißen könnte. Denn als derartige Kraft kommen offenbar nur die Beschleunigungskräfte der Züge infrage; der rechte Zug müsste stärker am Faden ziehen, als der linke nachgibt, sprich: Der rechte Zug müsste schneller beschleunigen als der linke.

Mittlerweile sind Sie so in relativistischem Denken geschult, dass Sie vielleicht selbst bereits des Pudels Kern erkennen: Es ist die Gleichzeitigkeit – wieder einmal! Der Faden würde nur dann garantiert niemals reißen – ein objektiver Sachverhalt –, wenn beide Züge in jedem Inertialsystem immer *gleichzeitig* dieselbe Beschleunigung aufwiesen. Doch wie wir wissen, ist Beschleunigung keine Größe, die unter der Lorentz-Transformation gleich bleibt. Das führt die rechte Seite der Abbildung deutlich vor Augen, die das Ganze im Inertialsystem der Zugvorsteherin darstellt. Die beiden dunklen Längenereignisse für den Faden im Bahnhofssystem treten im Zugsystem nacheinander ein, das rechte zuerst, und zwar gleichzeitig mit dem hell markierten. Diese beiden Ereignisse stellen somit ein Längenereignispaar im Zugsystem dar, und es ist klar: Die Weltlinien der Zugenden weisen an diesen Ereignispunkten unterschiedliche Beschleunigungen auf, es kann also sehr wohl eine Kraft wirken, die den Faden zerreißt. Außerdem stellt das Zugsystem für das dunkle Ereignis bezüglich der rechten Weltlinie ein momentanes Ruhesystem dar, für das helle hingegen nicht, wo die linke Weltlinie nach links strebt.

Diese Überlegung zeigt selbstverständlich nicht, *warum* genau der Faden reißt. Hierzu müssten wir Physik im engeren Sinne betreiben. Es zeigt aber, dass der Verweis auf die übereinstimmende Beschleunigung beider Züge im Bahnhofssystem kein stichhaltiges Argument gegen Bells Prognose darstellt, *dass* der Faden reißt. Wie Bell im Anschluss an die oben zitierte Passage schreibt: «Wir müssen uns nicht mit den Details [einer kausalen Erklärung] befassen, wenn wir annehmen, dass die gesamte Theorie Lorentz-invariant ist.» Das heißt, sofern die einschlägigen Naturgesetze bis hinab zur atomaren Ebene der Lorentz-Transformation genügen (wie es die Maxwell'schen Gleichungen tun), wird der Faden reißen, ganz gleich, wie komplex die genaue Kausalkette dafür auch immer sein mag.

Die Anekdote von Bell erstaunt darin, dass selbst hochkarätige Physiker in Sachen Relativitätstheorie einem grundlegenden Missverständnis aufsitzen können, nämlich dem, es ginge in der Theorie bloß um unterschiedliche Beobachtungen bzw. Messungen. Dieses Missverständnis ist ein anderes als das weiter vorne ausgeräumte, wonach es gar bloß um unterschiedliche Wahrnehmungen ginge. Letzteres glaubt keine Physikerin am CERN. Jedem Sachkundigen ist klar, dass physikalische Vorgänge selbst von Musterbeobachtern ganz anders wahrgenommen werden können, als sie tatsächlich ablaufen – ganz gleich im Rahmen welcher Theorie. Nicht allen ist jedoch so klar, dass die Konsequenzen der Geometrie der Raum-Zeit gemäß Lorentz-Transformation echt sind und nicht bloß die Anzeigen auf verschiedenen Messgeräten betreffen. Um dieses mögliche Missverständnis ein für alle Mal bei Ihnen auszuräumen, möchte ich im nächsten Abschnitt noch ein wenig näher darauf eingehen, wie ein Inertialsystem idealerweise bzw. in idealisierter Weise errichtet wird. Angebracht ist das allein schon deshalb, weil man sich zu Recht fragen könnte: «Was ist denn nun mit den Schritten, mit denen Bahnhofsvorsteher und Zugvorsteherin ihre x-Achsen markiert haben? Wenn die keine objektive Länge haben, wie kann denn dann überhaupt davon die Rede sein, dass beide Koordinatensysteme dieselbe Längeneinheit verwenden?!»

Inertialsysteme relativistisch errichten

Ich habe oben insbesondere von «baugleichen Uhren» gesprochen, mit denen das Bahnhofs- und das Zugsystem errichtet worden sind. In einem ingenieurswissenschaftlichen Zusammenhang mag das angehen, aber im Rahmen einer Beschreibung der Grundlagen einer grundlegenden physikalischen Theorie? Wohl kaum. Deshalb wollen wir besagte Uhren hinter den Bahndamm werfen und diese, wie auch die Vorsteherschritte, durch etwas Elementareres ersetzen. Die allerwichtigste Einsicht hierbei ist die, dass es gar keines konkreten Längenmaßstabes bedarf. Denn die aus den Maxwell'schen Gleichungen folgende Konstanz der Lichtgeschwindigkeit liefert uns einen solchen Maßstab frei Haus. Es bedarf lediglich einer geeigneten Zeiteinheit, dann können wir die gesuchte Längeneinheit beispielsweise einfach als die Strecke festlegen, die das Licht in dieser Zeiteinheit zurücklegt. Die Konstanz der Lichtgeschwindigkeit wechselt dabei ihren Status von einer in sehr guter Näherung bestätigten empirischen Tatsache zu einer exakten Setzung. Hierbei ist allerdings zu beachten, dass es sich bei der Zeiteinheit um eine Eigenzeiteinheit handeln muss. Denn nur eine solche ist objektiv. Das heißt, die Zeiteinheit muss an die Weltlinie einer konkreten Uhr gebunden sein. Damit ist nicht die Philippe Patek gemeint, die Sie neulich zum Geburtstag geschenkt bekommen haben. Gemeint ist vielmehr ein möglichst einfacher Zählapparat für einen möglichst elementaren periodischen Prozess – einen Prozess, wie er etwa in der offiziellen Definition der Sekunde laut Physikalisch-Technischer Bundesanstalt erwähnt wird:

> […] eine Sekunde ist gleich der Dauer von 9 192 631 770 Schwingungen der Strahlung, die der Energie des Übergangs zwischen den zwei Hyperfeinstrukturniveaus des ungestörten Grundzustands im ^{133}Cäsium-Atom entspricht.

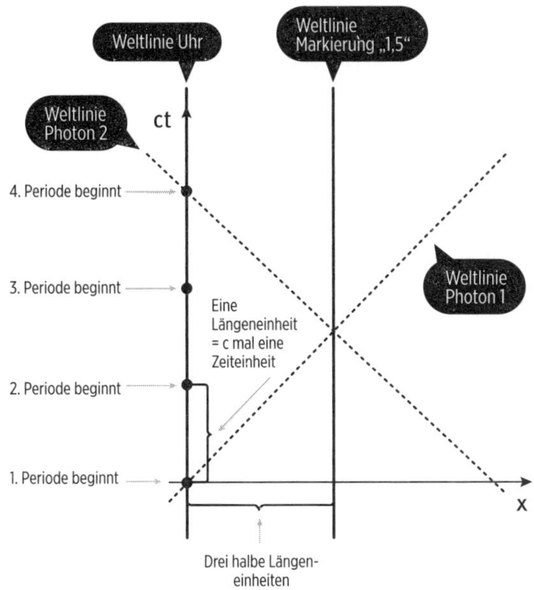

Relativistisch errichtetes Inertialsystem

Was das genau heißt, müssen Sie gar nicht verstehen; ich verstehe es auch nicht. Wir müssen nur wissen, dass hier von einem Prozess die Rede ist, der offenbar von keiner höherstufigen, komplexen Struktur abhängt, sodass es praktikabel erscheint, die Dauer einer Periode des Prozesses *per Definition* als konstant anzusehen.[26]

Nun bedarf es nur noch eines unbegrenzten Vorrats an Photonen. Nehmen wir an, der Bahnhofsvorsteher platziert an der mit «0» markierten Stelle des Bahnsteigs bzw. Bahndamms eine Uhr in obigem Sinne, also eine Apparatur, die die Perioden eines geeigneten elementaren Prozesses zählt. Dann kann er eine andere Stelle markieren und ihr die x-Koordinate n/2 zuordnen, wenn Folgendes gilt: Passiert ein Photon die Stelle 0, wenn dort gerade eine neue Periode des Zeitprozesses einsetzt, und passiert ein zweites, in entgegengesetzte Richtung fliegendes Photon die neu markierte Stelle gleichzeitig mit dem ersten, so passiert das zweite Photon die Stelle 0 gerade dann, wenn die n-te zwischenzeitliche Periode endet. Die Gleichzeitigkeiten, von denen hier die Rede ist, sind allesamt unproblematisch. Denn es handelt sich um Gleichzeitigkeiten am jeweils selben Ort (siehe Anmerkung 22).

Bezeichnet aber der Terminus «Zählapparatur» nicht seinerseits viel zu komplexe Gerätschaften für den grundlegenden theoretischen Zweck, der ihm hier zugedacht ist? Ja, aber das macht nichts! Denn am Zählapparat bzw. der Uhr interessiert uns lediglich ein ganz bestimmter elementarer Aspekt, der sich ganz unabhängig von jeglichem mehr oder weniger komplexen Mechanismus beschreiben lässt: Die Frage etwa, wie viele Perioden zwischen dem Passieren des ersten Photons der Stelle 0 und dem Passieren des zweiten Photons der Stelle 0 stattgefunden haben, lässt sich objektiv beantworten. Dass gemäß der Abbildung auf der Weltlinie der Uhr zwischen beiden Ereignissen genau zwei weitere Periodenanfänge liegen, ist eine physikalische Tatsache, die unabhängig von jeglichem Koordinatensystem gilt. Womit wir bei dem Aspekt der Uhr wären, der uns ausschließlich interessiert, nämlich die Korrektheit ihrer Angaben. Wie auch immer sie im Einzelnen konstruiert sein mag, die Uhr soll korrekte Zählungen der Periodenanfänge auf ihrer eigenen Weltlinie angeben. Das ist, nochmals, eine objektive physikalische Eigenschaft, keine technische.

Aufs Wesentliche reduziert, lauten die Schritte zur Errichtung eines Inertialsystems (in Standardeinheiten):

1. Man nehme eine Uhr, die für einen geeigneten elementaren periodischen Prozess (zum Beispiel den atomaren der offiziellen Sekundendefinition) stets korrekte Zählungen der Perioden desselben angibt.
2. Man wähle einen beliebigen Periodenbeginn des Zeitprozesses als Nullereignis und nummeriere alle übrigen Periodenauftakte gemäß ihrer zeitlichen Reihenfolge[27] mittels ganzer Zahlen durch.
3. Für ein beliebiges Ereignis mögen sich zwei in entgegengesetzte Richtungen fliegende Photonen am Ort und zum Zeitpunkt des Ereignisses treffen. Beide Photonen mögen ferner

die Uhr jeweils zu einem Periodenbeginn passieren. Liegen dazwischen genau n Perioden, so ordne man jenem Ereignis n/2 als x-Koordinate zu und als ct-Koordinate n/2 plus die ct-Koordinate des früheren der beiden Photon/Uhr-Ereignisse.[28]

4. Zuletzt überprüfe man in dem so errichteten Koordinatensystem, ob ein beliebiger Körper «im Zustand der Ruhe oder der gleichförmig geradlinigen Bewegung verharrt, sofern jener nicht durch einwirkende Kräfte zur Änderung seines Zustands gezwungen wird».

Zugegeben, der praktische Nutzen dieser Anleitung ist eher gering. Klar ist, dass sich ein perfektes Inertialsystem ohnehin nicht mit praktischen Mitteln errichten lässt, und wenn man zumindest ein näherungsweises Inertialsystem anstrebt, wird man nicht exakt so vorgehen.[29] Es geht aber um den theoretischen Nutzen, und der besteht darin, die Basis der Speziellen Relativitätstheorie allein in Begriffen zu legen, die mit der Theorie selbst vereinbar sind. Insbesondere und vor allem ist die begriffliche Basis frei von jeglicher expliziten oder impliziten Bezugnahme auf die Gleichzeitigkeit von Ereignissen an unterschiedlichen Orten.

Damit erledigt sich auch ein Einwand wie der folgende gegen die Spezielle Relativitätstheorie, von dem man nur schwer sagen kann, ob er sich aus dem im Zusammenhang mit dem zerrissenen Faden erwähnten Missverständnis speist, oder umgekehrt: «Damit ein Inertialsystem sich relativ zu einem anderen gleichförmig bewegt, muss es erst einmal beschleunigt werden. Und im Verlauf der Beschleunigung wirken auf die Zeit- und Längenmaßstäbe verzerrende Kräfte. Die vermeintlich unterschiedlichen räumlichen und zeitlichen Abstände zwischen denselben Ereignissen in beiden Inertialsystemen ergeben sich also ganz banal bloß aufgrund unterschiedlicher Längen- und Zeiteinheiten.» Selbst abgesehen davon, dass es ziemlich abwegig erscheint, die angebliche Verzerrung sei stets dieselbe, solange nur dieselbe Relativgeschwindigkeit erreicht wird – ganz gleich, über welche Beschleunigungsphasen hinweg[30] –, zieht dieser Einwand nicht. Zum einen zieht er deshalb nicht, weil es, wie gesehen, zur Errichtung eines Inertialsystems prinzipiell keines materiellen Längenmaßstabs bedarf, der irgendwie durch Beschleunigungskräfte verzerrt werden könnte. Zum andern könnten die Kräfte zwar den Zählmechanismus der Uhr beeinflussen, aber wenn der Mechanismus trotz etwaiger Verzerrungen seiner Teile weiterhin korrekt zählt,[31] misst die beschleunigte Uhr weiterhin ihre Eigenzeit. Bleibt also nur der elementare periodische Prozess der Uhr selbst. Könnte dessen Periodendauer durch die Beschleunigungskräfte eventuell verändert werden? Nein, und zwar per Definition nicht. Wir haben schlicht festgesetzt, dass die Eigendauer einer Periode des Prozesses konstant ist. Um diese Festsetzung delegitimieren zu können, müsste man auf einen alternativen Prozess verweisen, der als universeller Zeitmaßstab besser geeignet wäre. Doch dann könnten wir schlicht diesen Prozess an die Stelle des vorherigen setzen. Diesem Teufelskreis entkommt eine Proponentin des Einwandes nur, indem sie sich auf den Gottesstandpunkt zurückzieht, von dem aus der Weltenschöpfer die «wahre» Zeit misst. Aber wir einfachen Irdenmenschen sollten Gott in Frieden lassen – zumindest wenn es um Physik geht.

Wenn Sie jetzt neu über das «Zwillingsparadoxon», das Stab-Haus-Experiment und Bells zerrissenen Faden nachdenken, sollte jegliches Unbehagen ob vermeintlicher Selbstwidersprüche bei Ihnen verfliegen. Sie werden erkennen: Die kontraintuitiven Konsequenzen der Speziellen Relativitätstheorie sind in der Tat bloß das; sie widersprechen zwar in eklatanter Weise unserer alltäglichen Anschauung, doch ergeben sie sich aus einem begrifflich soliden, widerspruchsfreien System von Annahmen. Ob dieses System, insbesondere die darin postulierte Geometrie der Raum-Zeit, unsere Welt korrekt beschreibt, hat somit allein die Empirie zu entscheiden.

Vom Speziellen zum Allgemeinen

In dieser Hinsicht hat die Spezielle Relativitätstheorie einiges vorzuweisen. Dennoch war vor allen anderen Einstein selbst klar, dass sie noch nicht der Weisheit letzter Schluss sein kann:

> Sowohl in der klassischen Mechanik wie in der speziellen Relativitätstheorie unterscheidet man [...] zwischen Bezugskörpern [bzw. -systemen] K, relativ zu denen die Naturgesetze gültig sind, und zwischen Bezugskörpern K', relativ zu welchen die Naturgesetze nicht gelten.
>
> Mit dieser Sachlage kann sich aber kein konsequent denkender Mensch zufrieden geben. Er fragt: «Wie ist es möglich, dass gewisse Bezugskörper (bzw. deren Bewegungszustände) vor anderen Bezugskörpern (bzw. deren Bewegungszuständen) ausgezeichnet sind?»

Diese Frage beschäftigte Einstein weitere zehn Jahre, bis er endlich im Jahre 1915 die *Feldgleichungen* der Allgemeinen Relativitätstheorie entdeckte:

$$R^{\mu\nu} - \frac{1}{2} R g^{\mu\nu} = \kappa T^{\mu\nu}$$

Was wie eine Gleichung aussieht, sind tatsächlich mehrere, da die Indizes μ und ν von 0 bis 3 laufen. Wie im Fall der Maxwell'schen Gleichungen habe ich diese sogenannten Tensorgleichungen nur aufgeschrieben, weil man sie meines Erachtens zumindest einmal gesehen haben sollte. Ich werde gar nicht erst versuchen, sie näher zu erläutern. Nur so viel: Die «Tensoren» auf der linken Seite beschreiben die Geometrie der Raum-Zeit, und rechts steht der «Energie-Impuls-Tensor».[32] Dieser hat etwas mit der Massen- und Energieverteilung in der Raum-Zeit zu tun. Die saubere Trennung zwischen «physikalischer Geometrie» und Physik im engeren Sinne, wie ich sie bislang so sehr betont habe, da sie meines Erachtens für ein solides Grundverständnis der Speziellen Relativitätstheorie wesentlich ist, verschwimmt im Rahmen der Allgemeinen

Relativitätstheorie also: Die Geometrie der Raum-Zeit und die Verteilung von Energie und Masse in der Raum-Zeit bestimmen sich wechselseitig (zumindest teilweise)!

Vielleicht ist der einen oder anderen bekannt, dass die Allgemeine Relativitätstheorie insbesondere eine Theorie der Gravitation ist. Zunächst mag dies verblüffen. Denn was sollte die bloße Berücksichtigung weiterer Koordinatensysteme Neues über die Gravitation offenbaren? Doch stellen wir uns zwei Nachfahrinnen Newtons vor, die jeweils in einem fensterlosen Labor zum Gedenken an ihren großen Vorfahren Wurfexperimente mit verschiedensten Gegenständen durchführen. Das eine Labor befindet sich in einer Rakete, die ihrerseits irgendwo weit draußen antriebslos durch den intergalaktischen Raum gleitet, wo keine (nennenswerten) Gravitationskräfte wirken. Das andere Labor befindet sich hingegen im freien Fall innerhalb des Aufzugschachts eines hohen Turms auf der Erde. Die beiden Physikerinnen schweben schwerelos in ihren Laboren umher und erzielen dabei exakt dieselben Testergebnisse. Nachdem sie in der gleichen, oben beschriebenen Weise in ihren Laboren jeweils ein Koordinatensystem errichtet haben, stellen sie beispielsweise übereinstimmend fest: Wenn sie einen Ball in Richtung Wand werfen, bewegt sich dieser gleichförmig immer in dieselbe Richtung. Doch gemäß der klassischen Mechanik und ebenso gemäß der Speziellen Relativitätstheorie sind die Resultate ganz unterschiedlich zu erklären: Im Raketenlabor wirkt nach dem Loslassen des Balles keinerlei Kraft auf diesen, sodass er im dortigen Koordinatensystem, bei dem es sich um ein Inertialsystem handelt, gemäß dem ersten Newton'schen Gesetz mit konstanter Geschwindigkeit eine gerade Bahn durchläuft. Im Aufzugslabor wirkt hingegen die Erdanziehungskraft auf den Ball. Beim darin errichteten Koordinatensystem handelt es sich jedoch um kein Inertialsystem; vielmehr «wirkt» eine *Schein*kraft (siehe Anmerkung 10) auf den Ball, die die Erdanziehungskraft gerade aufhebt.

Wem diese Erklärung für die angeblich grundlegende Andersartigkeit beider Koordinatensysteme allzu gekünstelt erscheint, um

Scheinbares Inertialsystem im freien Fall

sie restlos überzeugend zu finden, der ist ein Geschwister Einsteins im Geiste. Für Einstein stand fest: Die Unterscheidung zwischen der «echten» Erdanziehungskraft auf der einen Seite und der bloßen «Scheinkraft» aufgrund der beschleunigten Bewegung des Aufzugslabors auf der anderen Seite lässt sich nicht aufrechterhalten; wenn beide Koordinatensysteme empirisch äquivalent sind, so müssen sie es auch physikalisch sein. Deshalb erklärte er die Gravitation ebenfalls zu einer bloß scheinbaren Kraft.

Allerdings gab es da noch ein Problem: Die Koordinatensysteme der beiden Physikerinnen sind bei genauer Betrachtung *nicht* empirisch äquivalent. Die Abbildung zeigt, nicht ganz maßstabsgetreu, weshalb nicht: Ließe die Physikerin im Aufzugslabor zwei Bälle unbewegt nebeneinander schweben, so könnte sie mit der Zeit messen, dass sich beide Bälle aufeinander zubewegen. Denn die laut Einstein bloß vermeintlich auf sie wirkenden Erdanziehungskräfte verlaufen zum Erdmittelpunkt hin, somit nicht ganz parallel – im Gegensatz zu den nach oben gerichteten Scheinkräften. Das Phänomen der sich annähernden Bälle würde die Physikerin im Weltraum nicht beobachten können.

Die allermeisten Forscherinnen und Forscher hätten sich hier zwar weiterhin darüber gewundert, dass nur die Schwerkraft durch bloße beschleunigte Bewegung eines Bezugssystems scheinbar aufgehoben werden kann,[33] aber doch längst das Handtuch geworfen. Nicht so Einstein, er durchdachte die Sache konsequent bis zum Ende und kam zu dem Schluss: Wenn sich die Labore der beiden Physikerinnen nur über *hinreichend kleine* Bereiche der Raum-Zeit erstrecken, sind ihre Koordinatensysteme durchaus völlig gleichwertig. Insbesondere wirkt im frei fallenden Labor der Physikerin im Turm dann ebenso wenig eine Kraft wie in dem der Physikerin im Weltraum; sämtliche Bewegungen sämtlicher Gegenstände in beiden Laboren lassen sich dann in gleicher Weise erklären, nämlich mit den Gesetzen der Speziellen Relativitätstheorie bzgl. der in beiden Laboren errichteten Inertialsysteme.

Diese vage Idee war aber nur der Auftakt zu einer intellektuellen Odyssee voller Irrungen und Wirrungen. Einsteins Hauptproblem war dieses: Das Phänomen der Gravitation ließ sich nicht als Kraft erklären, die beschleunigte Bewegungen verursacht, relativ zu bestimmten ausgezeichneten Koordinatensystemen für die *gesamte* Raum-Zeit. Denn solche ausgezeichneten Koordinatensysteme, sprich Inertialsysteme, konnte es streng genommen nur für *infinitesimale* raum-zeitliche Abschnitte auf den Weltlinien «frei fallender» Uhren geben, in denen per Definition die Gravitation aufgehoben ist. Der Schlüssel zur Erklärung war also nicht innerhalb eines Koordinatensystems zu finden, sondern nur im komplexen Beziehungsgeflecht unzähliger Koordinatensysteme untereinander. Klingt kompliziert, ist es auch. Aber die grundlegende Vorarbeit war schon längst geleistet worden, nämlich von Gauß und Riemann. Diese beiden Mathematik-Giganten hatten bereits Jahrzehnte zuvor gezeigt, wie Differentialrechnung auch in gekrümmten Räumen betrieben werden kann, für die sich kein universelles Koordinatensystem errichten lässt; sie zeigten, wie jeder einzelne Punkt eines solchen Raumes mit seinem eigenen Koordinatensystem versehen werden kann und wie dann über die Systeme hinweg Ableitungen geometrischer Größen gebildet werden können.[34] Das war genau das, was Einstein brauchte. Damit konnte er Gravitation als *Krümmung der Raum-Zeit in sich* erklären, die einerseits die Bahnen bzw. Weltlinien kräftefreier Körper vorgibt, die aber andererseits durch die Bewegungen der Körper selbst beeinflusst wird. Dass Galileis Eisenkugeln vom Turm zu Boden fielen, lag also nicht daran, dass eine von der Erde ausgehende Kraft an ihnen zog, sondern daran, dass gerade *keine* Kraft auf sie wirkte. So wie die Weltlinie eines losgelassenen Balles im Labor der Weltraum-Physikerin eine Gerade darstellt, so verläuft auch die Weltlinie eines frei zu Boden fallenden Gegenstandes «gerade» – nur eben in der durch die Erdmasse gekrümmten Raum-Zeit.

Hätte Einstein mit seiner ganz erstaunlichen Anwendung der Riemann'schen Geometrie, die unter Naturwissenschaftlern – falls sie ihnen überhaupt bekannt war – bis dahin als verkopfte Spielerei weltfremder Mathematikerinnen gegolten hatte, nur gezeigt, dass man Gravitation anders denn als Kraft auffassen kann, so wäre das für sich genommen schon eine beeindruckende Leistung gewesen. Die neue Auffassung der Gravitation hatte aber auch ganz handfeste Konsequenzen; die Allgemeine Relativitätstheorie macht Vorhersagen, die empirisch einen deutlichen Unterschied machen, ja sogar praktisch. Das bekannteste Beispiel ist sicherlich das GPS, bestehend aus mehreren Satelliten, anhand derer metergenaue Positionsbestimmungen auf der Erde möglich sind – wie jeder weiß, der schon einmal ein Navigationsgerät genutzt hat, um sich in einer fremden Stadt zurechtzufinden. Da hierbei sehr präzise Zeitmessungen eine wesentliche Rolle spielen, ist die Berücksichtigung der (Eigen-)Zeitunterschiede zwischen Uhren auf der Erde und den Uhren in den Satelliten gemäß der Speziellen wie auch der Allgemeinen Relativitätstheorie unabdingbar.[35]

Doch zum Schluss möchte ich mich weniger mit den zahlreichen empirischen Bestätigungen von Vorhersagen der Allgemeinen Relativitätstheorie befassen, als vielmehr kurz auf Newtons Eimer bzw. die zwei mit einem Faden verbundenen Kugeln zurückkommen. Was sagt die Allgemeine Relativitätstheorie dazu? Leider nichts Eindeutiges. Einstein glaubte zunächst, dass seine Theorie ganz im Geiste Machs stünde, der Raum und Zeit im Wesentlichen als Anordnungsstrukturen für materielle Körper ansah. Für Mach hatten Raum und Zeit, oder die Raum-Zeit, ebenso wenig eine eigenständige Existenz wie etwa eine beliebige Kristallstruktur, die ohne entsprechend angeordnete Moleküle schlicht nicht besteht. Doch Newtons Gedankenexperiment ist durchaus mit der Allgemeinen Relativitätstheorie vereinbar. Die Theorie beinhaltet nichts, was gegen ein Universum spräche, in dem lediglich die beiden Kugeln und der Faden existieren. Die Raum-Zeit eines solchen Universums wäre nahezu «flach», und die Allgemeine Relativitätstheorie würde darin weitgehend auf die Spezielle reduziert, im Rahmen derer es sehr wohl einen qualitativen Unterschied ausmacht, ob die beiden Kugeln umeinanderkreisen oder nicht. Andererseits gibt es plausible kosmologische Modelle, die unser Universum allgemein-relativistisch beschreiben und die Überzeugung Machs zu stützen scheinen, dass es im Fall der umeinanderkreisenden Kugeln allein deren Relativbewegung zur umgebenden Materie ist, die den Faden strafft. Das heißt, es könnte sich auch so verhalten: Die grundlegenden Prinzipien unseres Universums, wie sie in der Allgemeinen Relativitätstheorie zum Ausdruck kommen, sprechen keineswegs gegen jede Form von absoluter Bewegung. Aber die konkreten Verhältnisse in *unserem* Universum sind so, dass jeglicher messbare Bewegungseffekt durch eine *materielle* Relativbewegung zu erklären ist.

Es mag überraschen, dass die derzeit beste physikalische Theorie von Raum und Zeit eine so fundamentale Frage wie die, ob es absolute Bewegung gibt, anscheinend nicht entscheiden kann. Womöglich ist es aber nur dann überraschend, wenn man im Vorhinein allzu hohe Erwartungen an die mögliche Erklärungsleistung naturwissenschaftlicher Theorien hegt. Es kommt einem die Analogie mit der Zermelo-Fraenkel'schen Mengenlehre und der Kontinuumshypothese in den Sinn. Wie in diesem mathematischen Fall müssen die Erwartungen zurechtgerückt werden. Unter anderem darum soll es im nächsten Kapitel gehen.

5. Welt und Modell

Unsere ‹absolute Metapher› findet sich hier als Übertragung der Reflexion über einen Gegenstand der Anschauung auf einen ganz anderen Begriff, dem vielleicht nie eine Anschauung direkt korrespondieren kann.
Hans Blumenberg in *Paradigmen zu einer Metaphrologie*

I'm a Barbie girl, in a Barbie world [...]
Imagination, life is your creation
Die Techno-Pop-Band Aqua in *Barbie Girl*

Die Sprache der Natur?

Im Jahre 1960 kündete der theoretische Physiker Eugene Wigner in seinem vielbeachteten Kurzessay *Die vernunftwidrige Nützlichkeit der Mathematik in den Naturwissenschaften* von einem Wunder:

> Wir sollten nicht vergessen, daß es sich beim Hilbert-Raum der Quantenmechanik um den komplexen Hilbert-Raum mit einem Hermite'schen Skalarprodukt handelt. Gewiß sind, für den unvorbereiteten Geist, komplexe Zahlen alles andere als natürlich oder einfach, und sie werden nicht durch physikalische Beobachtungen nahegelegt. Ferner ist der Gebrauch komplexer Zahlen in diesem Fall kein Rechentrick der angewandten Mathematik, sondern ist nahezu eine Notwendigkeit für die Formulierung der Gesetze der Quantenmechanik. [...]
>
> Es fällt schwer, sich des Eindrucks zu erwehren, daß wir mit einem Wunder konfrontiert sind, durchaus vergleichbar in seiner Wirkmächtigkeit mit dem Wunder, daß der menschliche Geist imstande ist, tausende von Argumenten aneinanderzureihen, ohne in Widersprüche zu geraten, oder mit den beiden Wundern der Existenz von Naturgesetzen und der Fähigkeit des menschlichen Geistes, sie zu entdecken.

Wigner begnügte sich freilich nicht damit, das Wunder zu bestaunen, sondern er versuchte, die Grundzüge einer möglichen Erklärung auszuloten. Hierbei griff er auf ein bestimmtes Bild mit langer Tradition zurück:

> Es ist jedoch wichtig, zu betonen, daß die mathematische Formulierung der oft groben Erfahrung des Physikers in einer enormen Zahl von Fällen zu einer erstaunlich genauen Beschreibung einer großen Klasse von Phänomenen führt. Dies zeigt, daß sich die mathematische Sprache nicht nur insofern anbietet, als sie die einzige Sprache ist, die wir sprechen können; es zeigt, dass sie, in einem sehr realen Sinne, die richtige Sprache ist.

Die Mathematik als die Sprache, mit der man den Geheimnissen der Natur auf die Spur kommt? So hatte es bereits Galilei gesehen. Doch so langlebig die Metapher von der Mathematik als «Sprache der Natur» ist, so irreführend ist sie meines Erachtens. Ich glaube, statt den Fokus auf das Wesen des Zusammenspiels von Mathematik und Naturwissenschaften zu richten, verstellt die Metapher vielmehr den Blick darauf. Deshalb möchte ich sie auf den nächsten Seiten «dekonstruieren» – nicht aus Pedanterie oder gar sprachpolizeilicher Absicht, sondern um das angebliche Wunder in weniger schwummrigem Licht zu schauen.

In Vorbereitung darauf möchte ich zuvor kurz auf eine andere Metapher eingehen, die sich bei vielen Mathematikerinnen und einigen Philosophen verselbständigt hat, nämlich die von der Mathematik als einem Spiel, in dem es darum geht, bestimmte Zeichenketten aus anderen Zeichenketten nach rein formalen, syntaktischen Regeln abzuleiten, bar jedweder inhaltlichen Erwägung. Dieses vor allem mit David Hilbert verbundene Bild führt noch direkter vor Augen, wie eine unhinterfragte Anschauung von einer zunächst unanschaulichen Sache bestimmte Aspekte derselben als wundersam und gänzlich unerklärlich erscheinen lassen kann. Wäre die Mathematik ihrem Wesen nach tatsächlich bloß ein formales Spiel mit Zeichen, so wäre es wirklich eine ganz phantastische Erwartung, sie könne uns irgendetwas über die geheimen Zusammenhänge in der Natur verraten. Es wäre so, als wähnte sich ein Schachgroßmeister allein aufgrund seiner Meisterschaft im königlichen Spiel in der Lage, die Bewegungen der Himmelskörper am Firmament, den Zerfall bestimmter radioaktiver Elemente oder die Wachstumsdynamik einer Hasenpopulation im Stadtpark zu erklären.

So gesehen erscheint die Spielmetapher für die Mathematik ganz abwegig. Betrachten wir daher, um besser zu verstehen, wie man auf sie verfallen kann, die folgenden beiden Szenen:

1. In einer Polizeidienststelle in Göttingen in den Fünfzigern. *Kommissar:* «Eines steht fest: Die Tatperson ist kein Perverser. Es ist also auszuschließen, dass sie sowohl männlich ist als auch geschminkt war oder ein Kleid trug.»
   Streifenpolizist: «Aber die Zeugin hat ausgesagt, dass die Tatperson auffallend elegant geschminkt war.»
   Kommissar: «Also ist die Tatperson nicht männlich!»
2. In einer Öko-Metzgerei in Nürnberg in den Neunzigern. *Metzgerin:* «Also, das schaff ich nervlich heut bestimmt nicht mehr: ein Kalb schlachten und dazu noch ein Lamm oder ein Zicklein!»
   Geselle: «Das Lamm müssen wir aber heute noch schlachten.»
   Metzgerin: «Na gut, dann wird das Kalb heute nicht geschlachtet.»

Von Können und Müssen abgesehen, kommt in beiden Szenen ein und dieselbe Schlussweise der *klassischen Aussagenlogik* zum Einsatz: $\neg(p \wedge (q \vee r)); q \Longrightarrow \neg p$. Hierbei stehen «p», «q», «r» jeweils für eine entweder wahre oder falsche Aussage, und die Zeichen «$\neg$», «$\wedge$», «$\vee$» repräsentieren die «logischen Operatoren» der *Negation* (nicht), der *Konjunktion* (und) bzw. der *Adjunktion* (oder). Der Witz besteht darin, dass die Schlussweise *universell* korrekt ist (zumindest in der klassischen Welt), ganz egal wovon die Aussagen im Einzelnen überhaupt handeln; entscheidend sind nur die Bedeutungen der logischen Operatoren. Wenn man also zum Beispiel p inhaltlich mit «die Tatperson ist männlich» verknüpft sowie q mit «die Tatperson war geschminkt» und r mit «die Tatperson trug ein Kleid», so kann man mit dem Kommissar zu Recht auf $\neg p$ schließen: Die Tatperson ist nicht männlich – vorausgesetzt, die Prämissen $\neg(p \wedge (q \vee r))$ und q sind wahr.[1]

Schlussfolgerungen kann man also selbst dann auf ihre Korrektheit hin beurteilen, wenn man nicht die leiseste Ahnung davon hat, wovon die betreffenden Teilaussagen handeln. Davon wusste schon Aristoteles, und er und seine Zeitgenossen waren schwer davon beeindruckt. Dennoch machte die formale Logik über viele Jahrhunderte hinweg keine nennenswerten Fortschritte, bis schließlich Gottlob Frege gegen Ende des 19. Jahrhunderts in einem enormen intellektuellen Kraftakt den ersten Kalkül der sogenannten *Prädikatenlogik* ersann. In moderner Notation geht es dabei um Schlussweisen wie diese:

$$\forall x \exists y R(x,y);\ \exists x \neg R(x,x) \Longrightarrow \exists x \exists y (R(x,y) \wedge x \neq y)$$

Hier kommen als logische Operatoren «∀» und «∃» hinzu, deren Bedeutung man mit «für alle … gilt» bzw. «es existiert (mindestens) ein …, für das gilt» fassen kann.[2] Die Variablen «x» und «y» beziehen sich auf einen bestimmten Objektbereich,[3] und «R» steht für eine bestimmte mögliche Relation zwischen zwei Objekten dieses Bereichs. Wenn wir beispielsweise die Relation des Liebens nehmen und als Objektbereich den aller Menschen, so besagt der formale Schluss: Vorausgesetzt, jeder Mensch wird von einem Menschen geliebt, und es gibt einen Menschen, der sich selbst nicht liebt, dann gilt: Mindestens ein Mensch wird von einem *anderen* Menschen geliebt.

Das Erstaunliche an Freges formalem Regelwerk ist, dass es hinreichend ausdifferenziert ist, um sämtliche Schlussweisen der Mathematik zu erfassen. Das heißt, im Prinzip lässt sich die Gültigkeit eines jeden mathematischen Beweises allein anhand ganz simpler, rein syntaktischer Regeln überprüfen. Deshalb kam Hilbert irgendwann zu folgender Überzeugung: Nur ein kleiner Teilbereich der Mathematik bezieht sich auf einen ganz bestimmten Objektbereich, nämlich die – wie Hilbert sie nannte – «finite» Mathematik, welche von Zeichenketten und Manipulationen derselben nach bestimmten syntaktischen Regeln handelt. Der ganze Rest, die «transfinite»

Mathematik, handelt hingegen von *nichts*; zumindest, so Hilbert, handelt sie von nichts Bestimmtem. Hinsichtlich der Geometrie etwa soll er gesagt haben: «Man muss jederzeit anstelle von ‹Punkten›, ‹Geraden›, ‹Ebenen› ‹Tische›, ‹Stühle›, ‹Bierseidel› sagen können.» Es kam nach Hilbert in der transfiniten Mathematik, also in dem, was gemeinhin unter Mathematik verstanden wird, nicht auf irgendeinen konkreten Inhalt an, sondern lediglich auf die formallogisch korrekte Form der Schlüsse. Und Aufgabe der finiten Mathematik war es lediglich, die Widerspruchsfreiheit und Vollständigkeit des Ganzen sicherzustellen.[4]

Im Kapitel zum Unendlichen kam bereits zur Sprache, dass Gödel diesem «Hilbert'schen Programm» den Garaus machte. Dort habe ich aber auch bemerkt, dass es meines Erachtens gar nicht unbedingt der großartigen mathematisch-logischen Resultate Gödels bedarf, um Projekte zur «Fundierung» der Mathematik wie das Hilbert'sche als grundsätzlich verfehlt einstufen zu können. Hilbert war zu Recht begeistert von der Einsicht, dass man die Mathematik zum Untersuchungsgegenstand ihrer selbst machen konnte, indem man sie als «Spiel mit Zeichenketten» auffasste; diese Auffassung ermöglicht es, mit mathematischer Strenge tiefe Einsichten über mathematische Theorien zu gewinnen. Eine solch produktive Form von Selbstreflexivität steht ansonsten wohl nur der Philosophie zur Verfügung. Dennoch, bei aller Begeisterung über die erzielten metamathematischen Resultate darf man nicht verkennen: Es kommt dabei ein ganz bestimmtes mathematisches Modell zum Einsatz, eines, das manche wesentlichen Aspekte des Untersuchungsgegenstandes – in diesem Fall der Mathematik selbst – hervorhebt, aber andere, ebenso wesentliche, ignoriert. So ist eine mathematische Theorie wie zum Beispiel die Analysis keine bloße Wahrheitsmaschine, die Theorem nach Theorem ausspuckt. Vielmehr ist sie ein Arsenal an begrifflichen Werkzeugen und Methoden, mit deren Hilfe u. a. das Änderungsverhalten von Prozessen im weitesten Sinne erklärt werden soll – nicht kausal, sondern strukturell. Sie soll also etwas verständlich machen und es nicht bloß als wahr bzw. «aus den Axiomen folgend» ausweisen.

Dass Spiele großen Spaß machen, aber wenig erklären oder verständlich machen können (allenfalls indirekt), setze ich einfach voraus, ebenso dass es in der Mathematik insbesondere auch um Letzteres geht. Die Metapher von der Mathematik als Spiel verabschiede ich somit an dieser Stelle sang- und klanglos. Doch was ist mit der von der Mathematik als Sprache – kurz: der «Sprachmetapher»? Wird diese nicht sogar durch den Befund gestützt, dass die Mathematik ihrem Wesen nach auch erklärend ist? Gegenfrage: Was erklärt das Deutsche oder das Englische, Französische, Russische? «Ein billiger rhetorischer Trick», könnte man einwenden. Aber ich verfolge damit eine hehre Absicht. Ich möchte die Sprachmetapher daraufhin abklopfen, ob sie wirklich einen oder gar *den* Wesenszug der Mathematik versinnbildlicht oder ob es sich dabei lediglich um ein harmloses Klischee handelt, wenn man es nicht allzu ernstnimmt. Nun, klar ist, dass eine Sprache per se nichts erklärt und niemanden irgendetwas verstehen lässt. Aber eine Sprache kann uns in die Lage versetzen, eine gegebene Erklärung zu verstehen. Wenn mir eine alte sibirische Bäuerin, die nur Russisch spricht, erklärt, wie sie ihre Stoffe mit traditionellen sibirischen Mustern anfertigt, sollte ich zuvor Russisch lernen, um ihre Erklärung verstehen zu können. Ist also die Natur die sibirische Bäuerin, die mir von ihrem Wirken und Weben kündet, was ich aber nur dann verstehe, wenn ich ihre Sprache beherrsche – die Mathematik?!

Hier deutet sich bereits an, wie einen die naheliegende, scheinbar unverfängliche Sprachmetapher in eine heikle metaphysische Position hineinmanövrieren kann. Ist es die Natur selbst, die zu uns spricht, oder spricht vielmehr Gott durch die Natur? Und was spricht sie bzw. er? Was sind das für Aussagen, die sich nur in der Originalsprache verstehen lassen, nämlich der Mathematik, welche sich anscheinend in keine andere Sprache übersetzen lässt?

Nehmen wir als Beispiel den Satz von den unendlich vielen Primzahlen. Ist das wirklich ein Satz einer ganz eigenen Sprache, die sich jeglicher Übersetzung in eine andere Sprache widersetzt? Offenbar nicht! Es geht um den Satz, den ich auf Deutsch so formulieren kann: «Es gibt unendlich viele Primzahlen.» Ich kann ihn aber auch genauso gut auf Englisch zum Ausdruck bringen: «There are infinitely many prime numbers» oder auch auf Französisch: «Il y a une infinité de nombres premiers». Offenbar bedarf es keiner einzigartigen Sprache, um den Satz wiederzugeben, sondern er handelt schlicht von einem einzigartigen Gegenstand: den natürlichen Zahlen und bestimmten herausgehobenen Exemplaren derselben. Die Chemie handelt auch von einem besonderen Gegenstand, nämlich den chemischen Reaktionen von Stoffen. Trotzdem käme niemand auf die Idee, von der Chemie als einer eigenen «Sprache» zu sprechen. Die Chemie ist eben eine eigene Kulturtechnik der Gattung Wissenschaft mit ihren eigenen Begriffsbildungen, Erklärungsmustern, Nachweisverfahren und vielem mehr. Warum die Mathematik nicht auch so sehen? Was sollte die Mathematik stattdessen oder darüber hinaus zu einer Sprache machen?

Ich glaube, die Metapher von der Mathematik als einer besonderen Sprache leuchtet nur deshalb vielen sofort ein, weil sie einen besonders auffälligen Aspekt der Mathematik gut zu fassen scheint: ihr überaus komplexes, weit ausdifferenziertes einheitliches Notationssystem. Wenn beispielsweise eine chinesische Ingenieurin und ein französischer Sozialökonom jeweils zum Ausdruck bringen wollen, dass eine bestimmte Größe eine momentane Steigerungsrate bezüglich einer anderen Größe hat, die dem Doppelten des Quadrats dieser Größe entspricht, so müssen sie das nicht in ihrer jeweiligen Muttersprache so mühsam formulieren, wie ich es gerade auf Deutsch getan habe; sie brauchen beide bloß zu schreiben: «$dy/dx = 2x^2$».[5] Doch handelt es sich bei der «Formelsprache» der Mathematik ebenso wenig um eine Sprache im eigentlichen Sinne wie etwa bei dem Notationssystem mit den fünf Linien und Pünktchen mit Fähnchen dran, wie es sich in der abendländischen klassischen Musik durchgesetzt hat. Es handelt sich eben um ein Notationssystem, um nicht mehr und nicht weniger. Das Notationssystem ist zwar überaus nützlich, da es über alle sprachlichen Grenzen hinweg für Wiedererkennbarkeit sorgt. Außerdem sorgt es durch seine

Prägnanz selbst im Zusammenhang kompliziertester Gedankengänge für Übersichtlichkeit (zumindest bei den Eingeweihten). Insofern war die Entwicklung der mathematischen Formelsprache wesentlich für den phänomenalen mathematischen Fortschritt der letzten Jahrhunderte. Aber weder wird ihr die Sprachmetapher gerecht, noch ist sie in einem tieferen Sinne wesentlich für die Mathematik. Als der legendäre Zahlentheoretiker Srinivasan Ramanujan bereits als kleiner Junge in der indischen Provinz über schwierigste Zusammenhänge der natürlichen Zahlen untereinander nachdachte, wusste er nicht um das allgemein anerkannte Notationssystem der internationalen Zahlentheoretikerschaft. Dennoch war das, was er da in seinem kleinen, brillanten Kopf ausheckte, Zahlentheorie vom Allerfeinsten.

Wie gesagt, es geht mir gar nicht darum, irgendjemandem vorzuschreiben, was man als Sprache bezeichnen darf und was nicht. Ich will hier lediglich der Sprachmetapher nachspüren, um zu sehen, ob sie zumindest ansatzweise verständlich macht, weshalb die Mathematik so erfolgreich in den Naturwissenschaften Anwendung findet. Stellen wir uns in diesem Sinne einmal vor, die berühmten steinzeitlichen Darstellungen von wilden Tieren in der Chauvet-Höhle in Südfrankreich wären vielmehr schriftliche Äußerungen in einer komplexen Bilderschrift. Die Deutungen heutiger Archäologinnen der vermeintlichen Höhlenmalereien wären in diesem Fall zumindest sehr unvollständig; die eigentliche Bedeutung der Abbildungen entginge ihnen. Stellen wir uns ferner vor, eine «junge Wilde» der Archäologenszene entschlüsselt in naher Zukunft die Bilderschrift. Die neue Stararchäologin offenbart damit der erstaunten Weltöffentlichkeit ungeahnte Einblicke in die Sozialstruktur der Urheber der «Malereien», die sich als viel komplexer erweist als bislang gedacht.

Gemäß der von der Sprachmetapher suggerierten Analogie befand sich die Menschheit vor der Entdeckung der Mathematik in Anbetracht der vielen «Zeichen» der sie umgebenden Natur in derselben Lage wie die alte Archäologenzunft bei der Betrachtung der steinzeitlichen Darstellungen: Ihnen fehlte die Sprache, um die Zeichen richtig zu deuten. So deutete sie etwa einen Blitzschlag irrigerweise als Gewaltausbruch eines zornigen Gottes, und erst mit dem Erlernen der Sprache Mathematik war die Menschheit in der Lage, Blitze als elektrische Entladungserscheinungen zu erklären. Aber die Analogie hinkt. Denn sie setzt voraus, dass es da jemanden gab, dessen Sprache es zu erlernen galt. Und mehr noch, sie setzt voraus, dass diese Sprache irgendwie «einzigartig» ist, sodass sie sich nicht in «gewöhnliche» Sprache übersetzen lässt.

Wigner würde hier vielleicht einwenden, das sei zwar alles nicht ganz falsch, gehe aber am eigentlichen Witz der Sprachmetapher vorbei. Um ihn nochmals zu zitieren:

> Jemand [Walter Dubislav] hat einmal gesagt, die Philosophie sei die mißbräuchliche Verwendung einer Terminologie, die zu ebendiesem Zweck erfunden wurde. Im selben Tenor möchte ich behaupten, daß die Mathematik die Wissenschaft des geschickten Hantierens mit Begriffen und Regeln ist, die zu ebendiesem Zweck erfunden wurden. Die hauptsächliche Betonung liegt auf der Erfindung von Begriffen. Der Mathematik würden rasch die interessanten Theoreme ausgehen, wenn diese in der Begrifflichkeit verfaßt sein müssten, wie sie bereits in den Axiomen vorkommt. Ferner, während es fraglos zutrifft, daß die Begriffe der elementaren Mathematik und insbesondere der elementaren Geometrie kreiert wurden, um Größen zu beschreiben, die unmittelbar von der realen Welt nahegelegt werden, trifft dies anscheinend nicht auf die höherstufigen Begriffe zu, insbesondere diejenigen, die in der Physik eine so bedeutende Rolle spielen.

Bemerkenswert an diesem Zitat ist die zu Beginn ausgemachte Parallele zwischen Philosophie und Mathematik: Beide ringen mit Begriffen, die zu ebendiesem Zweck erschaffen wurden. In der, nach wohlwollender Lesart, augenzwinkernd-polemischen Spitze (Dubislavs) gegen die Philosophie ist das Ringen in ihrem Fall freilich ziemlich nutzlos, im Gegensatz zur Mathematik. Die wesentliche Gemeinsamkeit bleibt demnach aber bestehen, nämlich dass es sich bei beiden im Kern um begriffsanalytische Disziplinen handelt, die darüber hinaus nicht anderweitig vorgegebene Begriffe untersuchen, sondern aus sich selbst heraus erschaffene Kunstbegriffe. Fragt sich nur, weshalb Wigner nicht auch von der Philosophie als einer ganz eigenen Sprache spricht. Der Grund dürfte vermutlich sein, dass Philosophie ganz offenkundig in vielen Sprachen verfasst ist; die typischen philosophischen Begriffe – Wahrheit, Wissen, Sein etc. – hängen weder am Deutschen noch am Burmesischen oder dem Altgriechischen. Die Vorstellung von der Philosophie als Sprache liefe also schnell auf das schiefe Bild einer Sprache hinaus, die in anderen Sprachen gesprochen und geschrieben wird. Meines Erachtens trifft aber genau das Gleiche auf die Sprachmetapher für die Mathematik zu; Mathematik zeichnet sich nicht durch eine bestimmte Sprache aus, in der sie betrieben wird, sondern durch ihre besondere Begrifflichkeit und die Art der Auseinandersetzung mit selbiger. Diese Auseinandersetzung kann genauso gut auf Suaheli wie auf Spanisch erfolgen.[6] Der Eindruck der sprachlichen Einheitlichkeit rührt lediglich von der hochgradig standardisierten Notation her, wie sie in der Mathematik Anwendung findet, aber mitnichten deren Kern ausmacht.

Abgehoben und doch fest geerdet

Interessant an obigem Zitat ist auch, dass Wigner darin nach der Charakterisierung der Mathematik als höchst selbstbezügliche Disziplin einräumt: Die Begriffe der elementaren mathematischen Teildisziplinen, insbesondere der elementaren Geometrie, sind mehr oder weniger direkt von der «realen» Welt inspiriert. Dennoch meint Wigner, der weitaus abstrakteren Begrifflichkeit der höheren Mathematik gehe die realweltliche Anbindung anscheinend ab. Ich glaube, hier liegt des Pudels Kern begraben. Wo Wigner allzu viele Abstraktionsschritte sieht, sodass jeglicher ursprüngliche Bezug zu unserer Lebenswelt verschwindet, sehe ich begriffliche Beziehungen, die die überaus abstrakten Begriffe der höheren Mathematik fest an konkret-anschauliche Grundbegriffe binden. Wenn Wigner recht hat, grenzt die Anwendbarkeit der Mathematik in den Naturwissenschaften in der Tat an ein Wunder; wenn ich recht habe, ist diese Anwendbarkeit gewissermaßen von vornherein in der Mathematik angelegt. Wie die Logik- und Wissenschaftsphilosophin Penelope Maddy es in ihrer *Zweiten Philosophie* ausdrückt: «[...] der Eindruck eines ‹Wunders› in der Beziehung zwischen reiner Mathematik und Naturwissenschaft ist zumindest teilweise auf Denkmuster zurückzuführen, die uns vergessen lassen, wie stark selbst die reinste Mathematik in physischen Quellen wurzelt und wie viele strukturelle Ähnlichkeiten zwischen vielfältigen physischen Situationen bestehen [...].»

Betrachten wir eine «lebenspraktische» Variation des Beispiels aus dem Geometriekapitel, in dem wir mittels komplexer Zahlen den Gesamtwinkel dreier Teilwinkel bestimmt haben: Ein Tischler hat zwei Holzkeile mit bestimmten Abmessungen ausgesägt. Nun möchte er ohne weitere Messungen wissen, welche Steigung resultiert, wenn er die Bodenseite des einen Keils mit der schiefen Seite des anderen verklebt, sodass ein neuer (steilerer) Keil entsteht. Angesichts des früheren Beispiels sieht man leicht, was zu tun ist: Der Tischler muss nur zwei den Abmessungen der Keile entsprechende komplexe Zahlen miteinander multiplizieren (wie in der nächsten Abbildung gezeigt).

Cardano, Stifel und ihren Zeitgenossen wäre eine solche für uns ganz simple Anwendung komplexer Zahlen wahrlich wundersam erschienen. Wie, so hätten sie gefragt, kann es sein, dass eine bloße Ausgeburt menschlicher, ans Teuflische grenzender Phantasie wie die imaginäre «Zahl» i sich in solcher Weise als nützlich erweist? Was haben unsere ganz und gar körperlosen mathematischen Phantasiewelten mit konkreten Holzkeilen zu tun? Auf den ersten Blick nichts, doch bei eingehenderer Betrachtung weicht das unerklärliche Wunder dem durchaus einsichtigen, aber darum nicht weniger faszinierenden[7] Zusammenspiel von alltäglicher Anschauung und mathematischer Abstraktion.

Links ist zu sehen, wie in der Tischlerei die beiden Holzkeile zusammengeklebt werden und sich der Tischler die Frage stellt, wel-

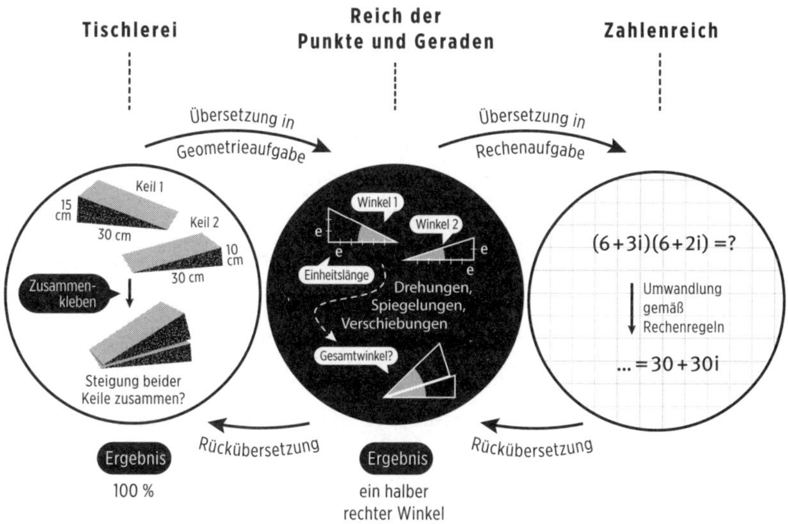

Tischlerproblem als Geometrie- und als Rechenaufgabe

che Steigung der Gesamtkeil hat. Diese Fragestellung lässt sich in naheliegender Weise in die Geometrieaufgabe in der Mitte überführen: Aus den dreidimensionalen Holzkeilen werden durch Querschnittsbildung zweidimensionale Dreiecke mit entsprechenden Seitenverhältnissen.[8] Und die Frage ist nun, wie sich der Gesamtwinkel aus den beiden Einzelwinkeln etwa zu einem rechten Winkel verhält? Diese Aufgabe ließe sich durchaus elementar-geometrisch lösen, aber wenn man um die geometrische Deutung komplexer Zahlen weiß, geht es viel schneller, wenn man die Aufgabe nochmals übersetzt, und zwar in die simple Rechenaufgabe rechts.

Beim ersten Übersetzungsschritt wird wohl kaum jemand von einem Wunder sprechen. Die Grundbegriffe der Geometrie sind ja gerade dafür gemacht, die Formen konkreter Gegenstände in idealisierter Weise fassen und analysieren zu können. Im Rahmen einer metamathematischen, rein logisch-syntaktischen Untersuchung der Geometrie mag man «Punkt», «Gerade», «Ebene» durch «Tisch», «Stuhl», «Bierseidel» ersetzen können, aber nicht, wenn es um die praktische Anwendbarkeit der Geometrie geht. Unter der originären Deutung von «Punkt», «Gerade», «Ebene» wird einen die Lösbarkeit des Tischlerproblems mit geometrischen Mitteln ebenso wenig überraschen wie etwa die Möglichkeit, mithilfe einer stilisierten Zeichnung seinen Weg in unbekanntem Terrain zu finden.[9] Das eigentliche «Wunder» spielt sich in diesem Beispiel also gar nicht zwischen Mathematik und Welt ab, sondern zwischen Algebra und Geometrie; es handelt sich also um ein innermathematisches Phänomen. Der eigentlich wundersame Schritt, der Cardano und Stifel als teuflische Hexerei oder göttliche Offenbarung erschienen wäre, ist die Übersetzung der geometrischen Konstellation in eine Fragestellung über komplexe Zahlen. Es bedurfte zwar des genialen mathematischen Spürsinns eines Gauß, um auf diese Übersetzungsmöglichkeit zu stoßen. Doch ist sie erst einmal bekannt, so lässt sie sich durchaus rational erklären. Letztendlich lässt sie sich auf elementare trigonometrische Resultate zurückführen, die bereits den alten Griechen bestens vertraut waren.

Ein weiteres Beispiel: Ganz zu Beginn seines Essays erzählt Wigner eine Anekdote von zwei ehemaligen Klassenkameraden, die sich Jahre nach ihrer gemeinsamen Schulzeit zum ersten Mal wiedersehen. Der eine hat es zum umschwärmten Bevölkerungsstatistiker gebracht; was aus dem anderen geworden ist, bleibt im Unklaren. Wie auch immer, der eitle Statistiker zeigt seinem Kameraden den Vorabdruck seines neuesten Artikels, der zur großen Freude seiner Fans bald im beliebtesten Statistik-Magazin des Landes erscheinen soll. Der andere ist durchaus beeindruckt und interessiert, aber angesichts der vielen Formeln etwas verunsichert. Wie Wigner weiter berichtet:

> Der Klassenkamerad war etwas skeptisch und war sich nicht ganz sicher, ob der Statistiker ihn nicht etwa veralbern wollte. «Woher kannst du das denn wissen?», fragte er. «Und was ist das hier für ein Zeichen?» – «Ach das», sagte der Statistiker, «das ist Pi.» – «Was ist das?» – «Das Verhältnis des Umfangs eines Kreises zu seinem Durchmesser.» – «Na, jetzt übertreibst du's aber mit deinen Scherzen», sagte der Klassenkamerad, «die Bevölkerungszahl hat gewiss nichts mit dem Umfang eines Kreises zu tun.»

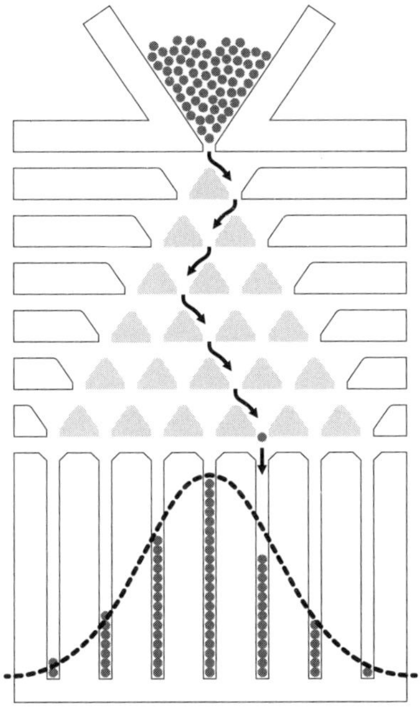

Galton-Brett

In der Tat, was sollte die Kreiszahl Pi mit der Bevölkerungszahl zu tun haben?! Genauso berechtigt ist die Frage, was Pi etwa mit der hier dargestellten Versuchsanordnung zu tun haben könnte.

Sie sehen ein *Galton-Brett,*[10] durch das Erbsen auf mehr oder weniger verschlungenen Wegen in die unteren Schlitze fallen. Sehen Sie aber auch voraus, wie sich in einem solchen Brett mit zahlreichen Ebenen und entsprechend vielen Schlitzen, durch dessen Öffnung oben hinreichend viele Erbsen fallen gelassen werden, die Erbsen schlussendlich auf die Schlitze verteilen? Die gestrichelte Linie gibt die Antwort bereits preis. Es handelt sich um eine *Gauß'sche Glockenkurve*. Doch warum sollten die Erbsen in den Schlitzen gemeinsam diese Form annehmen – auch nur annähernd? Es leuchtet zwar ein, dass mehr Erbsen in den mittleren Schlitzen landen werden und in den äußeren weniger; auch dass die Verteilung symmetrisch sein dürfte. Doch damit sind sehr viele unterschiedliche Verteilungen vereinbar. Überhaupt, weshalb sollte es denn nur eine, eindeutige Verteilung geben? Die Antwort liefert ein bedeutender Satz der mathematischen Wahrscheinlichkeitstheorie, nämlich der *Zentrale Grenzwertsatz*. Dieser verknüpft unter bestimmten recht allgemeinen Bedingungen die Summe mehrerer zufälliger Größen in bestimmter Weise mit der «Glockenfunktion»:

$$\frac{1}{\sqrt{2\pi}} e^{-\frac{1}{2}x^2}$$

Hier tritt neben Pi bzw. π auch die zweite in der Mathematik nahezu omnipräsente Zahl auf, nämlich die *Euler'sche Zahl e*. Diese ist als Grenzwert definiert: $e = \lim_{n \to \infty} \left(1 + \frac{1}{n}\right)^n \approx 2{,}7183$.

Interessant, doch was hat das mit den durch das Galton-Brett fallenden Erbsen zu tun? Abgesehen vielleicht davon, dass Erbsen kugelrund sind.[11] Die Verbindung wird mittels folgender Grundidee zur «Übersetzung in die Sprache der Mathematik» bzw. «mathematischen Modellierung»[12] des Galton-Bretts hergestellt:

- Jedem möglichen Weg, den eine Erbse im Galton-Brett mit n Ebenen nehmen kann, entspricht eine eindeutige Links/Rechts-Folge wie l, r, r, l, r, l, l, …, l oder r, r, r, l, r, l, l, …, r der Länge n, und umgekehrt.
- Alle diese Wege bzw. Folgen sind gleich wahrscheinlich.
- Ersetzt man Links durch 0 und Rechts durch 1, so gibt die Summe über alle Glieder einer solchen Folge an, in welchem Schlitz eine Erbse auf dem entsprechenden Weg landet. (Die Summe 0 entspricht dem Schlitz ganz links, und die Summe n entspricht dem Schlitz ganz rechts.)

Das war's im Wesentlichen schon; den Rest erledigt die Wahrscheinlichkeitstheorie im Grunde von ganz allein. Denn mit diesen Annahmen sind die Bedingungen des Zentralen Grenzwertsatzes erfüllt und drängt sich dessen Anwendung förmlich auf: Ist n hinreichend groß, so weicht die mathematische (Wahrscheinlichkeits-)Verteilung der aufgetretenen Wegesummen nur geringfügig von einer sogenannten *Normalverteilung* ab. Diese ist im Wesentlichen durch die Glockenfunktion bestimmt. Nach Rückübersetzung heißt das wiederum:[13] Wenn man hinreichend viele Erbsen fallen lässt, wird deren physische (Häufigkeits-)Verteilung in guter Näherung durch eine Gauß'sche Glockenkurve eingehüllt.

So kommt es also, dass die Zahl Pi in wundersamer Weise dort auftaucht, wo man sie ganz und gar nicht erwartet hätte. Doch bevor nun jemand Hals über Kopf Frau und Kinder verlässt, um als Wanderpredigerin umherzuziehen, sei angemerkt: Die wahre Verteilung der Erbsen ist gar nicht durch Pi bestimmt (auch nicht durch *e*), sondern vielmehr durch die sogenannten *Binomialkoeffizienten* $\binom{n}{m} = \frac{n}{m!\,(n-m)!}$ mit $0! = 1$, $1! = 1$, $2! = 1 \cdot 2$, $3! = 1 \cdot 2 \cdot 3$ usw. Wenn das Brett beispielsweise 10 Ebenen aufweist, so gibt es – wie noch erklärt werden wird – $\binom{10}{3} = \frac{1 \cdot 2 \cdot \ldots \cdot 10}{1 \cdot 2 \cdot 3 \cdot 1 \cdot 2 \cdot \ldots \cdot 7} = \frac{8 \cdot 9 \cdot 10}{1 \cdot 2 \cdot 3} = 120$ mögliche Wege, auf denen eine Erbse in den vierten Schlitz von links fallen kann. Und insgesamt gibt es $2^{10} = 1024$ Wege.[14] Der wahre Anteil an Erbsen, die langfristig in diesen Schlitz fallen, ist also $120/1024 = 15/128$ – ein Bruch, der ganz ohne Pi auskommt. Das heißt, das verblüffende Aufkreuzen der Zahl Pi, wenn man gerade mit dem Galton-Brett spielt und dabei an nichts Böses in Form eines Kreises denkt, hat gar nichts mit einer vermeintlich wundersamen Verbindung zwischen der Geometrie des Kreises und einem komplexen physischen System zu tun, bei dem Kreis- bzw. Kugelförmigkeit höchstens eine untergeordnete Rolle spielt. Ebenso wenig besteht eine solche Verbindung zu Bevölkerungszahlen oder den meisten anderen weltlichen Phänomenen, bei deren Untersuchung die Normalverteilung zum Tragen kommt.

Schon mit dem Tischlerproblem kam der Verdacht auf, dass viele, wenn nicht gar die meisten «unerklärlichen» Anwendungen der Mathematik auf naturwissenschaftliche, technische oder alltagspraktische Problemstellungen gar nicht wegen der Verbindung zwischen physischem System und mathematischem Modell wundersam erscheinen, sondern vielmehr wegen einer unerwarteten, verblüffenden innermathematischen Beziehung. Das Beispiel des Galton-Bretts nährt diesen Verdacht noch. Denn es ist nicht wirklich erstaunlich, dass wahrscheinlichkeitstheoretische Größen auf realweltliche Vorgänge bezogen werden können; dafür sind sie ja gemacht worden. Die Grundbegriffe der Wahrscheinlichkeitstheorie kristallisierten sich zunächst beim Nachdenken über Glücksspiele nach und nach heraus, bis Andrei Nikolajewitsch Kolmogoroff sie schließlich in den Dreißigerjahren des 20. Jahrhunderts in der heutigen, ausgereiften Theorie aufgehen ließ. Das Erstaunliche ist der rein mathematische Zentrale Grenzwertsatz, der die Normalverteilung bzw. die Gauß'sche Glockenkurve in bestimmter Weise mit nahezu jeder beliebigen theoretischen Wahrscheinlichkeitsverteilung in Verbindung bringt, und zwar keineswegs in abseitiger, «verkopfter» Weise, sondern in ganz «organischer» Weise und selbst dann, wenn die Verteilung scheinbar nicht das Geringste mit π oder e zu tun hat. Erstaunlich ist das wohl, aber nicht unerklärlich; ein gut aufgebauter und geschriebener Beweis, in dem bei allen technischen Details der rote Faden sichtbar bleibt – etwas ganz anderes als ein bloßer formaler Beweis –, macht es *verständlich*. Erstaunlich bleibt es nach der Lektüre des Beweises dennoch.

Cum grano salis

Die beiden Beispiele führen nochmals vor Augen, was hoffentlich bereits in den ersten beiden Kapiteln klargeworden ist: Die Mathematik ist weder ein bloßes abgehobenes Spiel mit sonderbaren Zeichen, noch handelt sie von einer jenseitigen Welt, bevölkert von «Platonischen Ideen» bzw. idealen Objekten, die nichts als ihr je eigenes Wesen verkörpern. Die Anwendbarkeit der Mathematik auf konkrete Problemstellungen in *unserer* Welt ist vielmehr von vornherein in ihr angelegt. Dass es in vielen Anwendungen zu Überraschungen kommt, bleibt davon freilich unbenommen. Oft erweisen

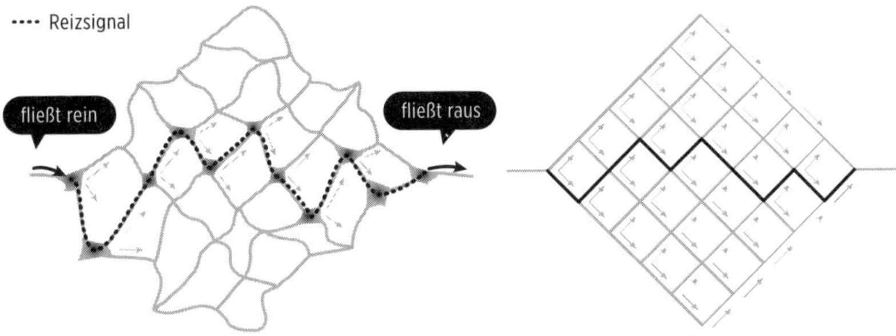

Wege in neuronalem Netz

sich die Überraschungen bei genauerer Betrachtung aber als ganz anders gelagert als zunächst gedacht: Nicht der Zusammenhang zwischen Mathematik und Welt ist erstaunlich. Das eigentlich Erstaunliche verbirgt sich vielmehr weit innerhalb der Grenzen des mathematischen Reiches selbst – als versteckter Schmugglerpfad zwischen vermeintlich hermetisch abgeschotteten Regionen des Reiches (Geometrie/Komplexe Zahlentheorie) oder als enge Verbindung zwischen Bewohnern derselben Region, die scheinbar ohne wechselseitige Kenntnisnahme nebeneinanderher leben (Normalverteilung/Binomialverteilung).

Das ist aber nur die eine Seite der Medaille. Wir wollen nun die andere näher betrachten, beispielsweise anhand des neuesten Forschungsprojekts eines Neurologen, das sich mit künstlich im Labor erzeugten Nervengeflechten befasst.

Links ist eines abgebildet, wie es beim Blick durchs Mikroskop erscheint. Die hinzugefügten Pfeile an einigen der Knoten des Netzes zeigen an (entsprechend auch für die übrigen), wie ein ankommendes Reizsignal weitergeleitet werden kann. Eine der Nervenverbindungen, die sich für die Signalübertragung durchs Netz eignen, ist mit Punkten nachgezeichnet.

Der Neurologe möchte nun gerne wissen, wie viele solcher Nervenverbindungen innerhalb des Nervengeflechts zur Verfügung stehen. Zur Klärung der Frage erstellt er das schematische Abbild des Netzes rechts. Dieses bringt etwas Ordnung ins Wirrwarr, und dadurch fällt ihm zunächst einmal eine gewisse strukturelle Ähnlichkeit zum Galton-Brett auf. Da liegt die Vermutung nahe, dass wieder Binomialkoeffizienten die Lösung bringen könnten. Wie man vielleicht noch oder schon aus dem Schulunterricht weiß, ist n! die Anzahl aller möglichen Anordnungen von n Gegenständen in einer Reihe, und der Binomialkoeffizient $\binom{n}{m} = \frac{n}{m!\,(n-m)!}$ ist die Anzahl aller Wahlmöglichkeiten für m von n Gegenständen, wobei die Wahlreihenfolge keine Rolle spielt.[15] Aber wie hilft das dem Neurologen weiter? Die entscheidende Einsicht mit Blick auf das Gitter ist die, dass jeder (legitime) Weg durch selbiges eindeutig durch eine Abfolge von fünf schräg nach oben und fünf schräg nach unten weisenden Pfeilen bestimmt ist, und umgekehrt. Das heißt, die Gitterwege stehen insbesondere mit den Wahlmöglichkeiten für fünf der natürlichen Zahlen von 1 bis 10 in einer Eins-zu-eins-Beziehung, sprich mit den fünf-elementigen Teilmengen von $\{1, \ldots, 10\}$.[16] Die Beziehung kann beispielsweise so definiert sein, dass je fünf verschiedene Zahlen zwischen 1 und 10 die Stellen in einer Pfeil-Folge mit schräg nach oben weisenden Pfeilen vorgeben. So entspricht etwa der mit Punkten markierte Weg der Menge $\{2,3,5,8,10\}$.

Die gesuchte Antwort lautet also $\binom{10}{5} = \frac{6 \cdot \ldots \cdot 10}{1 \cdot \ldots \cdot 5} = 252$. Das Problem des Neurologen ist somit mittels elementarer Kombinatorik gelöst.[17] Die Betonung liegt auf «elementar». Denn rein mathematisch ist die Lösung ziemlich einfach. Die eigentliche Schwierigkeit bestand darin, die richtige Modellierung zu finden, nämlich die gedankliche Ersetzung der Nervenverbindungen durch die Wahlmöglichkeiten für fünf der natürlichen Zahlen von 1 bis 10. Wie kommt man darauf? Schwer zu sagen, aber eines ist jedenfalls klar: Die Kombinatorik im engeren Sinne sagt gar nichts dazu; es handelt sich um eine rein *heuristische* Angelegenheit. Heuristik ist die Kunst der Lösungsfindung für ein unterbestimmtes Problem. Theorien bereiten nur den begrifflichen und methodischen Boden für die Lösung eines konkreten Problems. Den Lösungsweg darauf zu finden, ist eine Frage von Inspiration, Erfahrung und Ausdauer.

Das Nervenbeispiel bestätigt den Punkt Maddys aus obigem Zitat, dass die Anwendbarkeit mathematischer Resultate auf das «echte» Leben oft nur deshalb so erstaunlich erscheint, weil wir die strukturelle Ähnlichkeit vieler physischer Systeme übersehen. So bedarf es zunächst der Abstraktionsleistung, das verwirrend gewundene Nervengeflecht in das rechts davon abgebildete regelmäßige Gitter zu überführen, um die Verwandtschaft zum Galton-Brett zu erkennen.[18] Diese Leistung ist aber keine originär mathematische, vielmehr handelt es sich um eine Reduktion aufs Wesentliche, wie sie in nahezu jeglichem Nachdenken über komplexe lebensweltliche Systeme zum Zuge kommt. Man denke etwa an eine Fußballtrainerin, die mit Pfeilen an der Tafel die Laufwege ihrer Spieler analysiert, um die Taktik für das nächste Spiel zu optimieren. Zugegeben, das Beispiel des Nervengeflechts mag etwas konstruiert erscheinen, aber unerwartete strukturelle Ähnlichkeiten wie zwischen diesem und dem Galton-Brett lassen sich auch in realistischeren Zusammenhängen immer wieder ausmachen (nur etwas mühsamer). An diesen setzt die mathematische Anwendung überhaupt erst an; sie erschafft sie nicht auf wundersame Weise.

«Ihr kombinatorisches Modell des neuronalen Netzes geht völlig an der eigentlichen Frage vorbei, nämlich wie viele der Nervenbahnen denn wirklich im lebenden Organismus genutzt würden.» Dieser Einwand der Erzrivalin des Neurologen am gemeinsamen Forschungsinstitut und Hauptkonkurrentin um die begehrten Fördermittel weist auf eine weitere Lehre des Beispiels hin: Ein mathematisches Modell ist nicht *an sich* gut oder schlecht, sondern nur hinsichtlich der jeweiligen Problemstellung. Bestimmte Aspekte des modellierten Systems, die bezüglich der Ausgangsfrage vernachlässigbar sind, können sich in anderen Fragezusammenhängen als entscheidend erweisen. Das überaus erfolgreiche Modell von heute kann so morgen schon als Auslaufmodell in der Ecke verstauben.

Diese Binsenweisheit trifft selbst auf das wohl erfolgreichste mathematische Modell aller Zeiten zu: das Grundmodell der

Newton'schen Mechanik. Diesem liegt seinerseits grob die Vorstellung zugrunde, dass mehr oder weniger alle physischen Systeme aus kleinsten Teilchen bestehen, die in Raum und Zeit – wo sonst?! – miteinander interagieren, sei es Billardkugeln gleich durch direkten Zusammenstoß oder vermittels fernwirkender Kräfte. Wenn man diese Interaktion der Teilchen bzw. die sie bestimmenden Kräfte versteht, so versteht man – so der naheliegende Schluss – zumindest im Prinzip auch das Verhalten der sich aus ihnen zusammensetzenden Systeme. Ich bin kein Wissenschaftshistoriker, deshalb kann ich nur vermuten, dass Newton und seine Zeitgenossen dieses *mechanistische Weltbild* als weit weniger umfassend angesehen haben dürften als die meisten Naturforscherinnen des 19. Jahrhunderts. Geist und Leben waren für jene sicherlich grundlegend anders konstituiert. Aber wie auch immer, der Geltungsanspruch des Bildes war schon früh gewaltig.

Das daran anknüpfende mathematische Modell ist so eng damit verbunden, dass der qualitative Unterschied zwischen beiden leicht zu übersehen ist. Folgende Gegenüberstellung soll ihn verdeutlichen:

Welt	Modell
• Raum	• Dreidimensionaler Euklidischer Raum, versehen mit kartesischem Koordinatensystem
• Zeit	• Reeller Zahlenstrahl
• Körper	• Je Zeitpunkt eine Menge eng benachbarter Raumpunkte, denen jeweils eine positive reelle Zahl als Masse zugeordnet ist
• Bewegung des Körpers	• Ensemble von Funktionen vom Zeitstrahl ins Raumkoordinatensystem
• Wirkung einer Kraft auf den Körper	• Die zweiten Ableitungen der Funktionen nach der Zeit

Das ist zwar arg verkürzt, führt aber vor Augen, dass es vom mechanistischen Weltbild hin zum Grundmodell der Newton'schen Mechanik noch eines enormen Abstraktionsschritts bedarf. Insbesondere auf die Entsprechung der jeweils letzten Punkte, in der das zweite Newton'sche Gesetz zu erkennen ist,[19] muss man erst einmal kommen. Aber auch bei den übrigen Punkten ist die Sache gar nicht so selbstverständlich, wie sie für uns Heutige, die den üblichen Physikunterricht in der Schule durchlaufen haben, erscheinen mag. Warum sollte etwa die Zeit mit dem reellen Zahlenstrahl identifiziert werden? Wie bereits erwähnt, ist die Zeit ja beispielsweise auch als diskrete Abfolge unteilbarer kleinster Zeiteinheiten denkbar, von Zeitkreisen oder noch komplexeren Strukturen ganz zu schweigen.

Was machte nun aber gerade dieses Modell so erfolgreich? Ich behaupte, der entscheidende Grund ist der, dass die Welt nicht *durchgängig* chaotisch ist – im Sinne der «Chaostheorie». Einst führte jeder, der beim ersten Date Eindruck schinden wollte, ohne eine Ahnung zu haben, dieses Wort in Bezug auf alles und jedes im Munde. In einem gediegenen Sinne bezeichnet es aber gar keine Theorie, geschweige denn eine, die irgendwie das «Chaos erklären» würde, sondern einen nicht ganz scharf abgegrenzten Forschungszweig, bei dem es um instabile physische Systeme geht. Unter einem «instabilen» System ist hierbei eines zu verstehen, das bei nur minimal veränderten Ausgangsbedingungen ein deutlich anderes Verhalten an den Tag legt. Das Paradebeispiel eines solchen Systems ist das *Doppelpendel*.

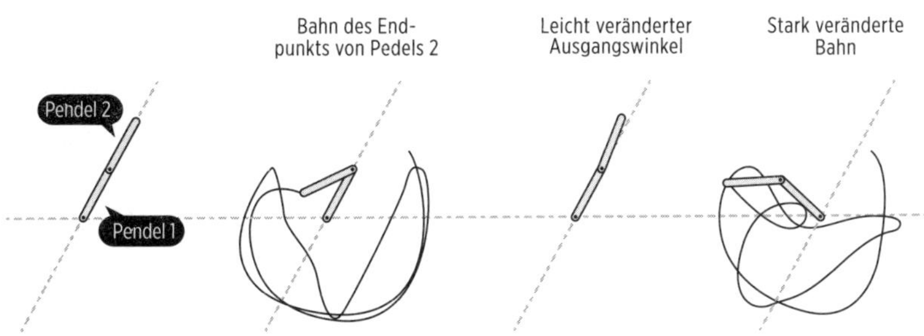

Doppelpendel

Ganz links sieht man zwei Pendel in geradliniger Ausgangsstellung, wobei das erste Pendel an einem festen Punkt aufgehängt ist, das zweite hingegen am beweglichen Endpunkt des ersten Pendels. Nach dem Loslassen beider Pendel beschreibt der Endpunkt des zweiten Pendels die in der zweiten Abbildung von links gezeigte Bahn. Rechts daneben sind die entsprechenden Abbildungen bei leicht verschobener Ausgangsstellung zu sehen. Die resultierenden Bahnen unterscheiden sich deutlich.

Bei einem einfachen Pendel, wie in Opas Standuhr, sieht die Sache offenbar ganz anders aus: Lässt man das Pendel leicht abweichend starten, so schwingt es dennoch in ganz ähnlicher Weise regelmäßig hin und her; das einfache Pendelsystem ist «linear» oder «nichtchaotisch». Nur deshalb ist es überhaupt möglich, das Verhalten eines realen Pendels mithilfe des Newton'schen Modells näherungsweise vorherzusagen. Denn jede Anwendung des Modells auf ein reales physisches System geht zwangsläufig mit bestimmten Idealisierungen einher, die eine *exakte* Bestimmung des Ausgangszustands des Systems unterlaufen. Selbst wenn das mechanistische Weltbild korrekt wäre und das Newton'sche Modell dessen wahres mathematisches Abbild darstellte, so könnten wir dieses lange nicht so erfolgreich anwenden, sofern die allermeisten Systeme in obigem Sinne chaotisch wären.

Tatsächlich verhält es sich genau umgekehrt: Die Welt ist nicht von winzigen unteilbaren Billardkügelchen bevölkert, aus denen sich alle materiellen Gegenstände in mehr oder weniger komplexer Weise zusammensetzen. Und wie im Relativitätskapitel gesehen, erweist sich das Newton'sche Modell allein schon in seinem geometrischen Fundament als verfehlt. Dennoch gibt es eine Überfülle an Beispielen, für die das Modell sensationell genaue Vorhersagen liefert. Nur, ist die Fülle wirklich so groß? Und sind die Vorhersagen wirklich so genau? Das hängt offenbar von unserer Erwartungshaltung ab. Es gibt schlicht keinen neutralen Standpunkt, von dem aus die Fülle und Genauigkeit objektiv zu bemessen wären. Insbesondere der Eindruck, dass das Newton'sche Modell so «unglaublich viele» unterschiedliche Phänomene erkläre, ist also nur im historischen Kontext zu hinterfragen.

Vor Newton dachte noch niemand an eine «alles erklärende» physikalische Theorie. Es gab verschiedenartige Naturerscheinungen, für die je eigene Erklärungen gesucht wurden. So war etwa die sogenannte *Epizykeltheorie* des Ptolemäus für die Bewegungen der Planeten um die Erde zuständig. Zumindest im Abendland herrschte bis Kopernikus unangefochten die Lehrmeinung, die Erde stehe im Zentrum des Universums, und alle Planeten und sonstigen nicht am Firmament fixierten Himmelskörper bewegten sich um diese. Ptolemäus hatte deren aus irdischer Sicht überaus komplexen Bewegungen mit einem fein austarierten mathematischen Modell erklärt, das auf ineinander verschachtelten Kreisbahnen beruhte. Kopernikus wagte die radikale Vereinfachung, alle Planeten, inklusive der Erde, um die Sonne kreisen zu lassen. Abgesehen von der narzisstischen Kränkung, die dies bei den führenden Intellektuellen der Zeit auslöste, die nicht von der buchstäblich zentralen Stellung des Menschen und seinem bzw. ihrem damit verbundenen privilegierten Zugang zu Gott lassen wollten, lieferte das Kopernikanische Modell jedoch zunächst schlechtere Positionsbestimmungen als das Ptolemäische. Erst Johannes Kepler verhalf dem neuen Modell zum Durchbruch, indem er die Kreise durch Ellipsen ersetzte. Mehr noch, Kepler entwickelte bereits im Ansatz eine *kausale* Erklärung für die Planetenbewegungen: Diese rührten ihm zufolge daher, dass die Sonne irgendwie an den Planeten «zöge», so ähnlich wie wenn die große Schwester die kleineren Geschwister an den Ohren zieht, damit diese nicht auf Abwege geraten. Das «Ziehen» selbst konnte er zwar nicht näher erklären, aber ihm war die Befreiung vom Dogma gelungen, in der himmlischen Sphäre um die zentrale Erde herum müsse alles letztendlich auf die göttlich-vollkommene Kreisbahn zurückzuführen sein.

Mit erdnahen Phänomenen wie Galileis fallenden Eisenkugeln hatte das alles anscheinend reichlich wenig zu tun. Doch dann trat Isaac Newton mit seinem Grundmodell auf den Plan und konnte unter zusätzlicher Annahme seines Gravitationsgesetzes einheitliche Erklärungen für die Planetenbewegungen um die Sonne und das Fallen der Kugeln auf die Erde geben, und nicht nur dafür. Das Modell ließ sich erfolgreich auf physische Systeme anwenden, die sich aus überschaubar vielen interagierenden Körpern zusammensetzten, die sich ihrerseits idealisiert als punktförmig oder zumindest in hohem Maße symmetrisch auffassen ließen – allerdings nicht auf alle: Ferner mussten relativistische Effekte vernachlässigbar sein, und die Systeme durften sich eben nicht in obigem Sinne chaotisch verhalten. Trotz dieser Einschränkungen blieben viele Naturphänomene übrig, die mit dem Modell erklärt werden konnten. Dass zu diesen Phänomenen solche gehörten, die nach unserer Alltagsanschauung offenkundig völlig unterschiedlich geartet sind, ließ die ganze Sache in der Tat an ein Wunder grenzen. Doch bei aller Be- und Verwunderung sollte man eines nicht vergessen: Die allermeisten Naturphänomene sind chaotisch. Wellen am Strand, Blätter im Wind, Zuschauermassen im Fußballstadion – das alles und noch viel mehr wird weder durch das Newton'sche noch irgendein anderes physikalisch-mathematisches Modell, auch kein relativistisches oder quantenmechanisches, in *einheitlicher* Weise erklärt.

Hier werden einige Physiker und Philosophinnen heftig widersprechen, die glauben, die moderne Physik oder zumindest eine zukünftig zu entwickelnde physikalische Einheitstheorie namens «Weltformel» könne im Prinzip all diese Phänomene mittels weniger grundlegender Naturgesetze befriedigend erklären. Meines Erachtens irren Sie in diesem, wie er mir anmutet, quasireligiösen Glauben. Zu den Gründen für meinen Quasi-Atheismus gleich mehr; zunächst möchte ich etwas näher auf die nötigen Idealisierungen bei der Anwendung des Newton'schen Modells eingehen: Gemäß dem amerikanisch-pragmatischen Motto «Keep it simple!» bleiben wir bei der vom Turm fallenden Eisenkugel. Im dritten Kapitel beobachteten wir mit dem Hobbyphysiker die stetig zunehmende Fallgeschwindigkeit der Kugel bzw. ihre parabelförmige Weltlinie (raum-zeitliche Bahn). Wie wird diese nun durch das

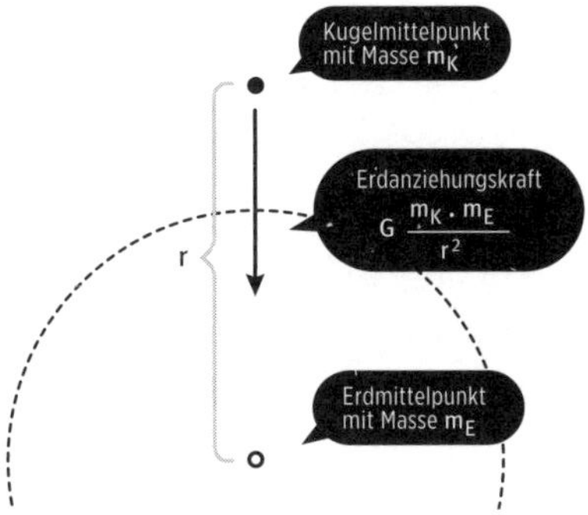

Freier Fall nach Newton

Newton'sche Modell erklärt? Zunächst denkt man sich alles weg, bis auf die Erde und die Kugel. Diese wiederum denkt man sich als perfekte, gleichmäßig ausgefüllte Kugeln, die man anschließend gedanklich in ihrem jeweiligen Mittelpunkt zusammenschnurren lässt. Dann wendet man das Newton'sche Gravitationsgesetz gemäß der (nicht ganz maßstabsgetreuen) Abbildung an.

Die Erde zieht die Kugel mit der angegebenen Kraft zu sich hin, wobei G eine bestimmte Naturkonstante ist (deren genauer Wert uns hier nicht interessieren muss). Umgekehrt zieht die Kugel genauso stark an der Erde.[20] Da deren Masse aber so viel größer ist als die der Kugel, können wir dies getrost vernachlässigen. Außerdem können wir vernachlässigen, dass die Erdanziehung immer stärker wird, je mehr sich die Kugel der Erde nähert.[21] Denn uns interessiert nur die im Vergleich zur Entfernung zum Erdmittelpunkt verschwindend geringe Fallstrecke bis zum Boden. Das heißt, wir können die auf die Kugel wirkende Kraft als konstant ansehen mit dem Wert $m_k \cdot g$. Hierbei steht «g» für die sogenannte Erdbeschleunigung, die ca. 9,81 Meter pro Quadratsekunde beträgt.[22] Nach dem zweiten Newton'schen Gesetz fällt die Kugel mit ebendieser Beschleunigung aus der Ruhelage zu Boden. Zuletzt bestätigt eine einfache Integralrechnung die Parabelform der Kugelbahn.

So, in etwa, die Erklärung des Fallgesetzes, wie man sie in der Schule lernt. Meist wird dabei allerdings kaum die Frage diskutiert, wieso man denn insbesondere so tun kann, als sei die Erde ein Punkt. Bestenfalls wird einem dann mitgeteilt, dass man mathematisch zeigen kann, dass die auf einen Punkt außerhalb einer homogenen Kugel von dieser ausgeübte Gravitationskraft unabhängig von ihrem Radius ist. In der Tat, das ist eine beliebte Übungsaufgabe für Physikstudenten im ersten Semester. Aber die Erde ist keine homogene Kugel. Weder ist sie kugelförmig, noch ist ihre Masse gleichmäßig über ihr gesamtes Volumen verteilt. Warum können wir das also einfach vernachlässigen? Und warum können wir die Luft, den Mond, die Sonne und den ganzen Rest einfach ausblenden? Weder die Newton'sche Mechanik noch irgendein mathematisches Theorem liefert die Begründung. Diese besteht vielmehr in der profanen Beobachtung, dass es eben funktioniert. Der Aspekt des Systems Eisenkugel/Erde, der uns interessiert, ist die Flugbahn der Kugel, die sich näherungsweise bei wiederholtem Fallenlassen immer wieder ergibt. Hinsichtlich dieses Aspekts verhält sich das System zum Glück nicht chaotisch. Ganz anders, wenn wir die Kugel gegen eine Daunenfeder eintauschen. Die idealisierte Punktbetrachtung funktioniert in diesem Fall nur dann, wenn wir fragen, wie die Feder *im Vakuum* fallen würde. Lautet die Frage aber, wie sie *wirklich* fallen wird, hilft uns das Newton'sche Modell nicht weiter. Die für seine Anwendbarkeit nötigen Idealisierungen werden der Problemstellung schlicht nicht mehr gerecht.

Worauf ich hinauswill, ist dies: Jedem mathematischen Modell muss in einer naturwissenschaftlichen, technischen oder alltagspraktischen Anwendung zunächst mittels mehr oder weniger grober Vereinfachungen der Weg geebnet werden. Und diese Vereinfachungen können von Anwendungsfall zu Anwendungsfall sehr unterschiedlich ausfallen. Mal wird man etwa die Erde als einzelnen Massepunkt ansehen können, mal wird man sie als rotierende homogene Kugel betrachten müssen. Und oft wird sich auch diese Idealisierung als zu stark vereinfachend erweisen. Die richtige, oder vielmehr eine praktikable, Idealisierung zu finden, ist eine Kunst, deren Beherrschung für den Physiker und die Ingenieurin ebenso wichtig ist wie die fundierte Kenntnis der theoretischen Grundlagen ihrer jeweiligen Disziplin. Erst recht nimmt ihnen die Mathematik in dieser Hinsicht nichts ab. Kein mathematisches Modell teilt uns über sich selbst mit, auf welche Phänomene es wie anzuwenden ist.

Determination und Explanation – die ungleichen Schwestern

Es gibt zwei sehr unterschiedliche Typen von Naturforschern: den, der die natürliche Welt beherrschen will, und den, der sie verstehen will. Beherrschen und Verstehen gehen manchmal Hand in Hand, meist aber getrennte Wege. Wissenschaftler, die im sonoren Brustton der Überzeugung verkünden, alles, was im Phänomenbereich ihrer jeweiligen Disziplin liegt, würde durch selbige *erklärt*, übersehen jenen Punkt nur allzu gern. Wenn beispielsweise eine Soziobiologin vehement behauptet, nicht etwa die Beschäftigung mit Religion, Literatur und Kunst gebe uns Aufschluss darüber, was die Liebe sei, sondern einzig und allein die Evolutionsgeschichte des Menschen als biologischer Art, so verwechselt sie meines Erachtens schlicht das Auffinden determinierender Faktoren mit einer Erklärung des resultierenden Phänomens. Selbst wenn wir der Biologin zugestehen würden – was ich nicht tue –, dass alle Formen sozialer Interaktion irgendwie «in den Genen angelegt» seien, so bliebe sie uns immer noch zuallererst eine Antwort auf die Frage schuldig, was denn genau unter «Liebe» zu verstehen sei. Käme dann eine Antwort der Art «Liebe ist ein Gefühl zum Zwecke des Fortpflanzungserfolgs», so hätte sie schlicht das Thema verfehlt. Denn so interessant etwa der Einfluss des Immunsystems auf die Partnerwahl als Forschungsgegenstand in Sachen Liebe sein mag, so wenig erschöpft sich diese als vielschichtiges soziokulturelles Phänomen in biologischen Fragestellungen zur Fortpflanzung. Eine biologische Erklärung der Liebe müsste u. a. aufzeigen, wie die ökonomischen Machtverhältnisse in einer Gesellschaft deren vorherrschendes Liebesideal prägen. Ich hege gewisse Zweifel daran, dass Genanalysen hierzu irgendetwas Erhellendes beisteuern können.

Das Beispiel der Soziobiologin sollte nur der Sensibilisierung für eine Unterscheidung dienen, die auch für mathematische Modelle grundlegend ist. Man könnte sie als die Unterscheidung zwischen *Determination* und *Explanation* festmachen. Da passt das folgende berühmte Zitat von Pierre-Simon Laplace aus dem Jahre 1814:

> Wir müssen also den gegenwärtigen Zustand des Universums als Folge eines früheren Zustandes ansehen und als Ursache des Zustandes, der danach kommt. Eine Intelligenz, die in einem gegebenen Augenblick alle Kräfte kennt, mit denen die Welt begabt ist, und die gegenwärtige Lage der Gebilde, die sie zusammensetzen, und die überdies umfassend genug wäre, diese Kenntnisse der Analyse zu unterwerfen, würde in der gleichen Formel die Bewegungen der größten Himmelskörper und die des leichtesten Atoms einbegreifen. Nichts wäre für sie ungewiss, Zukunft und Vergangenheit lägen klar vor ihren Augen.

Laplace bringt hier zum einen das mechanistische Weltbild zum Ausdruck. Zum anderen veranschaulicht er mit der Figur einer ominösen Intelligenz – besser bekannt als «Laplace'scher Dämon» – die Überzeugung, dass alle vergangenen und zukünftigen Zustände des Universums bzw. Verteilungen der elementaren Materiebausteine durch die wirkenden Kräfte gemäß dem Newton'schen Modell eindeutig bestimmt sind.

Versetzen wir uns kurz in die Zeit von Laplace zurück, bevor die späteren tiefgreifenden Umwälzungen in der Physik, insbesondere die Entwicklung der Relativitätstheorie und der Quantenmechanik, das mechanistische Weltbild vom Sockel stießen und dem Newton'schen Modell den Ehrentitel «Mathematisches Universalmodell der Welt» entrissen. Der Laplace'sche Dämon erscheint uns nun zwar immer noch als eine bloße Kunstfigur, aber als eine mit wahrem Kern: Insofern ein bestimmtes physisches System als «abgeschlossen» betrachtet werden kann, sprich als eines, dessen Wechselwirkungen mit seiner Umwelt zu vernachlässigen sind, kann ein Wissenschaftler das Verhalten des Systems prinzipiell beliebig genau vorhersagen. Er muss hierzu «nur» die innerhalb des Systems wirkenden Kräfte hinreichend genau kennen sowie die räumliche Ausgangsverteilung der elementaren Systembausteine und deren Geschwindigkeiten zum betreffenden Zeitpunkt. Ein solcher dämonischer Wissenschaftler besäße das, was sich Dr. Frankenstein erträumte: «absolute» Kontrolle und Durchdringung der Funktionsweise eines jeglichen physischen Systems, den Menschen und seine Lebens- und Denkprozesse eingeschlossen.

So mag es scheinen, doch es ist ein Trugschluss. Der Laplace'sche Dämon kann zwar das Verhalten eines jeden physischen Systems exakt vorhersagen, und er kann auch für jeden vergangenen Zeitpunkt en détail auf den damaligen Zustand des Systems schließen. Aber selbst der Dämon versteht nicht unbedingt alles, was es Interessantes am Verhalten des Systems zu verstehen geben könnte. Determination ist *nicht* Explanation!

Das ist keine bloße Behauptung eines wissenschaftsskeptischen Schreiberlings; ich kann es an einem ganz anschaulichen Beispiel belegen, das Sie bereits kennen: am Galton-Brett. Wäre die Welt wirklich gemäß ihrem mechanistischen Abbild aufgebaut und gäbe das Newton'sche Modell wirklich wieder, was die Welt im Innersten zusammenhält, so ließe sich gewiss im Prinzip für jede Erbse, die durchs Galton-Brett fällt, vorhersagen, in welchem Schlitz sie landet. Der Prozess des Fallens der Erbse ist zwar chaotisch, sodass sich bei normal grober Kenntnis des aktuellen Systemzustands ihre Bahn nicht vorhersagen lässt; aber es geht ja ums Prinzip. Man müsste halt nur genau genug auf Ebene der Elementarteilchen nachschauen können, um mithilfe des Newton'schen Modells die Bahn der Erbse im Vorhinein exakt bestimmen zu können. Wären wir dazu in der Lage, so wüssten wir viel mehr, als wir tatsächlich wissen können. Aber eines wüssten wir nicht, zumindest wenn sich unser theoretisches Wissen in den Newton'schen Gesetzen erschöpfte: Wir wüssten nicht, dass und warum sich die Verteilung der Erbsen auf die Schlitze mit zunehmender Erbsenzahl und Zahl der Ebenen des Galton-Bretts immer mehr der Normalverteilung annähert. Dazu sagt das Newton'sche Modell rein gar nichts.

Im Verbund aus mechanistischem Weltbild und Newton'schem Grundmodell hat der Zufall ebenso wenig einen Platz, wie der Struwwelpeter in einem biedermeierlichen Familienidyll. Die Wahrscheinlichkeitstheorie spielt darin keinerlei tragende Rolle; deterministische Analysis bzw. Differential- und Integralrechnung sind im Grunde alles, was es an mathematischer Theorie darin braucht. Die Wahrscheinlichkeitstheorie kommt in diesem Rahmen nur dann zum Zuge, wenn es darum geht, bei unvollständigem Wissen über den Ausgangszustand eines Systems etwas darüber zu sagen, von welchen Endzuständen man in welchem Maße ausgehen sollte. Wahrscheinlichkeit dient hierbei nicht als Maß des Zufalls, sondern als Maß für unsere (rationale) Erwartungshaltung. Für den Laplace'schen Dämon ist das völlig irrelevant; er hat ja vollständiges Wissen und kennt schon im Voraus für jedes System dessen Endzustände. Aber nur mit diesem «vollständigen» Wissen ausgestattet, ist er nicht einmal in der Lage, den zentralen Grenzwertsatz zu formulieren, geschweige denn zu erkennen, dass und weshalb sich große Mengen an Erbsen in Galton-Brettern mit vielen Ebenen so zur Normalverteilung verhalten, wie sie es tatsächlich in der Regel tun.[23] Der Grund hierfür ist der: Das Newton'sche Modell gibt zwar – wie wir mit Laplace weiterhin annehmen wollen – vollständigen Aufschluss über die kausalen Zusammenhänge innerhalb eines jeden physischen Systems, die dessen Verhalten komplett bestimmen. Doch der zentrale Grenzwertsatz setzt gewissermaßen höher an, auf einer strukturellen Ebene. So wie logische Gesetze Verbindungen zwischen Tatsachen aufzeigen, ganz unabhängig von deren physischer Realisierung und kausalem Zusammenhang, so deckt der Zentrale Grenzwertsatz eine Gemeinsamkeit aller Systeme auf, die in bestimmter Weise strukturiert sind, ganz unabhängig davon, wie die gemeinsame Struktur jeweils konkret physisch ausgestaltet sein mag. Im Fall des Galton-Bretts ist die Struktur die einer endlichen Folge mit zwei möglichen Ausprägungen an jeder Stelle der Folge, wobei wir an keiner Stelle irgendeinen triftigen Grund haben, eher von der einen Ausprägung auszugehen als von der anderen. Es ist dieselbe Struktur wie beispielsweise die des mehrmaligen (nicht manipulierten) Werfens einer Münze. Rein physikalisch betrachtet, unterscheiden sich die Vorgänge im Galton-Brett gewaltig von denen beim Münzwurf; die wirkenden Kräfte sind sehr verschieden und entsprechend die konkret zu lösenden Differentialgleichungen. Doch wahrscheinlichkeitstheoretisch betrachtet, sind sie lediglich verschiedene Verkörperungen derselben Struktur.

Wieder zurück in der Gegenwart, können wir festhalten: Erfolgreiche mathematische Anwendungen in den Naturwissenschaften und darüber hinaus funktionieren nicht in einer einheitlichen Weise. Vielmehr zielen sie auf Strukturmerkmale von Systemen ab, die auf sehr verschiedenen Abstraktionsniveaus angesiedelt sein können. Das Newton'sche Grundmodell etwa betrifft direkt die Kausalstruktur, sprich die Kräfteverhältnisse in einem System, gedacht als Ensemble kleinster Teilchen. Je komplexer das System, desto mehr decken sich hier mathematische Struktur und physische Realisierung.[24] Die Wahrscheinlichkeitstheorie betrifft hingegen weit höherstufige Strukturen, die jeweils von zahlreichen physischen Systemen mit ganz unterschiedlichen Kausalstrukturen realisiert sein können. Deshalb kann es kein *einziges* mathematisches Modell von *allem* geben. Interessante Fragen über das Verhalten mehr oder weniger komplexer physischer Systeme können und werden sich immer wieder auf unterschiedlichsten Abstraktionsstufen stellen. Zur Klärung dieser Fragen bedarf es mathematischer Modelle, die jeweils auf derselben Abstraktionsstufe angesiedelt sind.

Ich vermute, die allermeisten Naturwissenschaftlerinnen werden mit diesem Befund keinerlei Bauchschmerzen haben – womöglich aber so mancher theoretische Physiker, der an der Vereinigung von Allgemeiner Relativitätstheorie und Quantenphysik bzw. dem sogenannten *Standardmodell* der Teilchenphysik arbeitet. Falls Sie schon einmal etwas von «Stringtheorie» oder «Quantengravitation» gehört haben sollten: Diese stellen Versuche einer solchen Vereinigung dar. Das Problem besteht darin, dass die Relativitätstheorie und das Standardmodell für sich betrachtet enorm erfolgreich in der Vorhersage und Erklärung von Phänomenen in ihrem je eigenen Gegenstandsbereich sind (Galaxienhaufen und sonstige makroskopische Objekte bzw. Atome und noch kleinere «Teilchen»), sich aber streng mathematisch gegenseitig ausschließen. Mindestens eine der beiden Theorien muss also so abgewandelt werden – vermutlich eher beide –, dass die Vereinbarkeit erzielt wird, aber ohne dabei den Kern der Theorie einzubüßen, der ihren Erfolg ausmacht. Die Lösung dieses Problems wäre wahrlich ein weiterer epochaler Meilenstein nicht nur der Physikgeschichte, sondern überhaupt der gesamten Ideengeschichte der Menschheit. Das bestreite ich nicht, ganz im Gegenteil; was ich bestreite, ist vielmehr, dass damit die «Weltformel» gefunden wäre, die «alles erklärt». Selbst mit dem Zusatz «im Prinzip» könnte die Einheitstheorie das gar nicht leisten.

Die gegenteilige Ansicht ist ein Erbstück aus den Zeiten von Laplace, das allerdings schon damals weitaus geringeren Wert hatte, als es schien. Um es noch einmal zu wiederholen: Selbst wenn das mechanistische Weltbild zutreffend wäre und das Newton'sche Grundmodell universelle Gültigkeit besäße, würde es nicht einmal im Prinzip die Chemie, die Biologie und alle anderen höherstufigen Naturwissenschaften überflüssig machen, geschweige denn alle sonstigen Formen der Welterklärung. Wie gesehen, würde es nicht einmal alle anderen mathematischen Modelle für physikalische Phänomene überflüssig machen. Dasselbe gilt für die erhoffte Einheitstheorie. Sie würde, ausgehend von einheitlichen Grundprinzipien, ungeahnte Einsichten in verschiedenartigste Naturphänomene ermöglichen, von subatomaren Prozessen bis hin zu Kollisionen Schwarzer Löcher. Der gängigen «Kopenhagener» Deutung der Quantenmechanik zum Trotz, wonach der Zufall doch einen festen Platz im Weltgefüge einnimmt, ist es sogar denkbar, dass in einem bestimmten Sinne alle Naturvorgänge gemäß der Einheitstheorie determiniert wären. Doch selbst dann würde sie ebenso wenig wie das Newton'sche Modell alle Aspekte aller physischen Systeme *erklären*. Die annähernde Normalverteilung der Erbsen im Galton-Brett ist nur ein einfaches Beispiel von vielen. Man denke etwa an die Frage, warum sich bestimmte komplexe Moleküle, wie Proteine, nur gemäß bestimmten räumlichen Anordnungen bilden. Wenn es dafür überhaupt eine für uns Menschen verständliche – für wen sonst? – Erklärung gibt, so dürfte sie wohl eher von einer scheinbar esoterischen, abseitigen mathematischen Teildisziplin wie der *Knotentheorie*[25] kommen als von der Stringtheorie, der Quantengravitation oder irgendeiner ganz anders gearteten zukünftigen Einheitstheorie.

Hartnäckige Anhängerinnen des physikalischen Szientismus, also der metaphysischen Lehre von der wesentlichen Strukturiertheit der Welt allein gemäß Begrifflichkeiten der Physik, machen hier gerne den cleveren Schachzug, alles, was sich eventuell irgendwann einmal als «nützlicher» Teil der Mathematik erweisen könnte – aber keinesfalls so unnützer Kram wie etwa transfinite Mengenlehre –, einfach unter der Hand der Physik bzw. der Einheitstheorie zuzurechnen. Dieser semantische Taschenspielertrick behebt aber nicht das Grundproblem jeglicher Form von Szientismus: Die Welt ist in vielfältigster Weise, in unterschiedlichsten Abstraktionsgraden strukturiert. Und es gibt *kein* wissenschaftliches – im engen Sinne des Szientismus verstanden – Kriterium, das uns sagen könnte, welche Strukturen die Welt wirklich mitprägen und welche wir nur in sie hineindeuten. Wer behauptet, nur diejenigen Strukturen seien echt, die sich letztendlich in Begrifflichkeiten festmachen lassen, wie sie aktuell oder zukünftig in den Naturwissenschaften verwendet werden, steht vor einem veritablen Dilemma: Entweder reduziert er die Rolle der Mathematik auf ein Minimum und behauptet, nur diejenigen mathematischen Modelle seien zulässig,[26] die sich auf vorgängig in den Naturwissenschaften festgemachte Strukturen beziehen. Dann ist er aber auf die wenig plausible Position festgelegt, wonach höherstufige abstrakte Zusammenhänge, wie sie beispielsweise durch den Zentralen Grenzwertsatz festgemacht werden, bloße «Hineindeutungen» in die Welt seien. Oder aber der Szientist erkennt auch solche Zusammenhänge als «wissenschaftlich» an. Doch dann muss er erklären, weshalb von allen nichtempirischen, begrifflich-analytischen Disziplinen, deren Gültigkeitsstandards grundverschieden von denen der Naturwissenschaften sind, einzig und allein die Mathematik Einlass in den erlauchten Kreis der «wahren Wissenschaften» erhalten sollte. Mir ist keine überzeugende Begründung bekannt. Es gibt sehr wohl rationale Standards, nach denen wir wahre von bloß erdachten Strukturen unterscheiden können. Nur sind diese Standards viel komplexer und «diskursiver», als der Szientist es wahrhaben will. Schlicht von der Kanzel herab festzulegen, wahr seien lediglich diejenigen Strukturen, die der Szientist als wahr gelten lassen muss, um die erste Alternative des Dilemmas – die Reduktion der Rolle der Mathematik auf ein völlig unplausibles Minimum – zu vermeiden, ist jedenfalls wenig überzeugend.

Künstliche Intelligenz – Totengräberin des erklärenden Modells?

Mit meinen obigen Ausführungen habe ich keineswegs beabsichtigt, die faszinierende Fülle an unerwarteten und eleganten Anwendungen der Mathematik in den Naturwissenschaften weniger faszinierend erscheinen zu lassen. Frei nach dem Motto Maos, «Laßt tausend Blumen blühen!», wollte ich, ganz im Gegenteil, zeigen: Die naturwissenschaftlichen, technischen und alltagspraktischen Anwendungen der Mathematik bilden keinen kulturrevolutionären Einheitsrasen, sondern eine bunte Wiese mit ganz unterschiedlichen Gewächsen. So zielen manche mathematischen Modelle auf ganz konkrete Kausalstrukturen spezifischer physischer Systeme ab, wohingegen andere Modelle auf weitaus abstraktere Zusammenhänge verweisen, die sich in ganz unterschiedlichen physischen Systemen realisieren können.

Für die Vielfalt gibt es verschiedene Gründe. So wird etwa ein Modell, das sich in einem Anwendungsfall als überaus nützlich erwiesen hat, manchmal in einem anderen, aber ganz ähnlichen Fall durch ein alternatives Modell ersetzt, nur weil sich damit leichter rechnen lässt. Von solch profanen Gründen abgesehen, ist der eigentliche Grund aber der, dass wir von mathematischen Modellen nicht bloß möglichst genaue Vorhersagen zum Verhalten physischer Systeme erwarten, sondern auch Erklärungen für das Verhalten. Ginge es immer nur um Ersteres, so würde es im Prinzip genügen, ein «Universallmodell» zu entwickeln, das auf möglichst elementarer kausaler Ebene ansetzt. Verstehen heißt jedoch, vor lauter Bäumen trotzdem den Wald zu erkennen. Das heißt, wenn es um Letzteres geht, wollen wir oft gerade kein Modell, das auf der elementarsten Ebene ansetzt, sondern eines, das auf dem passenden Abstraktionsniveau strukturelle Zusammenhänge aufzeigt. Nur, es gibt nicht das *eine* passende Abstraktionsniveau, vielmehr wechselt es von System zu System und von Fragestellung zu Fragestellung, und zwar abhängig von unseren jeweiligen Erklärungsansprüchen.

Der durch «Big Data», «parallel rechnende Graphikkarten» und dergleichen mehr befeuerte Trend geht allerdings in die andere Richtung: weg von der Erklärung, hin zur reinen Vorhersage. Der Trend firmiert als «Künstliche Intelligenz». Eine aufgeblasenere und irreführendere Bezeichnung für eine zwar technisch und gesellschaftlich überaus bedeutsame, aber inhaltlich und methodisch ziemlich profane Sache kann man sich kaum einfallen lassen. Die Pioniere der KI-Forschung waren zwar einst angetreten, ein intelligentes künstliches System zu erschaffen. Sie waren sich dabei allerdings nicht wirklich im Klaren darüber, was eigentlich unter Intelligenz genau zu verstehen sei. Doch sei's drum, das hemdsärmelige Motto lautete: «Erst mal das Ding erschaffen, und dann sehen wir schon, wie intelligent es ist.» Das soll gar nicht als Kritik verstanden werden; in den Natur- und Technikwissenschaften muss man meistens «einfach mal machen», um etwas Neues zu entdecken oder zu erschaffen, ohne sich allzu sehr um begriffliche Grundlagen zu scheren. In dem Fall scheiterten die Pioniere aber grandios. Allen Verlautbarungen aus den Marketingabteilungen von «Tech-Konzernen» zum Trotz hat noch niemand ein *intelligentes* künstliches System erschaffen. Die Konsequenz aus dem Scheitern der Pioniere war nämlich die, sich sang- und klanglos von dem ursprünglichen Vorhaben zu verabschieden und sich stattdessen auf die Entwicklung effizienter Datenverarbeitungssysteme zur Bewältigung spezifischer Aufgaben zu konzentrieren, wofür es eben gerade *keiner* Intelligenz bedarf. Den schicken, ehrfurchtgebietenden Namen des ursprünglichen Forschungszweiges behielt man allerdings gerne bei.

Stellen wir uns folgendes Szenario vor: Der Hobbyphysiker aus dem Unendlichkeitskapitel lebt in einer technisch hoch-, wissenschaftlich aber eher unterwickelten Zivilisation – ähnlich, wie es sich mit dem Römischen Imperium verhielt. Er verfügt zwar über leistungsstarke Rechenmaschinen, aber Newtons Gravitationsgesetz ist ihm nicht einmal ansatzweise bekannt. Dennoch will er den Gesetzmäßigkeiten des freien Falls auf die Spur kommen; genauer: Er will herausbekommen, wie die Falldauer eines Gegenstandes von dessen Gewicht, seiner Form, der Fallhöhe, dem herrschenden Luftdruck, der herrschenden Temperatur u. a. abhängt. Hierzu lässt er unter vielen, vielen verschiedenen Ausgangsbedingungen Gegenstände fallen und misst millisekundengenau die Falldauer. Anschließend gibt er alle erfassten Daten in seinen Rechner ein und lässt einen Optimierungsalgorithmus für ein «künstliches neuronales Netz» darüberlaufen. Der Algorithmus stellt die Parameter des Netzes im Idealfall so ein, dass es in neuen Fällen die Fallzeit mit hoher Präzision vorhersagt. Das ist dann der Fall, wenn der Hobbyphysiker das Modell mit ausreichend vielen repräsentativen Daten «gefüttert» hat, wovon wir ebenfalls ausgehen wollen.

Das Tolle ist nun, dass er damit über ein Vorhersagemodell für die

Falldauer von Gegenständen verfügt, das in vielen Situationen deutlich besser «performt» als das Newton'sche Modell. Man denke etwa an einen Tischtennisball bei starker Thermik. Hier versagt das Newton'sche Modell völlig, was die möglichst genaue Prognose der Falldauer anbelangt. Das neuronale Netz liefert hingegen eine sehr gute Prognose, da es auch mit Daten aus ähnlichen Fällen «trainiert» wurde – um ein letztes Mal ein wenig «Data Science»-Sprech einfließen zu lassen. Nur, der Hobbyphysiker versteht nichts vom freien Fall. Eines der größten Geschenke, die Newton der Menschheit mit der Entwicklung seines Modells und des Gravitationsgesetzes gemacht hat, ist die Idee, dass unzählig viele verschiedene, scheinbar je ganz andersartige Naturphänomene im Kern auf derselben einfachen Kausalstruktur beruhen. Diese Idee ist zwar in ihrer ursprünglichen Form falsch, wie wir seit Einstein wissen. Die grundlegende Einsicht der weitreichenden strukturellen Übereinstimmung ist aber nach wie vor gültig. Das neuronale Netz knüpft keinerlei derartigen Verbindungen. Unter anderem sagt es rein gar nichts über die Bewegungen der Planeten um die Sonne aus. Es spuckt bloß bei korrekten Eingaben zu einem Gegenstand, der auf der Erde zu Boden fallen gelassen wird, die richtige Falldauer aus – nicht weniger, aber auch nicht mehr.

Im Grunde verhält es sich so für alle Modelle, die auf Verfahren der «Künstlichen Intelligenz» oder des «Machine Learning» beruhen. Ich entwickle und nutze solche Modelle immer wieder in meiner eigenen beruflichen Praxis. Ich weiß daher ihren großen praktischen Nutzen zu schätzen. Ich weiß aber auch um ihre großen Defizite und um den hohen, breiten Wall aus Bullshit, der sie umgibt. KI-Modelle haben unbestreitbar viele erstaunliche Anwendungen, sie liefern uns allerdings keine neuen Einsichten. In einem wissenschaftlichen Zusammenhang können sie bestenfalls indirekt, als heuristische Werkzeuge, dazu beitragen, neue Sichtweisen und Erklärungen für bislang unverstandene Phänomene zu entwickeln. So können sie beispielsweise einer Genforscherin die lästige oder von ihr gar nicht zu bewältigende Aufgabe abnehmen, in riesigen

Datenmengen wiederkehrende Muster ausfindig zu machen. Ob die gefundenen Muster eine biologische Bedeutung haben und, wenn ja, worin diese besteht, darüber sagt das Modell nichts; hierzu muss die Forscherin kreativ denken, Hypothesen bilden und verwerfen, weiterdenken und revidieren, bis sich schließlich im besten Fall eine Theorie herausbildet, die in ein erklärendes Modell gegossen werden kann.

Fließt denn nicht in die Entwicklung von KI-Modellen viel theoretisches Wissen ein? Das schon, aber hier muss man ein paar Dinge auseinanderhalten. Einige sehr schlaue Leute – darunter Mathematiker und theoretische Informatikerinnen – haben sich in den letzten Jahrzehnten viele Gedanken gemacht und Erkenntnisse darüber gewonnen, wie computergestützte Prognosemodelle den Informationsgehalt, der in einem gegebenen Datenbestand steckt, möglichst effizient aus diesem herausziehen können. Das hierbei angehäufte beeindruckende theoretische Wissen hat aber in den allermeisten Anwendungsfällen rein gar nichts mit dem jeweiligen Phänomenbereich zu tun – so wenig wie das theoretische Wissen des Flugzeugingenieurs etwas mit der Kulturgeschichte Mallorcas zu tun hat, wohin er diesen Sommer aller Flugscham zum Trotz mit seiner Familie in den Urlaub fliegt. Die komplexen mathematischen Erwägungen etwa, die zu immer leistungsstärkeren Optimierungsalgorithmen für künstliche neuronale Netze geführt haben, nützen mir auf inhaltlicher Ebene nichts, wenn ich ein solches Netz anhand von Finanzdaten einstellen möchte, um bestimmte zukünftige Risiken für eine Bank oder Versicherung möglichst gut abzuschätzen. Das Netz bzw. Modell mag erstaunlich präzise und zuverlässige Vorhersagen treffen, das darin verborgene theoretische Wissen gibt mir jedoch keinerlei Aufschluss über die tiefliegenden betriebswirtschaftlichen Gesetze, die Finanzkennzahlen und Geschäftsrisiken miteinander verbinden – vorausgesetzt, es gibt solche Gesetze überhaupt.

Vor einigen Jahren vertrat der damalige Herausgeber des *Wired*-Magazins, Chris Anderson, in einem vielbeachteten Essay[27] die

These von der baldigen Ablösung wissenschaftlicher Theoriebildung durch rein datenbasierte Wissensmehrung. Nach dem Motto «Wer braucht schon eine Theorie, wenn er die Antwort einfach ergoogeln kann?!» würden Naturwissenschaftler nicht länger kausale Zusammenhänge postulieren, die in Experimenten zu überprüfen wären, sondern sie würden allein «die Daten sprechen» lassen. Damit wäre endlich «vorurteilsfreie» Forschung möglich, die der Komplexität der Welt Rechnung trägt und diese nicht in simplifizierende Strukturmodelle zu zwängen versucht. So eine mögliche Sichtweise. Man könnte aber auch den hohen Ton des Kulturpessimismus anstimmen: «Damit hätten die Weltbeherrscher vollends den Sieg über die Weltversteher davongetragen.» Die Realität wird wohl noch länger irgendwo dazwischen liegen. Die allermeisten physischen Systeme sind und bleiben in ihrem Kern so komplex, dass sie durch keine noch so abstrakte Betrachtungsweise, durch keine noch so elegante Beschreibung in der «Sprache der Mathematik» verständlich werden. Geht es um die Kontrolle oder Vorhersage des Verhaltens solcher Systeme, bieten die Methoden der KI Möglichkeiten, die zuvor nicht zur Verfügung standen. Dennoch dürfte der Drang, zumindest bestimmte Aspekte der Systeme in größere Zusammenhänge einzuordnen und somit in gewissem Sinne zu erklären, nicht so bald zum Erliegen kommen. Wo möglich, werden hierfür die mathematische Modellbildung und die Anwendung des immensen von der Mathematik zur Verfügung gestellten Schatzes an Theorien und Theoremen weiterhin das Mittel der Wahl bleiben.

Von Quanten und Wundern

Das wäre eigentlich ein nettes Schlusswort für dieses Kapitel. Doch das Gebot der intellektuellen Redlichkeit zwingt mich, nochmals auf Eugene Wigners Essay zu sprechen zu kommen. Darin führt er nicht nur leicht zu entkräftende Beispiele «wundersamer» Anwendungen der Mathematik an. Sein Paradebeispiel ist der komplexe «Hilbertraum» im Rahmen der Quantenmechanik. Und dessen Rolle darin ist in der Tat sehr verwunderlich.

$$i\hbar \frac{\partial \Psi(x, t)}{\partial t} = -\frac{\hbar^2}{2m} \frac{\partial^2 \Psi(x, t)}{\partial x^2} + V(x, t)\, \Psi(x, t)$$

Dies ist die berühmte *Schrödinger-Gleichung* – hier für ein einzelnes Teilchen der Masse m, das sich nur entlang einer Raumdimension bewegt, und zwar unter dem Einfluss der Energieverteilung V.[28] Was das genau heißt, ist jetzt nicht so wichtig; uns interessiert hier die Größe Ψ. Es handelt sich um die «Wellenfunktion» des Teilchens, die dessen «Quantenzustände» im Zeitverlauf repräsentiert. Rein mathematisch ist Ψ nichts anderes als eine Funktion, die je zwei reellen Zahlen x und t eine komplexe Zahl zuordnet. Aber nicht alle derartigen Funktionen sind im Rahmen der Quantenmechanik als Wellenfunktionen zulässig; die zulässigen Funktionen bilden gemeinsam eine Menge – besagten *Hilbertraum* –, auf der bestimmte Rechenoperationen (u. a. die Addition) mit nützlichen Eigenschaften definiert werden können. Ferner lassen sich (lineare) «Operatoren» definieren, die jeder Wellenfunktion eine Wellenfunktion zuordnen. Bildet ein solcher Operator A eine solche Funktion Ψ auf ein Vielfaches ihrer selbst ab, also $A(\Psi) = \alpha\Psi$, wobei α eine komplexe Zahl ist, so wird Ψ als «Eigenfunktion» von A bezeichnet und α als der entsprechende «Eigenwert».

Einige Komplikationen, die mit der Dirac-Funktion aus der Einleitung zusammenhängen, habe ich unter den Teppich gekehrt. Die Beule am Boden ignorieren wir aber geflissentlich und konzentrieren uns darauf, wie nun die Schrödinger-Gleichung angewendet wird:

1. Man erzeuge oder präpariere das Teilchen, etwa ein Elektron, in solcher Weise, dass seinem Quantenzustand zum betreffenden Zeitpunkt t eine bestimmte Wellenfunktion $\Psi(x, t)$ entspricht.[29]

2. Man löse die Schrödinger-Gleichung mit dieser Wellenfunktion für einen späteren Zeitpunkt T, zu dem eine dem Operator A entsprechende Messung an dem Teilchen vorgenommen werden soll.
3. Man stelle die Lösung $\Psi(x, T)$ als Summe[30] $\Sigma\, c_n \psi_n$ (oder Integral) der Eigenfunktionen ψ_n von A mit den reellen Eigenwerten α_n dar.
4. Die Betragsquadrate $|c_n|^2$ der komplexen Koeffizienten c_n der Darstellung geben die Wahrscheinlichkeiten an, mit denen der jeweilige Wert α_n gemessen wird.

Dieses Vorgehen hat sich in unzähligen Anwendungsfällen insofern als überaus erfolgreich erwiesen, als sich die theoretischen Wahrscheinlichkeiten bei vielfachem Wiederholen der jeweiligen Experimente mit hoher Genauigkeit bestätigten. Nur, wie man es genau zu verstehen hat, war und ist Gegenstand heftiger Debatten.

Gemäß der orthodoxen Sicht, der sogenannten *Kopenhagener Deutung*, erklären sich die Schritte 1 bis 4 grob wie folgt: Durch die jeweilige Art der Erzeugung bzw. Präparierung des Teilchens wird dieses in einen ganz bestimmten, eindeutigen Quantenzustand versetzt. Dieser beinhaltet *sämtliche* (physikalischen) Eigenschaften des Teilchens zum betreffenden Zeitpunkt. Die Schrödinger-Gleichung gibt nun an, wie sich dieser Zustand im Laufe der Zeit verändert. Sie spielt somit eine analoge Rolle wie das zweite Newton'sche Gesetz in der klassischen Mechanik. Die Messung zum Zeitpunkt T schließlich stellt eine Fremdeinwirkung auf das Teilchen dar, die es zwingt, schlagartig in einen neuen Quantenzustand zu wechseln. Der Fremdeinwirkung entspricht ein bestimmter Operator mit bestimmten Eigenfunktionen. Das Teilchen kann nur in genau einen der Quantenzustände wechseln, die diesen Eigenfunktionen entsprechen. Und jeder dieser Quantenzustände zeichnet sich dadurch aus, dass für Teilchen, die sich in diesem Zustand befinden, die gemessene physikalische Größe stets denselben Wert annimmt, nämlich den entsprechenden Eigenwert. Mit welcher Wahrschein-

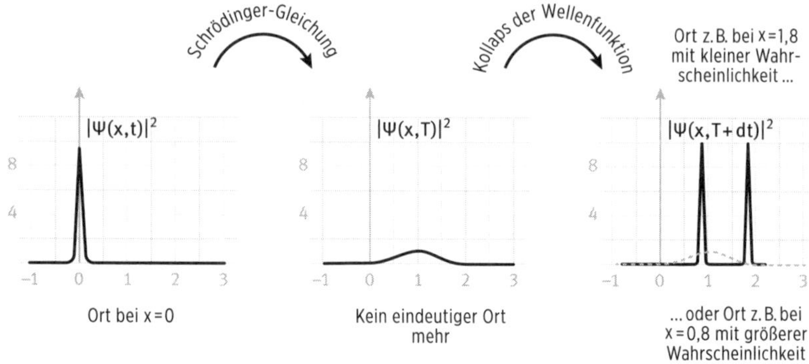

Ortsmessung nach Kopenhagener Deutung

lichkeit einer der möglichen Eigenwerte eintritt, hängt vom Quantenzustand unmittelbar vor dem schlagartigen Zustandswechsel bzw. «Kollaps der Wellenfunktion» ab, je nachdem, wie sich die Wellenfunktion aus den Eigenfunktionen zusammensetzt.

Um es konkreter zu machen, wollen wir eine Messung des Ortes des Teilchens betrachten. In diesem Fall lässt sich die Wahrscheinlichkeit dafür, das Teilchen bei einer Messung zum Zeitpunkt t an der Stelle x zu verorten, direkt am Betragsquadrat $|\Psi(x, t)|^2$ der Wellenfunktion ablesen. Der sehr spitz zulaufende Graph der Funktion links zeigt dementsprechend an, dass unmittelbar nach der Erzeugung des Teilchens dieses mit sehr hoher Wahrscheinlichkeit ebendort, wo es erzeugt wurde, gemessen würde. Das ist ja noch ziemlich einleuchtend. Doch nun setzt die Schrödinger-Gleichung ein und lässt den Graphen «zerfließen», sodass wir nach einiger Zeit eine Situation wie in der mittleren Abbildung haben: Der Wellenfunktion lässt sich kein eindeutiger Ort mehr zuordnen, der Graph erstreckt sich über ein breites Intervall. Und nach der Kopenhagener Deutung heißt das, dass das Teilchen gar keinen eindeutigen Ort hat. Denn die Wellenfunktion bestimmt vollständig den Quantenzustand des Teilchens, und dieser bestimmt sämtliche seiner Eigenschaften. Also hat sich das Teilchen in Luft aufgelöst, sodass unsere Instrumente nichts anzeigen, wenn wir nach ihm suchen?

Nein! Sobald wir mit den geeigneten Instrumenten suchen, wird die Schrödinger-Gleichung außer Kraft gesetzt, und die Wellenfunktion «kollabiert», sodass der Graph (nach infinitesimaler Zeit dt) wieder eine spitz zulaufende Form annimmt, wie rechts dargestellt. Nur wo die Spitze liegt, bestimmt allein der Zufall. Dabei sind nicht alle Orte für die Spitze gleich wahrscheinlich, vielmehr hängen die Wahrscheinlichkeiten von der Wellenfunktion unmittelbar vor der Messung ab.

Wer angesichts dieser Erläuterung etwas ungläubig mit dem Kopf schüttelt, ist nicht allein in seiner Skepsis. Einstein wollte die Kopenhagener Geschichte auch nicht glauben. Er wollte nicht akzeptieren, dass das Teilchen unmittelbar nach seiner Erzeugung einen Ort haben soll, sich dann aber angeblich peu à peu «auflöst», um eine Existenz als bloßes «Geisterteilchen» zu fristen, bis es schließlich allein durch unser Zutun wieder konkrete Gestalt an einem bestimmten Ort annehmen soll, wobei obendrein dieser Ort auch noch zufällig sei. Sein Kommentar lautete: «Gott würfelt nicht!» Bei vielen Physikern hat sich bis heute hartnäckig das von den beiden großen Urvätern der Quantenmechanik, Niels Bohr und Werner Heisenberg, gezeichnete Zerrbild von Einstein als altersstarrsinnigem Reaktionär festgesetzt, der sich nach seinen eigenen großen intellektuellen Errungenschaften schlicht neuen Ideen gegenüber verschloss. Tatsächlich wies Einstein scharfsinnig auf einige gewichtige Unstimmigkeiten der Kopenhagener Deutung hin, und er unterbreitete darüber hinaus vernünftige Vorschläge zu deren Korrektur. So schlug er vor, die Wellenfunktion als Stellvertreterin einer gewissen *unvollständigen* Information über den Zustandsverlauf des Teilchens zu deuten. Demnach habe das Teilchen, wie in der klassischen Physik auch, sehr wohl jederzeit einen eindeutigen Ort; nur sei uns dieser nicht immer bekannt. Was wir mittels der Schrödinger-Gleichung wüssten, sei eben nur eine bestimmte Wahrscheinlichkeitsverteilung für den Ort des Teilchens. Das betreffe aber nicht das Teilchen selbst, sondern nur unser Wissen über selbiges.

Der bereits erwähnte John Stewart Bell zeigte jedoch in den Sechzigerjahren des letzten Jahrhunderts, dass und wie man Einsteins Vorschlag experimentell überprüfen könnte. Und es ergab sich, dass Einsteins alternative Deutung nicht richtig sein kann. Das heißt aber noch lange nicht, dass die Kopenhagener Deutung die richtige ist. Höchst problematisch ist insbesondere die Rolle, die unter ihr der Messvorgang spielt. Soll etwa der Kollaps der Wellenfunktion nur deshalb erfolgen, weil *wir* hinschauen bzw. weil ein komplexes System mit *Geist* eine bestimmte Information über das Teilchen gewinnen will? Oder ist es schlicht eine bestimmte Form der Interaktion mit einem *makroskopischen* System, nämlich der Messapparatur, die den Kollaps hervorruft? Wenn ja, lassen sich die jeweiligen Formen der Interaktion physikalisch beschreiben oder letztendlich doch nur mit dem zirkulären Verweis auf Interaktionen, wie sie auftreten, wenn Physikerinnen die betreffende Größe messen? Ferner, wie entgeht man dann dem scheinbaren Teufelskreis, dass sich einzelne Teilchen nur in der Interaktion mit makroskopischen Gegenständen lokalisieren oder in anderen Hinsichten realisieren, die Gegenstände ihrerseits aber aus einzelnen Teilchen bestehen?

Das berühmte Gedankenexperiment der *Schrödinger'schen Katze* kreist um ebendiesen Fragenkomplex. Wie Sie vielleicht schon wissen, geht es darin um eine arme Katze, die für gewisse Zeit in einen hermetisch abgeschlossenen Kasten gesteckt wird (immerhin mit genügend Sauerstoff darin, damit sie nicht erstickt). Im Behälter ist eine Apparatur installiert, die eine Giftampulle mit einem Hämmerchen zerschlägt, falls in der Zeit ein Atom einer winzig kleinen Menge radioaktiven Materials zerfällt. In diesem Fall stirbt die Katze an Vergiftung; falls kein radioaktiver Zerfall erfolgt, bleibt die Katze am Leben. Ferner ist die Substanz so präpariert, dass beide Fälle mit der gleichen Wahrscheinlichkeit $\frac{1}{2}$ eintreten. Als Moral dieses Gedankenexperiments werden von nicht wenigen Leuten allen Ernstes Weisheiten verkündet wie diese: «Die Quantenmechanik zeigt die Vereinbarkeit verschiedener Zustände auf, die unsere borniert-westliche ‹Vernunft› als sich widersprechend ansieht. Die Katze ist zugleich tot und lebendig.» Das ist natürlich Unfug. Das Gedankenexperiment kann man weniger tiefgründelnd, dafür aber viel plausibler auch schlicht so verstehen, dass Schrödinger am Beispiel der Katze und der perfiden Apparatur eine gravierende Lücke in der Kopenhagener Deutung vor Augen führen wollte. Gemäß dieser könnte man den ganzen Vorgang nämlich einerseits so analysieren, dass allein die radioaktive Substanz das Quantensystem darstellt, welches nach der festgelegten Zeit mit der makroskopischen Mess- und Tötungsapparatur interagiert, wodurch es zum Kollaps der Wellenfunktion der Substanz kommt. So analysiert, wird die Ampulle entweder zerschlagen oder nicht; entweder die Katze stirbt, oder sie bleibt am Leben – so wie es uns unsere «westliche Vernunft» sagt. Andererseits ist, so Schrödinger, mit der Kopenhagener Deutung ebenso die Analyse vereinbar, wonach der gesamte Kasten das Quantensystem darstellt. Nach der festgelegten Zeit befindet sich demnach das System in einem *Überlagerungszustand*, der sich zu gleichen Teilen aus solchen Zuständen zusammensetzt, in denen die Katzenmoleküle eine tote Katze bilden, und solchen, in denen die Moleküle eine lebendige Katze formen. Erst die Interaktion mit einem weiteren makroskopischen System, beispielsweise wenn wir den Kasten wieder öffnen, ließe die Wellenfunktion des Kastens in einen dieser Zustände mit entweder toter oder lebendiger Katze kollabieren. Die Moral ist also eher die: Die Kopenhagener Deutung stützt sich allzu sehr auf eine im konkreten Anwendungsfall zwar meist völlig einleuchtende, theoretisch aber unklare Aufteilung der Versuchsanordnung in das «Quantensystem» und die «Messapparatur».[31]

Ohne tiefer in die Diskussion einsteigen zu wollen, möchte ich noch kurz auf eine sehr beliebte, aber potentiell irreführende Veranschaulichung der Wellenfunktion eingehen. Und zwar sieht man in Lehrbüchern oft Abbildungen von Molekülen als Ensembles wolkiger Gebilde, die jeweils zum Rand hin immer mehr ausdünnen. Als Veranschaulichung des Umstands, dass die einzelnen Teilchen eines «Quantensystems» vor einem Kollaps der Wellenfunktion keinen spezifischen Ort haben, sind solche wolkigen Gebilde nicht zu beanstanden – sofern man die Kopenhagener Deutung akzeptiert. Man sollte sie aber nicht so missverstehen, als seien die Teilchen irgendwie im Raum «verschmiert». Nach dieser Vorstellung wäre in der Situation kurz vor der Ortsbestimmung des einzelnen Teilchens, wie sie in der Mitte der obigen Abbildung dargestellt ist, die Masse des Teilchens überwiegend im Intervall von 0 bis 2 verteilt, wobei der überwiegende Anteil davon wiederum bei 1 konzentriert wäre. Das hieße aber, während des Kollapses würde die gesamte Masse des Teilchens an eine bestimmte Stelle «gesogen». Hierzu bedürfte es allerdings einer besonderen Kraft, über die uns die Quantenmechanik rein gar nichts sagt. Die Wellenfunktion bzw. der Quantenzustand eines Systems enthielte somit doch nicht die vollständige Information über das System. Ferner gibt es keinerlei experimentellen Beleg für eine solche Kraft.

Uns sollte an dieser Stelle aber eine andere Sache noch mehr interessieren: komplexe Zahlen, partielle Ableitungen, Hilberträume, Operatoren, Eigenfunktionen, Eigenwerte – alles Dinge, die Mathematiker entdeckt oder erdacht haben, ohne auch nur im Entferntesten Quantenzustände geisterhafter Teilchen im Sinn gehabt zu haben, die keine konkreten Eigenschaften besitzen, solange sie «unbeobachtet» sind. Grenzt es nicht wirklich an ein Wunder, dass solche mathematischen Größen in der beschriebenen Weise Anwendung im Reich des Allerkleinsten finden? Nehmen wir nur die Anwendung eines Operators auf eine Funktion. Ein naheliegender Praxiseinsatz hierfür ist beispielsweise gegeben, wenn man wissen will, wie ein bestimmter Prozess auf veränderte Umweltbedingungen reagiert. Der mathematische Funktionsbegriff ist u. a. mit dem Ziel ersonnen worden, den zeitlichen Verlauf quantifizierbarer Aspekte von natürlichen Prozessen analysieren zu können. Und Operatoren geben von Hause aus in bündiger Form Veränderungen von Funktionen wieder. Da erscheint es nicht ganz abwegig, dass die Anwendung eines Operators auf eine Funktion physikalisch als eine Art von Einwirkung auf einen Prozess gedeutet werden kann. Aber der Jesus-Operator, der das Lazarus-Teilchen wieder zum Leben erweckt bzw. ihm wieder einen konkreten Ort in der Welt verschafft? Das erscheint wahrlich wie ein Wunder. Es verhält sich ja keineswegs so, dass der Operator auf die Wellenfunktion angewandt wird und daraus die neue, «kollabierte» Wellenfunktion resultiert. Vielmehr gibt der Operator mit seinen Eigenfunktionen der Wellenfunktion gewissermaßen nur vor, welche neuen Formen sie annehmen kann; sie allein bestimmt dann die entsprechenden Wahrscheinlichkeiten. Und den Rest erledigt wie ein Deus ex Machina der Zufall.

Wie gesehen, erklären sich viele überraschende naturwissenschaftliche Anwendungen der Mathematik durch höherstufige strukturelle Ähnlichkeiten verschiedener physischer Systeme, die auf den ersten Blick keine Gemeinsamkeiten zu haben scheinen. Wenn bestimmte mathematische Begriffe und Methoden, deren Anwendung in bestimmten Phänomenbereichen ziemlich naheliegend ist, in scheinbar gänzlich andersartigen Bereichen erfolgreich eingesetzt werden, so legt sich die Verwunderung schnell, wenn einem die Gleichartigkeit beider Bereiche auf einem geeigneten Abstraktionsniveau vor Augen geführt wird.

Hier scheint der Fall aber anders zu liegen. Die mathematischen Grundbegriffe der Quantenmechanik spielen in ihr anscheinend nicht dieselbe Rolle, die sie in gewöhnlichen Anwendungen haben – ganz gleich, welchen Abstraktionsgrad man auch ansetzt. Doch rührt das Unverständnis von der Rolle der Mathematik in der Quantenmechanik nicht womöglich daher, dass die gängige Deutung dieser Theorie schlicht unausgegoren ist? «Wie sollte denn eine Theorie derart erfolgreich eingesetzt werden können, wenn selbst die Experten sie nicht richtig verstanden haben?», lautet die naheliegende Gegenfrage. Doch die Wissenschaftsgeschichte ist voller Beispiele dafür. Man denke nur an die überaus erfolgreiche Anwendung der komplexen Zahlen, lange bevor die von Gauß entwickelte geometrische Sichtweise ihre vermeintlich wundersamen

Anwendungsmöglichkeiten in ein klares Licht rückte. Die Maxwell'sche Elektrodynamik ist ein anderes Beispiel: Lange dachte man, die Wellengleichungen der Theorie müssten buchstäblich von Wellen innerhalb einer merkwürdigen «Flüssigkeit» handeln, nämlich des Äthers aus dem Relativitätskapitel. Später erkannte man aber, dass es sich um «Wellen» in einem viel abstrakteren Sinne handeln muss.

Es gibt Alternativen zur Kopenhagener Deutung, die im Gegensatz zu der von Einstein vorgeschlagenen dieselben experimentellen Ergebnisse voraussagen. Eine solche Alternative ist die nach Louis-Victor de Broglie und David Bohm benannte «de-Broglie-Bohm'sche Mechanik». In ihr gibt es insbesondere keinen Kollaps der Wellenfunktion, kein wundersames Auswählen einer Eigenfunktion eines Operators durch den Zufall. Anders als in der Kopenhagener Lesart der Quantenmechanik bestimmt die Wellenfunktion eines Teilchens im Rahmen der de-Broglie-Bohm'schen Mechanik in erster Linie keine Wahrscheinlichkeiten, sondern die Geschwindigkeit des Teilchens, welches tatsächlich stets einen eindeutigen Ort besitzt (wovon ja auch Einstein nicht lassen wollte). Und zwar tut die Wellenfunktion dies gemäß einer neuen Gleichung: der sogenannten *Führungsgleichung*. Die Ergänzung der Quantenmechanik um die Führungsgleichung macht aus ihr auf einmal eine durch und durch deterministische Theorie. Der Laplace'sche Dämon kann auf einmal wieder aus einem Ausgangszustand des Universums en détail dessen Zustand zu einem beliebigen anderen Zeitpunkt ableiten! Er muss nur zusätzlich die Wellenfunktion des gesamten Universums zum Ausgangszeitpunkt kennen. Die quantenmechanischen Wahrscheinlichkeiten sind nur für uns relevant, die wir die Ausgangszustände von Quantensystemen eben nicht aufs Genaueste kennen, geschweige denn den des gesamten Universums.

Die de-Broglie-Bohm'sche Mechanik hat allerdings mit ihren eigenen Problemen zu kämpfen; vor allem ist nicht geklärt, wie die Theorie relativistisch umzuformen ist, also so, dass sie der Lorentz-Transformation aus dem Relativitätskapitel genügt. Wie dem auch sei, das Beispiel der de-Broglie-Bohm'schen Mechanik zeigt, dass so manche «wundersame» mathematische Anwendung im Rahmen einer nichtmathematischen Theorie viel nachvollziehbarer werden kann, wenn man diese nichtmathematische Theorie anders deutet. Meines Erachtens ist das auch wenig verwunderlich. Die Mathematik ist kein Raumschiff, das aus dem Nichts über einer altägyptischen Baustelle erscheint und mittels eines blau schimmernden Lichtkegels tonnenschwere Steinquader zu einer Pyramide aufschichtet.[32] Sie ist vielmehr eine Denkkunst, aber auch ein großer Werkzeugkasten mit einer Fülle an Instrumenten, die jeweils für bestimmte Zwecke erschaffen wurden, die sich aber jeweils auch für etwas ganz anderes nutzen lassen. Man muss halt erst einmal darauf kommen, dass man die Ersatzschraube fürs Holzregal zusammen mit dem Schraubenzieher und der Rohrzange auch als Korkenzieher nutzen kann.

6. Geist und (mathematische) Abstraktion

[...] es ist die Versuchung aufgekommen, [...] den vernünftigen Gedanken, daß die Philosophie keine Naturwissenschaft ist, mit dem verfehlten Gedanken zu verwechseln, daß die Philosophie unabhängig von den Naturwissenschaften ist.
Wilfrid Sellars in *Der Empirismus und die Philosophie des Geistes*

Mein teurer Freund, ich rat Euch drum zuerst Collegium Logicum.
Da wird der Geist Euch wohl dressiert, in spanische Stiefeln eingeschnürt,
dass er bedächtiger so fortan hinschleiche die Gedankenbahn,
und nicht etwa, die Kreuz und Quer, irrlichteliere hin und her.
Mephistopheles zum Schüler im *Faust I*

Die Lotsin aus der Unmündigkeit

Es war einmal ein Millionär, dessen Arzt beim jährlichen Gesundheitscheck eine Untersuchung hinsichtlich einer sehr seltenen, aber umso tödlicheren, unheilbaren Krankheit anregte. Der Arzt hatte zwar keinen konkreten Verdacht, und der Millionär gehörte auch keiner besonderen Risikogruppe an, aber man könne ja nie wissen. Eine Woche später sollte das Testergebnis in der Praxis am Starnberger See besprochen werden:

Arzt: «Setzen Sie sich. Ich muss Ihnen leider mitteilen, dass der Test positiv ausgefallen ist – also negativ für Sie.»
Millionär: «Oh Gott! Heißt das jetzt, ich muss sterben?!»
Arzt: «Ich befürchte es. Das eingesetzte Testverfahren ist das fortschrittlichste auf dem Markt und hat eine Trefferquote von 99,99 %.»
Millionär: «Was mach ich denn jetzt?!»
Arzt: «Ich schlage vor, Sie verkaufen Ihr gesamtes Hab und Gut und machen sich noch ein paar schöne letzte Wochen. Machen Sie's wie die englische Fußballerlegende George Best: Geben Sie

die eine Hälfte für schöne Frauen und schnelle Autos aus; die andere Hälfte verprassen Sie einfach!»

Zehn Jahre später haust der einstige Millionär verarmt und dem Vergessen seiner Starnberger Freunde anheimgefallen in einem Münchner Kellerloch.

Haben wir es hier mit einem medizinischen Wunder oder einem Riesenzufall zu tun? Weder noch, sondern vielmehr mit einem Beispiel dafür, wie mangelnde mathematische Bildung zu fatalen Fehlentscheidungen führen kann. Hätten der Arzt und der Millionär jemals vom *Satz von Bayes* gehört, so wären sie keinem Trugschluss mit so gravierenden Folgen aufgesessen. Offenbar glaubte der Arzt, das positive Testergebnis bedeute angesichts der hohen Trefferquote von 99,99 %, dass der Millionär mit ebendieser Wahrscheinlichkeit von der unabwendbar tödlichen Krankheit befallen sei. Das ist schlicht falsch, und der Satz von Bayes zeigt, weshalb. Er handelt von sogenannten *bedingten* Wahrscheinlichkeiten:

$$P(A \mid B) = \frac{P(A \cap B)}{P(B)}$$

Hierbei sind A und B mögliche Ereignisse (im weitesten Sinne), die mit den Wahrscheinlichkeiten P(A) bzw. P(B) eintreten oder bereits eingetreten sind. Und $A \cap B$ ist das Ereignis, dass A und B beide eintreten oder eingetreten sind. Die Wahrscheinlichkeiten fasst man am besten als Maße der Gewissheit hinsichtlich des Eintretens des jeweiligen Ereignisses auf,[1] nicht der Zufälligkeit. Die Wahrscheinlichkeitstheorie wird zwar gern als «Theorie vom Zufall» dargestellt, doch die allermeisten ihrer Anwendungen betreffen Ereignisse, Zustände oder Ergebnisse, die gar nicht als zufällig betrachtet werden müssen; im Gegenteil, sie können sogar vollständig durch irgendwelche Ausgangsbedingungen determiniert sein. Entscheidend ist unser unvollständiges Wissen über diese Ausgangsbedingungen oder den determinierenden «Mechanismus».

So gesehen, leuchtet es ein, dass sich die Wahrscheinlichkeit eines Ereignisses ändern kann, wenn neue Informationen hinzukommen. Wenn ich etwa von einer Person nur weiß, dass sie in Deutschland lebt, so wird *meine* Wahrscheinlichkeit für das «Ereignis», dass die Person größer als zwei Meter ist, ca. 0,2 % betragen; das ist in etwa der Anteil der über zwei Meter Großen an der Gesamtbevölkerung Deutschlands. Wenn Sie aber über die Zusatzinformation verfügen, dass es sich bei der Person um ein Mitglied der deutschen Basketball-Nationalmannschaft der Männer handelt, so wird *Ihre* Wahrscheinlichkeit für dasselbe Ereignis deutlich höher sein.

Nun gibt der Satz von Bayes Aufschluss darüber, wie sich die bedingten Wahrscheinlichkeiten ändern, wenn sich die Rollen der Ereignisse umkehren (wobei «$\neg A$» für das Ereignis steht, dessen Eintreten gleichbedeutend mit dem Nichteintreten von A ist):

$$P(A \mid B) = \frac{P(B \mid A) \cdot P(A)}{P(B \mid A) \cdot P(A) + P(B \mid \neg A) \cdot P(\neg A)}$$

Dieser Satz ist gar nicht schwer zu beweisen. Uns interessiert hier aber weniger sein Beweis als vielmehr seine Anwendung auf die Arztgeschichte: Sei also A das Ereignis, dass der Millionär wirklich von besagter Krankheit befallen ist, und B das Ereignis, dass der Test bei ihm positiv ausfällt. Damit entspricht die vom Arzt hervorgehobene Trefferquote von 99,99 % der bedingten Wahrscheinlichkeit P(B | A) dafür, dass der Test beim Millionär positiv ist, falls er erkrankt ist. Diesen interessiert aber vielmehr P(A | B): die Wahrscheinlichkeit dafür, dass er erkrankt ist, gegeben die Zusatzinformation des positiven Testergebnisses. Um diese Wahrscheinlichkeit bestimmen zu können, müssen wir nach dem Satz von Bayes zusätzlich die Wahrscheinlichkeiten $P(A)$, $P(\neg A)$, $P(B \mid \neg A)$ kennen. Nehmen wir daher an, dass der Test auf Nichterkrankte ebenso zuverlässig reagiert wie auf Erkrankte, sodass gilt: $P(B \mid \neg A) = 0{,}01\,\%$.[2] Und nehmen wir ferner an, nur eine von 100 000 Personen in Deutschland hat die Krankheit, sodass $P(A) = 0{,}001\,\%$ und $P(\neg A) = 99{,}999\,\%$. Das ergibt:

$$P(A|B) = \frac{99{,}99\% \cdot 0{,}001\%}{99{,}99\% \cdot 0{,}001\% + 0{,}01\% \cdot 99{,}999\%} \approx 9{,}1\%$$

Gegeben die gesamte damals zur Verfügung stehende Information, lag die Wahrscheinlichkeit dafür, dass der Millionär erkrankt war, also unter 10 %! Da überrascht es auf einmal wenig, dass er sich in der Tat als kerngesund herausstellte.

Dieses fiktive, aber durchaus realistische Beispiel führt vor Augen, was selbst eingefleischte Mathematikverächter wohl kaum bestreiten können: Ein gewisses mathematisches, insbesondere wahrscheinlichkeitstheoretisches Grundverständnis ist unerlässlich, um in unserem «Informationszeitalter» nicht ständig wie der Ochs vorm Berg zu stehen oder, schlimmer noch, wie der ahnungslose Lemming einfach allen anderen zu folgen. Tag für Tag prasseln zahllose Nachrichten und Neuigkeiten auf uns ein, deren Stichhaltigkeit implizit oder explizit von der Validität bestimmter statistischer Analysen abhängen. Nur wer diese fundiert beurteilen kann, kann jene überhaupt souverän einordnen. Was fragen Sie sich etwa als Erstes, wenn Sie eines Morgens in Ihrer Lieblingsboulevardzeitung oder auf Ihrer bevorzugten Sozialplattform Folgendes lesen:

> Und es stimmt doch: Hundebesitzer sind die besseren Menschen! Wissenschaftler am Max-Planck-Institut für Haustierkunde haben in einer aufwendigen Studie nachgewiesen, dass Herrchen und Frauchen von Waldi & Co. eine signifikant höhere Spendenbereitschaft zeigen als der hundelose Rest der Bevölkerung.

Gut, die allererste Frage muss natürlich lauten: «Für welche Schwachsinnsstudien verbraten die denn noch unsere Steuergelder?!» Aber was ist Ihre zweite, inhaltliche Frage? Man könnte sicherlich fragen, wie zuverlässig die Einschätzungen zur Spendenbereitschaft waren oder wofür es überhaupt zu spenden galt. Doch wir wollen annehmen, dass die Studie nach allen Regeln der statistischen Kunst abgelaufen ist und somit solche Fragen vorab zufriedenstellend geklärt wurden. Dann bliebe freilich immer noch die entscheidende Frage: Wie groß ist denn nun der Unterschied in der Spendenbereitschaft?! Dass der Unterschied «signifikant» ist, besagt im statistischen Sinne keineswegs, dass er auch bedeutend ist. Es könnte sehr wohl sein, dass die Wahrscheinlichkeit, für einen guten Zweck zu spenden, bei Hundebesitzerinnen 73 % beträgt und bei allen anderen 72 %. Gegeben eine hinreichend große Stichprobe, kann selbst ein so geringer Unterschied ein statisch signifikantes Ergebnis liefern. Dies gilt es bitte zu bedenken, wenn einem das nächste Mal ein Wundermittel angepriesen wird, das die Verdauung, das Gedächtnis oder die Libido «signifikant» verbessern soll.

Obwohl statistische Analysen zu meinem täglichen Geschäft gehören, ertappe auch ich mich immer wieder dabei, deren Ergebnisse spontan falsch einzuschätzen – etwa als bedeutend, obwohl sie bloß «signifikant» sind. Das ist schon rein mathematisch verfehlt. Wie viele weitere Fallstricke bei der Einordnung statistischer Resultate da noch lauern, schwant einem, wenn man bedenkt, dass es sich bei der Statistik selbstverständlich um eine Form angewandter Mathematik handelt. Spätestens im vorigen Kapitel ist deutlich geworden, dass mathematische Modelle realweltlicher Phänomene mitnichten nur auf strengen mathematischen Prinzipien beruhen; ebenso entscheidend sind auch heuristische Brückenprinzipien, die mehr oder weniger klar vorgeben, wie bestimmte Aspekte eines physischen, sozialen oder sonstigen nichtmathematischen Systems «in die Sprache der Mathematik zu übersetzen» sind. Die vielen Fallstricke müssten mathematische Laien nicht weiter bekümmern, wenn es um bloßes Rechnen ginge. Wir alle delegieren lästige Routineaufgaben oder technisches Spezialwissen erfordernde Tätigkeiten an Maschinen bzw. Expertinnen, und zwar völlig zu Recht. Als Jäger und Sammler musste man noch alles beherrschen, was alle anderen beherrschten; als industriell-technisch Zivilisierter kann das Motto hingegen nur lauten: Mut zur Lücke! Doch es geht hier nicht um die nächste Steuererklärung oder die Einrichtung des neuen Smartphones. Es geht um ein Verständnis grundlegender Zusammenhänge in ebenunserer industriell-technischen Zivilisation.

In ihren Anfängen kreiste die Wahrscheinlichkeitstheorie um Glücksspiele und die Frage, wie man seine Gewinnmöglichkeiten in diesen verbessern oder zumindest richtig einschätzen könnte. Nach und nach hat man aber erkannt, dass sie viel mehr ist als eine bloße Theorie des zufälligen Glücks; es handelt sich um eine Theorie *rationaler* Entscheidungsfindung unter *unvollständigem* Wissen. So gesehen, ist die Wahrscheinlichkeitstheorie eine Verallgemeinerung der Logik und fast ebenso grundlegend. Die Logik sagt uns, was wir alles noch glauben sollten, wenn wir bestimmte Dinge glauben; die Wahrscheinlichkeitstheorie sagt uns, wovon wir in welchem Maße noch ausgehen sollten, wenn wir von bestimmten Dingen in bestimmtem Maße ausgehen. Die Theorie stattet somit den Geist mit Wanderstiefeln aus, damit dieser beim Voranschreiten auf der unebenen Gedankenbahn nicht abrutschen möge. Solche Stiefel sind umso nötiger, als das Auge unserer Intuition den Weg nur sehr verschwommen sieht. Folgendes Beispiel verdeutlicht dies nochmals eindrücklich:

Hausärztin: «Frau Müller, da muss ich Ihnen eine Überweisung ausstellen. Für das Fachgebiet gibt es im weiteren Umkreis nur drei Spezialisten: Prof. Adam, Prof. Bauer und Prof. Curtius. Zwei davon sind Nieten, aber einer ist eine wirkliche Koryphäe.»
Patientin Müller: «Ja, welcher denn?!»
Hausärztin: «Das kann ich Ihnen aus standesrechtlichen Gründen leider nicht sagen. Wählen Sie einfach zufällig einen aus.»
Patientin Müller: «Na gut, dann halt den Prof. Adam.»
Hausärztin: «Pssst, ganz unter uns: Gut, dass Sie nicht den Bauer gewählt haben. Der ist nämlich eine der beiden Nieten. Mehr kann ich aber wirklich nicht verraten. Bleiben Sie beim Adam, oder soll ich doch lieber den Curtius aufschreiben?»
Patientin Müller: «Äh???»

Dies ist das berühmte *Ziegenproblem* in alltagsmedizinischem Gewand.[3] Selbst namhafte Mathematiker haben sich mit falschen «Lösungen» desselben gehörig blamiert. Einige waren felsenfest davon überzeugt, Frau Müller solle unbedingt bei Ihrer ersten Wahl bleiben, weil ein Wechsel die Wahrscheinlichkeit, die Koryphäe zu erwischen, noch verringere. Die Mehrheit war hingegen ebenso überzeugt, es sei hinsichtlich der Erfolgsaussichten vollkommen egal, ob Frau Müller zu Curtius wechselt oder nicht; die Wahrscheinlichkeit müsse in beiden Fällen gleich bleiben. Wiederum andere plädierten für einen Wechsel zu Curtius. Die Wahrscheinlichkeit, dass es sich um die Koryphäe handelt, sei für Curtius größer als für Adam. Was meinen Sie? Kann die *nachträgliche* Information, dass Prof. Bauer eine Niete ist, die Trefferwahrscheinlichkeit zugunsten von Adam oder Curtius verschieben? Und wenn ja, zu wem?

Das Schöne am Ziegenproblem ist, wie schlicht es daherkommt und wie schwer es dennoch intuitiv zu fassen ist. Hätten die Mathematiker, die irrten, ihre Wanderstiefel festgezurrt, statt in Hauspantoffeln loszustapfen, wären sie problemlos zur richtigen Antwort gelangt. So aber verließen sie sich auf ihre Anschauung, die jedoch nicht nur bei mathematischen Laien meist kläglich versagt, wenn es darum geht, subtile informationelle Wechselbeziehungen richtig einzuschätzen. Apropos, Sie wollen vermutlich noch die korrekte Lösung erfahren: Frau Müller sollte in der Tat zu Curtius wechseln. Die Trefferwahrscheinlichkeit beträgt zwar zunächst offenbar für alle drei Professoren gleichermaßen ein Drittel. Durch die nachträgliche Zusatzinformation von der Hausärztin steigt diese jedoch für Curtius auf zwei Drittel, wohingegen sie für Adam bei einem Drittel verharrt. Das kann man ganz stoisch mit einer elementaren (bedingten) Wahrscheinlichkeitsrechnung nachweisen; in diesem Fall geht's aber auch mit einer überraschend einfachen Überlegung – auf die man aber erst einmal kommen muss: Angenommen, die Patientin bleibt bei ihrer ersten Wahl; dann kommt sie nur dann zur Koryphäe, wenn sie ebendiese mit einer Wahrscheinlichkeit von einem Drittel gewählt hat. Revidiert die Patientin hingegen ihre

Wahl, so kommt sie gerade dann zur Koryphäe, wenn sie ebendiese mit einer Wahrscheinlichkeit von zwei Dritteln zunächst *nicht* gewählt hat.

Aber nicht nur die Wahrscheinlichkeitstheorie sollte, zumindest in ihren Grundzügen, zum intellektuellen Rüstzeug aufgeklärter Zeitgenossinnen gehören. Eine der wenigen amüsanten Folgen der Corona-Krise zu Beginn war, wie auf einmal fast die gesamte Politprominenz, mit wenigen rühmlichen Ausnahmen, mühsam altes Schulwissen über die Exponentialfunktion herauskramen musste, um vor lauter «Reproduktionszahlen» nicht vollends den Überblick zu verlieren. Von jemandem, der erst wieder im Schulbuch nachschlagen muss, um die Dynamik exponentiellen Wachstums zu erfassen, wird man allerdings kaum eine souveräne Einordnung unterschiedlicher Modellierungsansätze und Parameterunsicherheiten zu ebendieser Dynamik erwarten können. Das soll nicht als dumpfe Politikerschelte missverstanden werden. Ich will nur mit einem besonders augenfälligen Beispiel auf folgenden Punkt hinweisen: Wir alle sollten als mündige Bürger in der Lage sein, die vielfältigen Prozesse, die unser Leben mehr oder weniger stark beeinflussen – seien sie pandemischer, ökonomischer, klimatischer oder sonstiger Art –, in «nichtlinearer» Weise zu erfassen. Das heißt, wir alle sollten insbesondere nicht nur abstrakt darum wissen, sondern konkret einschätzen können, zumindest grob, wie und unter welchen Umständen selbst kleinste Änderungen von Ausgangsparametern solcher Prozesse mittel- bis langfristig zu enormen Verhaltensänderungen derselben führen können. Den Schlüssel dazu händigt Ihnen allein die Mathematik aus.

Von falschen Vorbildern zu neuen Inspirationsquellen

Mit diesem Plädoyer für mehr mathematische Mündigkeit will ich keineswegs einer unkritischen Mathematisierung von allem und jedem das Wort reden, ganz im Gegenteil. Zur Mündigkeit gehört insbesondere die Fähigkeit, sinnvolle von unsinnigen mathematischen Modellbildungen unterscheiden und die Grenzen jener bemessen zu können.

Die Disziplin mit der wohl problematischsten Mathematisierungsgeschichte ist die Volkswirtschaftslehre. Böse Zungen an mathematischen Forschungsinstituten und Fachbereichen von Universitäten behaupten: «Zweitrangige Mathematiker, die hier nichts werden können, wechseln in die Wirtschaftswissenschaften. Dort können sie schon mit ein paar halbwegs komplizierten Formeln Eindruck schinden.» In meinem Fall verhält es sich noch schlimmer: Ich bin in die Wirtschaft selbst gewechselt, dazu noch als «Berater». Doch geht es mir hier nicht um billige Polemik – erst recht nicht auf meine eigenen Kosten! –, sondern darum, dass die Geistes- und Sozialwissenschaften hinsichtlich des Gebrauchs mathematischer Methoden nicht blindlings dem Leitbild der Naturwissenschaften folgen sollten, vor allem nicht dem der Physik mit ihrem enorm hohen Grad an Mathematisierung.

In seiner *Allgemeinen Theorie der Beschäftigung, des Zinses und des Geldes* von 1936 verweist John Maynard Keynes im Zusammenhang mit der Sparquote einer Volkswirtschaft auf ein angebliches «fundamentales psychologisches Gesetz», wonach «Menschen disponiert sind, in der Regel und im Durchschnitt, ihren Konsum [C] im Einklang mit ihrem Einkommen [X] zu erhöhen, aber nicht im gleichen Maße». Daraus leitet er ab, dass «dC/dX positiv und kleiner als eins» ist sowie dass die Sparquote mit steigendem realem Einkommen ebenfalls zunimmt. Und in der Tat, wenn man sich die entsprechenden Zahlen beispielsweise für die USA über einen längeren Zeitraum nach dem Zweiten Weltkrieg anschaut, so stellt man fest: Im Durchschnitt entwickelte sich das Konsumverhalten der Amerikaner in diesem Zeitraum annähernd gemäß der von Keynes ausgemachten Gesetzmäßigkeit – mit konstanter Konsumrate dC/dX knapp unterhalb von 1 (allerdings in jüngeren Jahren bei abnehmender Sparquote). Doch was ist der wissenschaftliche Status der Gesetzmäßigkeit? Ist sie überhaupt als *wissenschaftlich* anzusehen oder eher als eine Art volkswirtschaftlicher Bauernregel? Gewiss galt nicht für jede Amerikanerin, dass ihre Konsumausgaben stets weniger stark anstiegen als ihr Einkommen. Doch wenn es nicht unbedingt auf individueller Ebene gilt, warum sollte es auf gesellschaftlicher Ebene im Durchschnitt gelten? Ist wirklich ein grundlegendes «psychologisches Gesetz» dafür verantwortlich oder eine quasinaturwissenschaftliche Gesetzmäßigkeit komplexer Interaktionen von Agenten bestimmter Art?

Wer so fragt, hegt womöglich insgeheim die Hoffnung, die Wirtschaftswissenschaften könnten vielfältige ökonomische Zusammenhänge in ähnlicher Weise auf einige «Grundgesetze» zurückführen, wie es etwa die *kinetische Gastheorie* für die Wechselbeziehungen von Druck, Temperatur und Volumen einer abgeschlossenen Gasmenge vorgemacht hat.[4] Nach dieser Hoffnung dienen mathematische Größen wie Keynes' dC/dX nicht bloß dazu, bestimmte Aspekte des Wirtschaftslebens und deren Beziehungen untereinander zu quantifizieren; vielmehr sind sie – so die Hoffnung – höherstufige Größen im Rahmen eines mathematischen Modells des Wirtschaftslebens schlechthin, deren Eigenschaften und Wechselverhältnisse sich mittels strenger analytischer Methoden aus elementaren Größen ableiten lassen. Bei Letzteren könnte es sich beispielsweise um «Nutzenfunktionen» von Individuen handeln, die nach dem Vorbild des berühmt-berüchtigten *Homo oeconomicus* die Maximierung ihres jeweiligen in bestimmter Weise quantifizierten Nutzens anstreben – und sonst nichts.

Auf den armen Homo oeconomicus ist spätestens seit der Weltfinanzkrise 2008 so heftig eingeprügelt worden, dass ich nicht auch noch zum Blutbad beitragen will. Im Gegenteil, zu seiner Ehrenrettung möchte ich betonen, dass es durchaus sinnvolle Problemstellungen gibt, in denen er eine tragende Rolle spielen kann. Beispiele sind die spieltheoretische Optimierung von Auktionsmodalitäten oder die Preisfindung an Finanzmärkten durch Überlegungen zur Arbitragefreiheit.[5] Allergrößte Skepsis, oder gar Ablehnung, ist meines Erachtens allerdings in der Tat angebracht, wenn der Homo oeconomicus als Grundbaustein für ein universelles Wirtschaftsmodell fungieren soll (zumal er in diesem Sinne spätestens seit Ronald Reagan und Margaret Thatcher zur pseudowissenschaftlichen Begründung einer unregulierten, marktlibertären Globalisierung herangezogen wurde). Der Gedanke, u. a. das Abhängigkeitsverhältnis zwischen Konsumausgaben und Einkommen in einer Gesellschaft lasse sich auf überschaubar viele, (geeignet) quantifizierbare Faktoren des persönlichen Nutzens ihrer Individuen zurückführen, ist völlig abwegig. Wie sollte man etwa den individuellen Nutzen einer intakten Umwelt, eines vielfältigen Kulturlebens oder einer kinderfreundlichen Stadtplanung – allesamt relevante Faktoren für zahlreiche volkswirtschaftliche Zusammenhänge – überhaupt zahlenmäßig erfassen, und zwar in einer Weise, die dem theoretischen Zweck genügt?[6]

Wohlgemerkt, ich bestreite keineswegs, dass mit statistischen Verfahren interessante makroökonomische Beziehungen modelliert werden können. Die Modelle sind dann aber nur *ceteris paribus* gültig, sprich nur in Szenarien, für die die historischen Daten, auf denen die Modelle beruhen, repräsentativ sind. Für Szenarien mit dramatisch verschlechterten Umweltbedingungen etwa liefern die Modelle schlicht keine verlässlichen Ergebnisse mehr. Das ist, worauf der für statistische Modelle wesentliche Begriff des *Modellrisikos* abzielt.[7]

Naturwissenschaftlichen Vorbildern naiv nachzueifern, ist gewiss ein Fehler. Ebenso wäre es aber auch ein Fehler, wenn sich Geistes- und Sozialwissenschaften zur Wahrung einer falsch verstandenen eigenständigen Wissenschaftlichkeit gänzlich gegenüber den Naturwissenschaften verschlössen. In diesem verfehlten Sinne handelte beispielsweise die Geschichtswissenschaft lange Zeit vorwiegend von den «Taten großer Männer» sowie davon, was sie übereinander dachten, voneinander befürchteten und miteinander planten. Nach und nach nahmen Historiker zwar zunehmend auch Frauen, «die einfachen Leute» und gesellschaftliche Strukturen in den Blick, die über den Willen besagter Männer hinausgingen.

Aber die Natur blieb weiterhin meist außen vor; sie war nach dem Selbstverständnis der Historikerzunft eine bloße Bühne für das eigentliche Weltgeschehen. Mit der Bühne sollten sich die niederen Naturwissenschaften beschäftigen. Für die Analyse des wahren Geschehens war vor allem eine gediegene klassisch-humanistische «Geistesbildung» vonnöten, welche sich eher durch die Fähigkeit auszeichnete, Cicero im Original lesen zu können, als durch die souveräne Beherrschung des Infinitesimalkalküls. Wäre der Altertumsforscher Kyle Harper jenem Selbstverständnis verhaftet geblieben, so wäre ihm in seinen Studien zum Untergang des Römischen Reiches sicherlich entgangen, was im Klappentext seines Buches *Fatum* von 2017 knapp und treffend so festgehalten wird:

> Das Schicksal des Imperium Romanum wurde nicht von Kaisern, Legionären und Barbaren entschieden. Mindestens ebenso bedeutend waren Vulkanausbrüche, Sonnenzyklen, die Instabilität des Klimas und menschenmordende Viren und Bakterien.

Die hermeneutisch fundierte Exegese historischer Quellen wird meines Erachtens keineswegs in ihrer Bedeutung geschmälert, wenn man natürliche Prozesse als mehr denn bloßes Hintergrundrauschen der Zeitläufte betrachtet; die Bedeutung verschiebt sich nur: Sie besteht nicht mehr darin, eine verborgene, rein menschenbezogene Dramaturgie der Geschichte nachzuerzählen, sondern darin, menschliches Denken und Handeln in Auseinandersetzung mit der Welt in all ihren Facetten verständlich zu machen.

Die Befruchtung sollte aber in beiden Richtungen erfolgen. So wie das Studium des Geistes vom Studium der Natur profitieren kann, so auch umgekehrt. Eine Biologin etwa, die um die Tücken teleologischer Geschichtsdeutung weiß, wird von «egoistischen» Genen oder dem «Buch des Lebens» in Form der Desoxyribonukleinsäure nur in dicken Anführungszeichen sprechen. Im Gegensatz zu ihren historisch uninformierten Kollegen wird sie nicht versucht sein, den gleichen Fehler zu begehen wie frühere Historikergenerationen: eine Dramaturgie zu unterstellen, wo schlicht keine herrscht. Sie wird der Natur keinen Willen andichten, und sie wird ihre Forschung keinem irreführenden Leitspruch unterordnen wie: «Die Evolution sucht und findet immer die beste Lösung.»

Mathematik und Philosophie – die gar nicht so ungleichen Schwestern

Dass weder unkritische Nachahmung noch bornierte Abschottung das Verhältnis zwischen den Geistes- und Sozialwissenschaften auf der einen Seite und den Natur- und Technikwissenschaften auf der andern prägen sollte, dürfte hinreichend klar sein. Doch was hat die Mathematik damit zu tun? In der Einleitung habe ich behauptet, die Mathematik nehme unter allen Wissenschaften eine Sonderstellung ein, die sie dazu prädestiniere, jenes Verhältnis zu verbessern. Diese Behauptung möchte ich untermauern oder zumindest plausibilisieren, indem ich im Folgenden näher auf die Beziehung der Mathematik zu ihrer ungleichen und doch in vielem so ähnlichen Schwester eingehe: der Philosophie.

In der Einleitung zu seiner Einführung in die *Philosophie der Mathematik* bittet Øystein Linnebo die Leser, sich eine Gemeinschaft vorzustellen, die behauptet, über eine Quelle wundersamen Wissens mit drei besonderen Eigenschaften zu verfügen:

> Erstens ist es *a priori*, in dem Sinne, dass es nicht von Sinneserfahrung oder Experimentieren abhängig ist. Zu Wahrheiten gelangt man allein durch Reflexion, ohne sinnliche Beobachtung. Zweitens handelt das Wissen von notwendigen Wahrheiten, in dem Sinne, dass die Dinge nicht anders hätten sein können. Es ist daher nicht nur dann gefahrlos möglich, sich auf diese Wahrheiten zu berufen, wenn man darüber räsoniert, wie die Welt *tatsächlich* ist, sondern auch, wenn man darüber räsoniert, wie sie gewesen wäre, wären die Dinge anders gewesen. Drittens handelt das Wissen von Objekten, die außerhalb von Raum und Zeit gelegen sind und die nicht an Kausalbeziehungen teilhaben. Solche Objekte heißen *abstrakt*.
>
> Tatsächlich ähnelt das Wissen, das sich die von uns erdachte Gemeinschaft zuschreibt, dem Wissen, wie es von der rationalen Metaphysik versprochen

> wurde, die über Jahrhunderte hinweg beteuerte, letztgültige Einsichten über das Wesen der Realität und von uns selbst zu liefern, gegründet allein in der Vernunft und ohne jegliche Abhängigkeit von der Sinneserfahrung. [...] Aber in krassem Gegensatz zur rationalen Metaphysik ist die Mathematik das Musterbeispiel schlechthin einer harten und erfolgreichen Wissenschaft. Kurzum, aufgrund ihrer Andersartigkeit gegenüber den gewöhnlichen empirischen Wissenschaften ist die Mathematik philosophisch rätselhaft; doch steht sie zugleich felsenfest da.

Das von mir behauptete enge Verwandtschaftsverhältnis zwischen Mathematik und Philosophie bzw. «rationaler Metaphysik» kommt in dieser Passage prägnant zum Ausdruck, ebenso wie der grundlegende Gegensatz zwischen ihnen: Beide versuchen, der Realität nicht dadurch auf die Spur zu kommen, dass sie aus weltlichen Erfahrungen kausale Zusammenhänge ableiten, sondern indem sie durch reines Nachdenken (über Begriffe) auf notwendige Strukturen der Realität stoßen. Der Unterschied ist der, dass die von der Mathematik aufgezeigten Strukturen fast durchweg allgemeine Anerkennung erfahren, wohingegen die von der Philosophie beschriebenen Strukturen meist keine ungeteilte Akzeptanz finden, vor allem nicht in philosophischen Kreisen.

Was macht die Mathematik richtig, was die Philosophie falsch macht? Oder ist das die falsche Frage? Wenn sich eine Gruppe von Leuten einig ist, so heißt das schließlich noch nicht, dass sie alle recht haben; und wenn sich eine andere Gruppe von Leuten uneins ist, so heißt das umgekehrt nicht, dass sie alle unrecht haben. Außerdem haben wir im dritten Kapitel gesehen, wie unter Mathematikerinnen und Mathematikern auf einmal keine so geschlossene Einigkeit mehr herrscht, sobald es um Grundsätzliches geht: Welche Schlussweisen sind im Reich des Unendlichen noch zulässig? Gibt es das Unendliche überhaupt in einem stärkeren als im rein potentiellen Sinne? Gibt es eine mathematische Urdisziplin, die prinzipiell alle anderen mathematischen Teildisziplinen in sich vereinigt? Und falls ja, welche im Rahmen der Theorie formulierbaren und sinnvollen Fragestellungen sollte die Theorie prinzipiell entscheiden können?

Wenn man einmal nicht weiterweiß, lohnt es sich fast immer, bei Kant nachzuschlagen. In der Einleitung zu seiner *Kritik der reinen Vernunft* schreibt er:

> Die Mathematik gibt uns ein glänzendes Beispiel, wie weit wir es, unabhängig von der Erfahrung, in der Erkenntnis a priori bringen können. Nun beschäftigt sie sich zwar mit Gegenständen und Erkenntnissen bloß so weit, als sich solche in der Anschauung darstellen lassen. Aber dieser Umstand wird leicht übersehen, weil gedachte Anschauung selbst a priori gegeben werden kann, mithin von einem bloßen reinen Begriff kaum unterschieden wird. Durch einen solchen Beweis von der Macht der Vernunft *eingenommen*, sieht der Trieb zur Erweiterung keine Grenzen. Die leichte Taube, indem sie im freien Fluge die Luft teilt, deren Widerstand sie fühlt, könnte die Vorstellung fassen, dass es ihr im luftleeren Raum noch viel besser gelingen werde. Eben so verließ Plato die Sinnenwelt, weil sie dem Verstande so *enge Schranken* setzt, und wagte sich jenseits derselben, auf den Flügeln der Ideen, in den leeren Raum des Verstandes. Er bemerkte nicht, dass er durch seine Bemühungen keinen Weg gewönne, denn er hatte keinen Widerhalt, gleichsam zur Unterlage, worauf er sich steifen und woran er seine Kräfte anwenden konnte, um den Verstand von der Stelle zu bringen.

Nach Kant hat also die Mathematik der Metaphysik in der Tat etwas voraus – aber auch hinreichend vieles mit ihr gemeinsam –, um dieser als Vorbild dienen zu können: Durch *reine* Anschauung geleitet, kann die Mathematik, ganz unabhängig von weltlicher Erfahrung, begriffliche Verbindungen entdecken, die nicht schon *in den Begriffen selbst* angelegt sind. Da die Mathematik neben der Logik zudem über das Mittel der ihr eigentümlichen Intuition verfügt, kann sie ungeahnte notwendige Zusammenhänge in der Welt offenbaren, denen jegliche Erfahrung genügen muss, weil *wir* sie überhaupt nur entsprechend begrifflich verfasst machen können. Ohne das zusätzliche Mittel käme die Mathematik nie über *analytische* Urteile a priori hinaus, wie etwa: «Jedes Dreieck hat drei Ecken» oder: «Alle Punkte eines Kreises haben denselben Abstand vom Mittelpunkt»; mit dem Mittel der Intuition gelangt die Mathematik hingegen zu *synthetischen* Urteilen a priori, wie zum Beispiel, dass die Winkel eines Dreiecks in Summe zwei rechten Winkeln entsprechen – was sich ja keineswegs rein logisch aus den Begriffen des Dreiecks und des (rechten) Winkels ergibt. Um den Fehler Platons zu vermeiden, gleich der Taube im luftleeren Raum ans Ziel gelangen zu wollen, nämlich zu synthetischen Urteilen a priori über Wahrheit, Wissen, Freiheit, Gerechtigkeit und dergleichen mehr, muss die Metaphysikerin einen ähnlich produktiven intellektuellen Widerstand finden, wie er dem Mathematiker in Form seiner arithmetischen oder geometrischen Anschauung zur Verfügung steht.

Ob Kant mit der «reinen Vernunft», nachdem sie einer umfassenden «Kritik» unterzogen worden ist, wirklich das Mittel gefunden hat, die Metaphysik ähnlich fruchtbar und erfolgreich zu machen wie ihre Schwester, die Mathematik, ist eine Frage für dicke philosophische Abhandlungen. Doch ich glaube, eine grundlegende Erkenntnis können wir Kant auf jeden Fall bescheinigen: Geist und Welt sind keine getrennten Sphären, die erst miteinander verbunden werden müssten, sodass sich die Frage stellte, wie dies denn genau geschehen könne;[8] vielmehr bedingen sich beide gegenseitig. So ist die Welt nicht *an sich* eine Welt von Objekten, die in räumlichen und zeitlichen Beziehungen zueinanderstehen, sondern insofern, als *wir* sie so strukturieren;[9] umgekehrt ist unser Geist nicht frei darin, nach Belieben der Welt irgendeine Struktur aufzuprägen. Dies führt die Mathematik eindrücklich vor Augen, die trotz fehlender empirischer Restriktionen nicht in wilde Spekulation verfällt.

Allerdings sollte sich die Philosophie mit womöglich neidvollem Blick auf die Mathematik vor reiner Nachahmung hüten. In seiner *Philosophie des Abendlandes* bemerkt Bertrand Russel über Pythagoras:

> Die Mathematik, im Sinne des überzeugenden deduktiven Beweises, beginnt mit ihm und steht bei ihm in engem Zusammenhang mit einer besonderen Art von Mystizismus. Die Mathematik hat seither auf die Philosophie einen verhängnisvollen Einfluß ausgeübt […] Die Mathematik ist nach meiner Ansicht die Hauptquelle des Glaubens an eine ewige und exakte Wahrheit sowie an eine übersinnliche intelligible Welt.

Die Mathematik als schwarzes Schaf der Familie, dessen Motto lautet: «live fast, die young at the age of $\aleph_1$!», während die brave Philosophie zuhause von den Eltern ermahnt wird, vernünftig zu sein und sich nicht von ihrer Schwester in ein wildes Leben des intellektuellen Überschwangs mit hineinziehen zu lassen. Das entspricht nicht ganz dem gängigen Bild von der Beziehung zwischen Mathematik und Philosophie.

Russels Urteil ist jedoch nicht aus der Luft gegriffen. Das zeigte sich schon am Beispiel des Satzes des Pythagoras. Der entsprechende Zusammenhang zwischen den quadratischen Flächen an den Kanten eines rechtwinkligen Dreiecks war schon vor Pythagoras in diversen Hochkulturen bekannt. Doch in diesen sah man den Zusammenhang eher als eine *empirische* Tatsache an. Die Frage, ob er nur näherungsweise bestand oder exakt, und wenn ja, warum, stellten sich die Landvermesser und sonstigen Anwender des Satzes in diesen Kulturen gar nicht. Erst die Griechen stellten solche Fragen, und erst Pythagoras bewies den exakten Zusammenhang. Hierzu bedurfte es eines ganz neuartigen Blicks auf die Welt und eines sehr ungewöhnlichen Erklärungsinteresses. Davor gab es im Grunde nur zwei Erklärungsmuster: Dinge waren so oder so, weil sie entweder schon immer so oder so gewesen waren oder aber weil irgendetwas passiert war, was wiederum etwas anderes verursacht hatte, was wiederum etwas anderes verursacht hatte usw. So ging etwa die Sonne morgens im Osten auf, weil sie schon immer morgens im Osten aufgegangen war. Und der Regen blieb in diesem Frühjahr aus, weil sich die Menschen den Göttern beim letzten Erntedankfest nicht dankbar genug gezeigt hatten, was die Götter sehr erzürnt und veranlasst hatte, die Menschen mit ausbleibendem Regen zu bestrafen. Die Griechinnen wollten sich aber nicht länger mit solchen Erklärungen zufriedengeben, zumindest nicht in Bezug auf Sachverhalte, bei denen einen der vage Verdacht beschlich, dass sie selbst dann wahr sein müssten, wenn die Welt ganz anders aussähe. Sähe man von den konkreten Details ab und konzentrierte sich auf das Wesentliche, so könne man Gründe entdecken, wo weder Ursachen noch bloße Regelmäßigkeiten sind.

So wurde mathematische Abstraktion geboren, die es beispielsweise erlaubte, in einem mit zittriger Hand in den Sand gezeichneten Dreieck ein *ideales* Dreieck zu erblicken. Dessen Konstruktionsprinzipien erzwingen bestimmte seiner Eigenschaften, welche somit jedes konkrete Dreieck notwendigerweise besitzt – von den Ungenauigkeiten abgesehen, die mit jeglicher Verstofflichung einhergehen. So wurde aber auch philosophische Abstraktion geboren, die es beispielsweise erlaubte, im alltäglichen menschlichen Treiben das *gute* Leben zu erkennen. Dieses erschöpft sich nicht im Befolgen vorgegebener Gebote, sondern gründet in elementaren Prinzipien der Menschlichkeit und der Vernunft, aus denen das je richtige Streben und Tun als geboten folgt.

Seitdem sind Mathematik und Philosophie weitgehend getrennte Wege gegangen, ohne sonderliches Interesse aneinander. Das halte ich – Russels Mahnung zum Trotz – für einen Fehler. Ich bin der festen Überzeugung, Philosophen werden durch ein mathematisches Grundverständnis, das über bloßes Schulwissen hinausgeht, zu besseren Philosophen. Und das gilt umgekehrt auch für Mathematikerinnen. Dies zeigt sich beispielsweise an der im Unendlichkeitskapitel erwähnten «Grundlagenkrise der Mathematik», die sich zu Beginn des letzten Jahrhunderts im Grenzbereich zwischen Mathematik und Philosophie ereignete. Zur Erinnerung: Der damalige mathematische Mainstream hatte sich zum Ziel gesetzt, die gesamte Mathematik auf «solide logische Füße» zu stellen, und zwar durch Formalisierung der grundlegenden gültigen Schlussweisen im Zusammenhang mit dem elementaren Mengenbegriff und eine anschließende «Reduktion» aller sonstigen mathematischen Begrifflichkeiten auf diesen. Gewissermaßen sollte so jegliches mathematische Denken auf den geistigen Akt des Zusammenfassens von Dingen in einer Menge und auf formallogisches Schließen zurückgeführt werden. Ähnliche Reduktionsprojekte waren in der Philosophie bereits lange zuvor versucht worden. So hatten beispielsweise Empiristen wie John Locke danach getrachtet, jegliche Welterfahrung als Haben und Ordnen von «reinen» Sinneseindrücken zu erklären. Die Projekte sind allesamt gescheitert. Es ist aber interessant und lehrreich zu sehen, wie und woran sie jeweils gescheitert sind. Daraus lässt sich eine bedeutende philosophische Lehre ziehen, die Ludwig Wittgenstein in seinen *Philosophischen Untersuchungen* wie folgt zum Ausdruck bringt:

> Man sagt manchmal: die Tiere sprechen nicht, weil ihnen die geistigen Fähigkeiten fehlen. Und das heißt: «sie denken nicht, darum sprechen sie nicht». Aber: sie sprechen eben nicht. Oder besser: sie verwenden die Sprache nicht – wenn wir von den primitivsten Sprachformen absehen. – Befehlen, fragen, erzählen, plauschen gehören zu unserer Naturgeschichte so wie gehen, essen, trinken, spielen.

Ich deute diese Passage als Abwandlung der Kantischen These von der wechselseitigen Abhängigkeit von Geist und Welt auf lebenspraktischer Ebene: Denken lässt sich nur im Rahmen einer gemeinschaftlichen «Praxis» verstehen, die ihrerseits sowohl als realweltliche Tätigkeitspraxis vorausgesetzt werden muss wie auch darüber hinaus als eine sprachliche, in der geistesbegabte Individuen miteinander kommunizieren.[10]

Die vermeintliche Grundlagenkrise der Mathematik kann in diesem Zusammenhang als besonders erhellendes Lehrbeispiel dafür dienen, wie sich scheinbar höherstufige Begriffe als ebenso elementar wie diejenigen erweisen können, auf die sie «reduziert» werden sollen. Durch immer weitergehende, überaus findige Abstraktion war es den Mathematikern zwar gelungen, verborgene Verbindungen zwischen scheinbar unzusammenhängenden mathematischen Teildisziplinen wie etwa Geometrie und Algebra bis hin zur Mengenlehre aufzuzeigen. Dabei verloren sie allerdings die praktischen Anwendungszusammenhänge der Teildisziplinen aus den Augen, die deren Grundbegriffen überhaupt erst ihre Bedeutung verleihen. Philosophinnen, die dieses Lehrbeispiel näher studieren, werden die Vorzüge, aber auch Gefahren abstrakter begrifflicher Analyse besser zu würdigen wissen. Umgekehrt werden Mathematikerinnen im Lichte der vielen gescheiterten metaphysischen Reduktionsprojekte ihre eigene Disziplin besser verstehen, nämlich als vielschichtige kulturelle Praxis mit vielfältigen Verbindungen zu unserer physischen und geistigen Lebenswelt, welche der Praxis überhaupt erst ihre Bedeutsamkeit und Faszination verleihen.

Jenseits von Kausalität

Die Mathematik hält aber nicht nur für Philosophen viel nützliches Anschauungsmaterial bereit. Auch für Gelehrte in den übrigen sogenannten Geisteswissenschaften kann sich ein Blick über den eigenen Tellerrand hin zur Mathematik lohnen. Ich denke dabei weniger an konkrete Anwendungsmöglichkeiten für die eine oder andere mathematische Theorie als vielmehr an etwas Grundsätzlicheres, nämlich die Art und Weise, wie es der Mathematik gelingt, unterschiedlichste Phänomene strukturell, jenseits aller Kausalität zu erklären oder zumindest in bestimmten Hinsichten verständlicher zu machen. Zwar kann die Mathematik durchaus auf kausaler Ebene ansetzen, etwa wenn man mithilfe des Infinitesimalkalküls den Einfluss einer Kraft auf die Bahn eines Körpers bestimmt. Doch ist mathematische Abstraktion so flexibel, dass sie auch auf ganz andere Strukturebenen erfolgreich abzielen kann, beispielsweise auf die im letzten Kapitel beschriebene wahrscheinlichkeitstheoretische Ebene, wo der Zentrale Grenzwertsatz zum Zuge kommt.

Mit dem fulminanten Aufstieg der Physik, den sie nach Newton nahm und der sie im 19. Jahrhundert hinauf auf den Sockel der unangefochtenen Leitwissenschaft führte, setzte sich nach und nach ein ganz bestimmtes Erklärungsparadigma als vermeintlich universelles durch, nämlich das der kausalen Bestimmung durch elementare Kräfte. Dies hing natürlich eng mit dem mechanistischen Weltbild (angereichert um elektromagnetische Kräfte) und der Vorstellung vom Laplace'schen Dämon zusammen. Nach dieser Vorstellung musste sich jedes reale Phänomen einzig und allein durch eine mehr oder weniger komplexe Kausalkette erklären lassen, deren Glieder sich prinzipiell auf basale Naturkräfte zurückführen ließen. Ich glaube, das kausalistische Erklärungsparadigma der Naturwissenschaften hatte auf viele Geistes- und Sozialwissenschaften einen ebenso verhängnisvollen Einfluss, wie ihn nach Russel der frühe Mystizismus der Mathematik auf die Philosophie ausübte. Man denke nur an die zahlreichen Versuche, gesellschaftliche Entwicklungen durch das Wirken bestimmter «Kräfte» zu erklären, wie sie etwa aus «Klassengegensätzen» oder der «Beschneidung der Marktfreiheit» resultieren. Angesichts der vielen gescheiterten derartigen Erklärungsversuche ist es verständlich, wenn sich die meisten Vertreter der «weichen» Geisteswissenschaften von den «harten» Naturwissenschaften abgewandt haben. Viel produktiver wäre es aber, wenn sie die Naturwissenschaften mit in ihre Überlegungen einbeziehen und erkennen würden, wo und warum kausale Erklärungen in den Naturwissenschaften greifen – und wo und warum nicht.

Die Mathematik leistet hierbei wertvolle Schützenhilfe. Denn sie zeigt in besonders eindrücklicher Weise, dass es sehr wohl *reale* Phänomene gibt, für die sich keine Kausalerklärungen finden lassen – auch nicht im Prinzip –, aber durchaus höherstufig-strukturelle Erklärungen. So wird sich eine Rechtswissenschaftlerin mit einem soliden Verständnis von mathematisch-abstrakter Modellbildung nicht so leicht ins Bockshorn jagen lassen, wenn ihr ein szientistisch veranlagter Neurowissenschaftler vorhält: «Die von Ihnen untersuchten Systeme beruhen alle auf einem Phantasma, nämlich der Idee eines *freien Willens*. Alle Prozesse im Gehirn sind über Sinnesreizungen von außen und interne Dynamiken entweder vollständig oder zumindest größtenteils determiniert, mit wenigen quantenmechanisch bedingten zufälligen Brüchen. In beiden Fällen ist gleichermaßen kein Platz für ein angeblich ‹freies› Wollen eines Subjekts.» Die Juristin wird vernünftigerweise kaum leugnen können, dass wir alle als physische Wesen den grundlegenden Naturkräften und den damit verbundenen Gesetzen unterliegen.

Doch was folgt daraus? Selbst wenn man zugestehen wollte, dass die Naturgesetze *alles* determinieren – was immer das genau heißen mag –, so folgt daraus nicht, dass sie alles *erklären*. Dies zeigt gerade die härteste aller Wissenschaften, die Mathematik, die jenseits aller Kausalität mindestens ebenso grundlegende Zusammenhänge in der Welt offenbart wie die von den Naturwissenschaften entdeckten.

Derart mathematisch sensibilisiert, fällt der Juristin die richtige Entgegnung auf die szientistische Grundsatzkritik nicht schwer: «Der freie Wille, als implizite oder explizite Größe im Rahmen von Verhaltenserklärungen, setzt auf einem ganz anderen Abstraktionsniveau an als naturwissenschaftliche Kausalerklärungen, nämlich auf dem Niveau von Handlungen. Jede einzelne Handlung mag zwar physisch realisiert sein, aber das heißt nicht, dass der entsprechende Handlungs*typ* eine physikalische Entsprechung besitzt. Wenn der Staatsanwalt dem Angeklagten unterstellt, bei voller Schuldfähigkeit aus reiner Habgier das Opfer getötet zu haben, so behauptet er damit keineswegs, die konkrete physische Realisierung der Tötungshandlung sei irgendwie unter Aussetzung der Naturgesetze erfolgt. Er behauptet vielmehr, dass die Tötungshandlung als Typ, der in ganz unterschiedlichen Weisen hätte physisch realisiert sein können,[11] im betreffenden Fall mit einem bestimmten Geisteszustand in Beziehung stand, der ebenfalls in ganz unterschiedlichen Weisen (insbesondere im Gehirn) hätte realisiert sein können. Diese Beziehung ist von ganz anderer, aber nicht weniger realer Art als komplexe Kausalbeziehungen auf molekularer Ebene zwischen einem Reizverarbeitungssystem (Gehirn) und einem Empfängersystem (Hand mit Mordwaffe), an das es Impulse sendet. Die entscheidende Frage zur Willensfreiheit lautet nicht, ob eine Handlung auf zellulärer oder molekularer Ebene kausal determiniert ist oder nicht, sondern ob sie sich rational in ein bestimmtes komplexes, situationsabhängiges Geflecht von individuellen und allgemeinen Normen integrieren lässt oder ob sie vielmehr unter einem dem Normengeflecht konträren Zwang erfolgt. Das sind allesamt Begriffe, über die weder ein noch so genauer Blick ins Gehirn noch die Quantenphysik Aufschluss geben.»

Ich meine, diese Replik der Juristin birgt den Keim für eine mögliche Versöhnung von Natur- und Geisteswissenschaften in sich. Sie verweist implizit auf etwas, das Richard Rorty im *Spiegel der Natur* wie folgt explizit zum Ausdruck bringt:

> Die Intuition, die hinter der traditionellen Unterscheidung von Natur und Geist und hinter dem Romantizismus steht, besagt, dass wir vorhersagen können, welche Laute aus jemandes Mund kommen werden, ohne zu verstehen, was sie bedeuten. [...] Diese Intuition ist vollkommen zutreffend. [...] Dies ist [aber] nicht der Fall, weil irgend etwas prinzipiell unvorhersagbar ist, und noch weniger, weil es zwischen Natur und Geist eine ontologische Kluft gibt, sondern einfach aufgrund des Gegensatzes zwischen einer Sprache, die geeignet ist, es mit Neuronen aufzunehmen, und einer Sprache, die geeignet ist, es mit Personen aufzunehmen.

Der Graben zwischen den Natur- und den Geisteswissenschaften rührt nicht daher, dass sie von unterschiedlichen Welten handeln. Die geistige und die physische Welt sind ein und dieselbe Welt, und die entsprechenden Wissenschaften befassen sich mit unterschiedlichen Aspekten dieser einen Welt. Richtig verstanden, liefern sie, insofern sie von denselben Phänomenen handeln, keine konkurrierenden, sondern vielmehr sich ergänzende Beschreibungen der Phänomene. Es gibt daher gar keinen Grund, eine rigide Abgrenzung der jeweiligen Phänomenbereiche vorzunehmen, nur um einen Burgfrieden zwischen beiden Lagern zu wahren. Im Gegenteil, eine solche Abgrenzung führt zu unnötigem Gerangel darum, welche Phänomene originär zu wessen Domäne gehören. Zu welcher Domäne gehört denn etwa der Mensch samt seinem Denken und Handeln?

Wie unergiebig solche Fragestellungen sind, hat allein schon das Beispiel des «Zwillingsparadoxons» im Relativitätskapitel deutlich vor Augen geführt. Es handelt von konkreten periodischen Prozessen, die anscheinend eindeutig im alleinigen Phänomenbereich physikalisch-kausaler Erklärungsmuster liegen. Doch weit gefehlt:

Wie gesehen erklärt sich das vermeintliche Paradoxon keineswegs durch bestimmte Kausalketten, sondern durch ein grundlegendes Strukturmerkmal unserer Welt, nämlich die Geometrie der Raum-Zeit, welche auf einem anderen Abstraktionsniveau angesiedelt ist als physikalische Ursache-Wirkungs-Beziehungen. Umgekehrt deutete sich im anschließenden Ausblick auf die Allgemeine Relativitätstheorie bereits an, dass die Grenzen zwischen geometrisch-strukturellen und physikalisch-kausalen Erklärungen verschwimmen können. Und wenn es sich so im Besonderen zwischen der Paradenaturwissenschaft Physik und der den Geisteswissenschaften in vielem sehr ähnlichen Mathematik verhält, warum dann nicht auch zwischen den Naturwissenschaften und den Geisteswissenschaften im Allgemeinen?

Die Mathematik lehrt aber nicht nur, sich im Rahmen naturwissenschaftlichen Forschens nicht allein auf Kausalerklärungen zu verlassen. Auch in den Geisteswissenschaften besteht die Gefahr, den Versuchungen der Kausalität allzu leicht zu erliegen. Die frühere unglückliche Vorbildrolle der Physik zumindest in einigen Human- und Sozialwissenschaften habe ich bereits erwähnt. Doch immer noch und ganz allgemein gilt: Wir alle warten viel zu oft viel zu schnell mit vermeintlichen Erklärungen unterschiedlichster Phänomene durch verborgene Ursachen auf, wo das schlichte Eingeständnis, keine Erklärung zu haben, nicht nur ehrlicher, sondern auch klüger wäre. Diese – von Wittgenstein etwas überspitzt diagnostizierte – «Krankheit, erklären zu wollen» zeigt sich nicht nur in unserem privaten alltäglichen Austausch und in den üblichen öffentlichen Debatten, sondern durchaus auch in wissenschaftlichen «Diskursen», insbesondere in geisteswissenschaftlichen. Man denke etwa an den berühmt-berüchtigten «Penisneid», mit dem selbst ein so gescheiter Denker wie Sigmund Freud versuchte, angebliche kompensatorische Verhaltensmuster «der Frau» zu erklären.

Zur Betrachtung eines weniger abgestandenen Beispiels wollen wir annehmen, ein junger, aufstrebender Stadtsoziologe an der

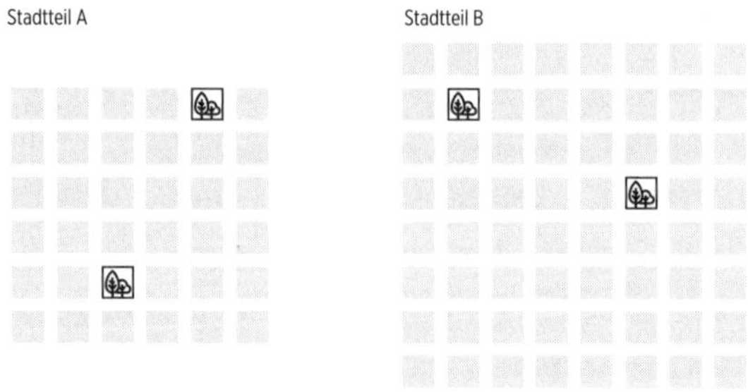

Stadtteile in New York

Columbia-Universität in New York habe kürzlich in einer renommierten Fachzeitschrift einen Artikel über historische Einwanderungsbewegungen in die USA und darüber, wie diese sich in diversen Stadtteilen New Yorks ausgewirkt haben, veröffentlicht. Darin formuliert er die These, dass die für New York typischen, rasterförmig in quadratische «Blöcke» eingeteilten Stadtteile immer dann langfristig prosperiert haben, wenn sich eine bestimmte sozioökonomische Struktur ausbilden konnte: Die Einwanderer aus je einer Herkunftsregion, wie etwa Schwaben, dem Tessin oder Galizien, siedelten sich überwiegend und dominierend in zwei (horizontal oder vertikal) benachbarten Blöcken an, von denen einer als reiner Wohnblock fungierte und der andere maßgeblich durch Handel und Handwerk geprägt war. Fast alle vom Soziologen untersuchten Stadtteile nahmen über kurz oder lang diese Struktur an, mit Ausnahme der beiden abgebildeten.

Von der Stadtverwaltung waren jeweils zum Zwecke der Volksgesundheit zwei Blöcke als Parks reserviert worden, deren Bebauung strikt untersagt war. Das war jedoch nichts Ungewöhnliches; solche Regelungen galten in allen Stadtteilen. Warum konnten also gerade diese beiden Stadtteile nicht die für langfristige Prosperität typische Struktur ausbilden? Sehr darum bemüht, nicht in rassistische Erklärungsmuster zu verfallen, wies der junge Stadtsoziologe auf den Umstand hin, dass sämtliche Einwanderer dieser und nur dieser beiden Stadtteile aus einer bestimmten Weltgegend kamen. Und er erklärte deren gegenüber den anderen Stadtteilen ungünstige ökonomische Entwicklung mit dem langanhaltenden Wirken gewisser religiöser Traditionen. Die scharfsinnige und dabei überaus plausible Argumentation, mit der er seine Erklärung untermauerte, wurde von allen Rezensenten hochgelobt.

Eine Mathematikstudentin an derselben Universität machte allerdings in einem Leserbrief auf folgenden Umstand im Zusammenhang mit der vom Stadtsoziologen ausgezeichneten sozioökonomischen Struktur aufmerksam: Diese konnte sich schon rein städtebaulich gar nicht ausbilden. Mit religiösen Traditionen ferner Weltregionen hatte das nichts zu tun. Erkennen Sie den Grund? Er ist ganz einfach zu verstehen, aber ebenso leicht zu übersehen: Stellen Sie sich ein Schachbrett mit seinen 32 schwarzen und 32 weißen Feldern vor, das mit 31 Dominosteinen, die jeweils genau auf zwei Felder (horizontal oder vertikal) passen, so überdeckt werden soll, dass nur die beiden Felder ausgespart bleiben, die den beiden Parks in der rechten Abbildung des Stadtteils B entsprechen. Jeder Block entspricht einem Feld des Schachbretts, jede Herkunftsregion entspricht einem Dominostein, und die Nutzungsarten Wohnen und Handel/Handwerk entsprechen je einer quadratischen Hälfte eines Dominosteins. Besagte Struktur hätte sich im Stadtteil B somit nur dann ausbilden können, wenn sich das Schachbrett wie gewünscht überdecken ließe. Eine solche Überdeckung ist jedoch unmöglich. Denn jeder Dominostein muss zwangsläufig ein weißes und ein schwarzes Feld überdecken, sodass stets gleich viele weiße wie schwarze Felder überdeckt sind, wie auch immer die Steine angeordnet sein mögen. Aber die beiden ausgesparten Felder haben dieselbe Farbe; der Rest des Schachbretts setzt sich also nicht aus gleich vielen schwarzen wie weißen Feldern zusammen.[12]

Ganz analog verhält es sich auch für den Stadtteil A. Die Erklärung des Soziologen ist also falsch. Es waren keine religiösen oder sonstigen kulturellen Faktoren bzw. «Kräfte», die die Herausbildung der ökonomisch günstigen Struktur verhinderten; diese Struktur konnte sich allein schon aus rein kombinatorischen Gründen nicht einstellen.

Das Wahre und das Schöne

Um deutlich zu machen, dass die Mathematik nicht die alleinige Aufgabe hat, Wahrheiten zu produzieren, habe ich bislang vor allem einen Aspekt der Mathematik betont, der oft zu kurz kommt: Sie soll außerdem Erklärungen liefern bzw. komplexe Zusammenhänge verständlich machen, indem sie geeignete strukturelle Gesetzmäßigkeiten aufzeigt. Aber selbst darin erschöpft sich die Aufgabe der Mathematik keineswegs. Was viele mathematische Laien verwundern dürfte, für die meisten Mathematikerinnen aber selbstverständlich ist: Mathematik sollte auch *schön* sein!

Im Jahr 1976 veröffentlichten Kenneth Appel und Wolfgang Haken einen Aufsehen erregenden Beweis für ein lange ungelöstes Problem. Es ging dabei um die *Vierfarben-Vermutung*, welche anschaulich besagt, dass für jede «normale» politische Landkarte vier Farben genügen, um jedes Land mit genau einer Farbe auszufüllen, sodass je zwei Länder mit einer gemeinsamen Grenze (die sich über mehr als nur einen Punkt erstreckt) unterschiedlich gefärbt sind. Aufsehen erregte der Beweis vor allem deshalb, weil er zum allerersten Mal in der Mathematikgeschichte als wesentlichen Bestandteil Berechnungen beinhaltete, die so langwierig waren, dass sie nur von einem Hochleistungsrechner durchgeführt und unmöglich von menschlichen Gutachtern überprüft werden konnten. Appel und Haken hatten die Vierfarben-Vermutung auf Tausende von Spezialfällen reduziert, für die der Wahrheitsgehalt der Vermutung jeweils nur durch stupides Ausrechnen zu ermitteln war. Die vom Computer ausgespuckten Ergebnisse, welche die Vermutung in allen Fällen bestätigten, konnte die mathematische Zunft, wie gesagt, nur zur Kenntnis nehmen, nicht selbst überprüfen. Der im ersten Teil mehrfach zitierte Philip Davis berichtet, dass er zunächst ganz aus dem Häuschen war, als er von Appels und Hakens Erfolg hörte; er erwartete «eine brillante neue Einsicht, [...] eine Idee von solcher Schönheit, daß mein ganzer Tag davon erhellt sein würde». Stattdessen erhielt er lediglich die Auskunft, dass die Vermutung wahr ist (wenn die Rechenergebnisse des Computers korrekt sind – wovon auszugehen ist).

Die Enttäuschung von Davis angesichts des Beweises von Appel und Haken wäre kaum nachzuvollziehen, wenn die Mathematik eine Wissenschaft wie jede andere wäre. Wenn in einer molekularbiologischen oder archäologischen Fachzeitschrift ein Forschungsbericht erscheint, in dem eine seit langem offene, von der Fachwelt einhellig als überaus bedeutend eingestufte Fragestellung definitiv beantwortet wird, so sind gewiss alle Fachleute hellauf begeistert – ganz gleich wie eintönig und mühselig die Labor- bzw. Grabungs- und Katalogisierungsarbeiten gewesen sein mögen, die überhaupt erst zur Klärung der Fragestellung geführt haben. Aber die Mathematik ist nicht nur eine Wissenschaft, sie ist auch eine intellektuelle Kunst. Ästhetische Maßstäbe spielen bei der Bewertung mathematischer Gedankengänge eine ebenso bedeutende Rolle wie epistemische; die Schönheit einer Beweisidee etwa ist ebenso wichtig wie ihre Beweiskraft. «Hässliche Mathematik» ist nahezu gleichbedeutend mit «schlechte Mathematik». Das unterscheidet die Mathematik meines Erachtens von allen anderen Wissenschaften und rückt sie in sehr enge Nähe zu den Künsten, vor allem zur Musik.

Die Nähe der Mathematik zur Musik ist schon fast sprichwörtlich. Recherchiert man aber ein wenig, worin sich diese Nähe eigentlich genau zeigen soll, so findet man meist nur Verweise darauf, dass Harmonien und Rhythmen auf bestimmten mehr oder weniger einfachen Zahlenverhältnissen beruhen. Das zeugt jedoch für sich genommen noch nicht davon, dass die Mathematik in *substantieller* Weise mit der Musik verbunden wäre. Im Geschäftsbericht einer Baumarktkette sind ebenfalls viele Zahlenverhältnisse zu finden. Das heißt aber nicht, dass darin irgendetwas mathematisch Interessantes steckt. Es gibt unzählige Beziehungen zwischen Zahlen, aber nur ein Bruchteil dieser Beziehungen ist mathematisch relevant. Dass Gewinn- und Umsatzkennzahlen typischerweise in unterschiedlichen Branchen unterschiedlich voneinander abhängen, mag betriebs- und volkswirtschaftlich bedeutsam sein; aus Sicht der Mathematik ist es völlig belanglos. Um es mit einer Analogie zu sagen: Dass musikalische Werke zahlenmäßig fassbare Strukturelemente aufweisen, zeugt ebenso wenig von einer besonderen Nähe zur Mathematik wie der Umstand, dass in der Geschichtsschreibung Wörter Verwendung finden, diese in eine besonders enge Beziehung zur Lyrik rückt.

Die Nähe oder Verwandtschaft, die ich meine, ist von indirekterer Art. Sie betrifft, wie gesagt, die Rolle, die Schönheit in der Mathematik und in der Musik spielt. Im Fall der Musik verstehe ich darunter allerdings nicht Schönklang. Ich meine eine abstraktere Art von Schönheit, die eher dem Verstand schmeichelt als den Sinnen. Man nimmt sie beispielsweise beim konzentrierten Hören eines Streichquartetts von Beethoven, einer Fuge von Bach oder eines Schubertliedes wahr; in der lieblich dahinplätschernden Klangkulisse beim romantischen Diner zeigt sie sich hingegen meist nicht. Da ich mir nicht anmaße, als musiktheoretischer Laie auch nur im Ansatz etwas Erhellendes zum Thema Schönheit in der Musik beitragen zu können, belasse ich es bei dieser vagen Andeutung und beschränke mich im Weiteren nahezu ausschließlich auf die Betrachtung mathematischer Schönheit. Ob Sie, wie ich, in dieser Hinsicht eine Verwandtschaft mit der Musik oder anderen Künsten erkennen wollen, überlasse ich ganz Ihnen.

Ein Schlüsselelement mathematischer Schönheit ist sicherlich Einfachheit, freilich nicht im Sinne von Schlichtheit, sondern von Komplexitätsreduktion. Diese kann sogar oder gerade darin bestehen, die Sache, um die es geht, komplizierter zu machen. Umgangssprachlich werden «komplex» und «kompliziert» fast synonym verwendet. Mit Blick zurück etwa auf das Beispiel der «Minimalfläche» vom Ende des Geometriekapitels tritt der Unterschied aber deutlich zutage. Wie dort berichtet wurde, hatte Lagrange (bevor Meusnier die endgültige geometrische Charakterisierung fand) eine Differentialgleichung entdeckt, welche bestimmend ist für die minimale Fläche im Raum, die eine beliebige geschlossene Kurve in selbigem «ausfüllt». (Man denke wieder an eine in Seifenlauge getauchte, vielfach gebogene Drahtschlaufe.) Die Gleichung lautet:

$$\frac{\delta^2 F}{\delta x^2} + \frac{\delta^2 F}{\delta y^2} + \frac{\delta^2 F}{\delta x^2}\left(\frac{\delta F}{\delta y}\right)^2 + \frac{\delta^2 F}{\delta y^2}\left(\frac{\delta F}{\delta x}\right)^2 = 2\,\frac{\delta F}{\delta x}\,\frac{\delta F}{\delta y}\,\frac{\delta^2 F}{\delta x\,\delta y}$$

Um diese Gleichung wirklich verstehen zu können, muss man schon einiges an theoretischem Vorwissen in Sachen partieller Differentialgleichungen mitbringen. Und dies beinhaltet zunächst einmal die Aneignung einer ganzen Reihe ziemlich abstrakter Begriffe. In diesem Sinne ist die Gleichung von Lagrange kompliziert. Wenn man sich aber nur ansatzweise die immense Fülle an möglichen Formen vor Augen führt, die Minimalflächen prinzipiell annehmen können, so besticht die Gleichung gerade durch ihre Einfachheit. Ginge es in der Mathematik zu wie in den meisten anderen wissenschaftlichen Disziplinen, so müssten sich Mathematiker mit einer Charakterisierung von Minimalflächen in Form einer Auflistung der folgenden Art begnügen: Wenn der Rand der Fläche so und so gebogen ist, dann hat die Fläche die und die Eigenschaften; wenn der Rand der Fläche so und so gebogen ist, dann hat die Fläche die und die Eigenschaften; wenn der Rand der Fläche so und so gebogen ist, dann hat die Fläche die und die Eigenschaften usw. usw. Eine solche Auflistung mag zwar systematisch sein, aber sie reduziert die Komplexität des betrachteten Phänomenbereichs nicht; im Gegenteil, sie hebt die Komplexität noch hervor.

Auch in der Mathematik gelingt es sehr oft nicht, Komplexität auf komplizierte Einfachheit zu reduzieren. Umgekehrt können auch andere Wissenschaften mit bestechend einfachen Grundprinzipien für überaus komplexe Phänomene aufwarten. Man denke nur an Darwins revolutionäre Erklärung für die Entstehung der Überfülle an verschiedenen biologischen Lebensformen: Aufgrund zufälliger Mutationen weisen einzelne Exemplare einer biologischen Art jeweils ein mehr oder weniger stark verändertes Spektrum an Fähigkeiten und Eigenschaften auf. Dies führt, je nach herrschenden Umweltbedingungen, bei einigen von ihnen zu einer erhöhten Überlebens- und Reproduktionswahrscheinlichkeit, was wiederum mit hoher Wahrscheinlichkeit dazu führt, dass ihre Nachkommenschaft überproportional wächst.[13] So «passt sich die Art an», und so differenzieren sich die Arten nach herrschenden Umweltbedingungen aus. Dies ist wahrlich eine elegant einfache, wenn auch in den Details komplizierte Erklärung für ein unvorstellbar komplexes Geflecht von Prozessen. In der Biologie und anderen höherstufigen Wissenschaften sind Erklärungen dieser Art aber seltene Ausnahmen – was selbstverständlich nicht mangelnder intellektueller Kreativität geschuldet ist, sondern schlicht in der komplexen Natur der Sache liegt. In der Mathematik sind solche Erklärungen hingegen das stets anzustrebende Ideal, welches erstaunlich oft erreicht wird.

Betrachten wir noch ein Beispiel, diesmal aber eines, das keine großen Vorkenntnisse erfordert: 351, 7233, 96 105. Diese drei Zahlen haben eine Gemeinsamkeit, nämlich durch drei teilbar zu sein. Das kann man direkt überprüfen, oder man verwendet einen Trick! Man bildet einfach die Quersummen der Zahlen im Dezimalsystem, sprich die Summe der Zahlen, die den Ziffern in den entsprechenden Dezimalzahlen entsprechen: $3 + 5 + 1 = 9$, $7 + 2 + 3 + 3 = 15$ bzw. $9 + 6 + 1 + 0 + 5 = 21$. Diese Quersummen sind allesamt durch drei teilbar, und deshalb gilt dies auch für die Ausgangszahlen selbst. Vielleicht kannten Sie diesen Trick ja schon und haben ihn das eine oder andere Mal auch angewandt. Interessanter als die Anwendung ist aber der Beweis:

Betrachten wir zum Beispiel die Zahl 4971. In ihrer Dezimalentwicklung, sprich als Summe von Vielfachen von Zehnerpotenzen, lautet sie: $1 \cdot 1 + 7 \cdot 10 + 9 \cdot 10^2 + 4 \cdot 10^3$. Und diese Summe ist gleich der Summe $1 + 7 \cdot (3 \cdot 3 + 1) + 9 \cdot (3 \cdot 33 + 1) + 4 \cdot (3 \cdot 333 + 1) = 3 \cdot (7 \cdot 3 + 9 \cdot 33 + 4 \cdot 333) + 1 + 7 + 9 + 4$, welche durch drei teilbar ist, da die Quersumme $1 + 7 + 9 + 4 = 21$ durch drei teilbar ist. Ganz analog lässt sich jede Zahl als Summe eines Vielfachen von 3 und ihrer Quersumme (im Dezimalsystem) darstellen. Somit hängt die Teilbarkeit einer Zahl durch drei allein von der Quersumme ab.

Interessant ist dieser Beweis nicht, weil er besonders schön wäre, sondern, im Gegenteil, weil er als Ausgangspunkt für einen viel schöneren Beweis dienen kann. Zu einem solchen gelangen wir, indem wir von der Ebene der ganzen Zahlen auf eine höhere Abstraktionsstufe emporsteigen, nämlich auf die der *Restklassen modulo* einer beliebigen ganzen Zahl $m \neq 0$. Die Restklasse einer Zahl a modulo m – kurz: $[a]_m$ – ist als die Menge aller ganzen Zahlen b definiert, die bei Division durch m denselben Rest lassen wie a bzw. für die a – b durch m teilbar ist. Das heißt zum Beispiel, $[7]_3 = \{\ldots,-2,1,4,7,10,13,\ldots\}$ und $[4]_5 = \{\ldots,-6,-1,4,9,14,\ldots\}$. Der Witz von Restklassen besteht nun darin, dass man mit ihnen ähnlich rechnen kann wie mit ganzen Zahlen: $[a]_m + [b]_m = [a + b]_m$ und $[a]_m \cdot [b]_m = [a \cdot b]_m$. Und daraus folgt wegen der Identität $[10]_3 = [1]_3 = \{\ldots,-2,1,4,7,10,13,\ldots\}$:

$$
\begin{aligned}
[4971]_3 &= [1 \cdot 1 + 7 \cdot 10 + 9 \cdot 10^2 + 4 \cdot 10^3]_3 \\
&= [1]_3 \cdot [1]_3 + [7]_3 \cdot [10]_3 + [9]_3 \cdot ([10]_3)^2 + [4]_3 \cdot ([10]_3)^3 \\
&= [1]_3 \cdot [1]_3 + [7]_3 \cdot [1]_3 + [9]_3 \cdot ([1]_3)^2 + [4]_3 \cdot ([1]_3)^3 \\
&= [1 + 7 + 9 + 4]_3
\end{aligned}
$$

Auch wenn Restklassen erst einmal etwas gewöhnungsbedürftig sind und man daher vielleicht nicht jede Umformung auf Anhieb nachvollziehen kann – worum es jetzt auch nicht geht –, so lässt sich, wie ich finde, doch festhalten: Diese Gleichungskette ist bedeutend eleganter als die im ersten Beweis. Das unschöne Mitschleppen der Vielfachen von drei fällt weg; dadurch sieht man die behauptete Teilbarkeitsäquivalenz viel unmittelbarer.

Damit aber nicht genug, mit dem Abstraktionsschritt hin zu Restklassen ergeben sich ganz neue Möglichkeiten zur Untersuchung von Teilbarkeitsbeziehungen ganzer Zahlen. Und wegen $[10]_{11} = [-1]_{11} = \{\ldots,-12,-1,10,21,\ldots\}$ purzelt dabei auch noch ein weiterer Rechentrick fast von ganz allein heraus – wobei $a_0, \ldots, a_n$ beliebige ganze Zahlen zwischen 0 und 9 seien:

$$[a_0 \cdot 1 + a_1 \cdot 10 + \ldots + a_n \cdot 10^n]_{11} = [a_0]_{11} \cdot [1]_{11} + [a_1]_{11} \cdot [10]_{11} + \cdots + [a_n]_{11} \cdot ([10]_{11})^n$$
$$= [a_0]_{11} \cdot [1]_{11} + [a_1]_{11} \cdot [-1]_{11} + \cdots + [a_n]_{11} \cdot ([-1]_{11})^n$$
$$= [a_0 - a_1 + a_2 - a_3 + \cdots \pm a_n]_{11}$$

Gemäß diesem Rechentrick können Sie beispielsweise ohne großes Rechnen schnell erkennen, dass die Zahlen 9174 und 6 457 649 durch 11 teilbar sind. Denn $4 - 7 + 1 - 9 = -11$ und $9 - 4 + 6 - 7 + 5 - 4 + 6 = 11$.

Um eine literarische Analogie zu bemühen, möchte ich behaupten: Der erste Beweis verhält sich zum zweiten wie ein handwerklich solider Krimi zu einem anspruchsvollen Roman mit identischer Handlung, der jedoch weit über diese hinausweist. Man mag diese Analogie im konkreten – bewusst einfach gehaltenen – Fall für überzogen halten, aber die Mathematik hat zahlreiche andere Beispiele zu bieten, die den Vergleich mit großen Kunstwerken nicht zu scheuen brauchen. Cantors Beweis aus dem Unendlichkeitskapitel für die Existenz transzendenter Zahlen ist ein solches leuchtendes Beispiel. Doch nicht nur Beweise können eine besondere ästhetische Qualität besitzen. Dies trifft selbst auf Definitionen zu, wie wir am Beispiel der Definition des mathematischen Grenzwertbegriffs gesehen haben. Durch eine fast trivial anmutende leichte Verrückung des Eintrittspunktes des Unendlichen gelang es Bolzano und Cauchy, dieses im unproblematischen Rahmen des Potentiellen zu halten und alle Newton'sche und Leibniz'sche Aktualität des Unendlichen zu bannen. Man denke an eine Schachpartie, in der die scheinbar haushoch unterlegene Seite durch einen ganz unscheinbaren Bauernzug auf einen Schlag die eigene Stellung felsenfest absichert und den eigenen Figuren ungeahnte Angriffswege auf beiden gegnerischen Flügeln eröffnet. Oder man stelle sich ein Gemälde einer scheinbar unheilvoll-chaotischen Szenerie vor, die jedoch bei genauerem Hinsehen aufgrund eines winzigen Details in vollendeter Harmonie aufgeht. So sehe ich die Definition von Bolzano und Cauchy.

Die beeindruckendsten Schaubeispiele für mathematische Schönheit sind meines Erachtens aber nicht einzelne Beweise oder Definitionen, sondern ganze Theorien. Erst auf dieser Ebene greift, wie ich finde, insbesondere die Musikanalogie wirklich. Erst dort erkennt man voller Bewunderung, wie verschiedene kleine Motive in immer neuen Variationen stets wiederkehren, wie zwischen diesen scheinbar unzusammenhängenden Motiven gewundene, doch stabile Verbindungen geknüpft werden und wie aus dem Geflecht dieser Verbindungen ungeahnte Strukturen aufscheinen. Ich kann diese Behauptung hier natürlich nicht überzeugend begründen. Ich kann nur hoffen, dass sie angesichts der bisherigen winzigen Einblicke in solch großartige Theorien wie die Riemann'sche Geometrie, die Cantor'sche Mengenlehre oder die Kolmogoroff'sche Wahrscheinlichkeitstheorie nicht ganz unplausibel erscheint. Doch zumindest zu einem bestimmten Aspekt, der sicherlich wesentlich mit zur eigentümlichen Schönheit von mathematischen Theorien beiträgt, lässt sich auch in diesem Rahmen ein wenig mehr sagen, nämlich dem Aspekt der grundsätzlichen Zurückführbarkeit aller höherstufigen Resultate auf die grundlegenden Axiome der betreffenden Theorie. Was hohe Kunst von gehobener kultureller Konsumproduktion unterscheidet, ist u. a. gewiss dies: Langeweile kommt bei beiden nicht auf, da sich Bekanntes stets mit Neuem mischt. Im Falle hoher Kunst geschieht dies aber niemals willkürlich; ist das Ausgangsmaterial erst einmal ausgebreitet, so entwickelt sich das Neue stets in nachvollziehbarer Weise allein aus diesem Material. In der hohen Kunst tauchen keine netten, aber unmotivierten Effekte auf. Selbst radikale Brüche sind im von ihr etablierten Rahmen «irgendwie zwangsläufig». Beim bloßen kulturellen Konsumprodukt fällt hingegen motivische Folgerichtigkeit irgendwann dem Appetit auf Neues zum Opfer.

Die Mathematik, genauer: die *reine* Mathematik, ist die einzige Wissenschaft, in der das ästhetische Prinzip der Folgerichtigkeit in letzter Konsequenz Beachtung findet. Wie wir im letzten Kapitel gesehen haben, gilt dieses Prinzip selbst in der strengsten aller Naturwissenschaften, der Physik, nicht uneingeschränkt. Geschuldet ist dies keineswegs einer vermeintlichen intellektuellen Nachlässigkeit auf Seiten der Physiker, sondern dem grundlegend anders gearteten Erkenntnisinteresse. Für Physikerinnen ist die Mathematik ein Werkzeug, das in konkreten Situationen Anwendung finden soll. Und dabei spielen, wie in jeglicher angewandter Mathematik, heuristische und pragmatische Erwägungen völlig zu Recht eine ebenso bedeutende Rolle wie mathematisch-theoretische. Der reinen Mathematik stehen hingegen im Wesentlichen nur diese beiden Regulative zur Verfügung: strenge logische Konsistenz und ein weitaus schwerer zu fassender ästhetischer Sinn, der bloße logische Konsistenz von sinnvoller, erhellender, wegweisender logischer Konsistenz unterscheiden lässt. Da sich die reine Mathematikerin weder am naturwissenschaftlichen Regulativ des Experiments noch am geisteswissenschaftlichen Regulativ der Anschlussfähigkeit an einen allgemein-öffentlichen Diskurs orientieren kann, muss sie ihre neuartigen Ideen und Begriffsbildungen stets daraufhin überprüfen, ob sie sich letztendlich auf die anerkannten Grundbegriffe und Grundprinzipien ihrer Disziplin logisch zurückführen lassen. Doch solche logische Zurückführbarkeit ist nur ein notwendiges, kein hinreichendes Kriterium für *gute* Mathematik. Als hinreichendes Kriterium bleibt – für den Laien überraschend – nur das der Schönheit. Ich glaube, deshalb ist wirklich etwas dran, wenn Mathematiker ihre Disziplin ebenso als Kunst wie als Wissenschaft ansehen.

Zum Schluss möchte ich aber nicht nur von der Schönheit der Mathematik schwärmen, sondern Ihnen noch ein kleines mathematisches Schmuckstück mit auf den Weg geben, das ebenfalls durch seine Auflösung von Komplexität in Einfachheit besticht – diesmal aber ganz ohne dass es kompliziert wird:[14]

Aufgabe: Man zeige, dass es auf jeder Konferenz mindestens zwei Teilnehmer gibt, die mit gleich vielen anderen Teilnehmern der Konferenz (wechselseitig) bekannt sind.

Vorbemerkung zur Lösung: Wegen der unbeschränkten Teilnehmerzahl könnte man vermuten, dass die Lösung die getrennte Überprüfung sehr, sehr vieler möglicher Konstellationen erfordert.

Lösung: Das im Zusammenhang der Division mit Rest bereits erwähnte *Schubfachprinzip* (siehe Anmerkung 1 zu Kapitel 3) besagt: Wenn n Socken auf n – 1 Schubfächer – oder sinnenfroher: n Flaschen edlen Rieslings oder Burgunders auf n – 1 Fächer im Weinregal – verteilt werden, so liegen am Ende in mindestens einem Fach mindestens zwei Weinflaschen. Nun stellen wir uns jeden der n Konferenzteilnehmer als Weinflasche vor und jedes der Zimmer im Konferenzhotel mit den Nummern 1 bis n als Regalfach: In das Zimmer mit der Nummer m kommen alle Teilnehmer, die mit m – 1 anderen Konferenzteilnehmern bekannt sind. Es gibt zwar n Zimmer, doch die Zimmer 1 und n können nicht beide belegt sein. Denn es kann nicht zugleich einen Teilnehmer geben, der mit allen bekannt ist, und einen, der mit niemandem bekannt ist. Somit sind höchstens n – 1 Zimmer belegt, und somit ist nach dem Schubfachprinzip mindestens ein Zimmer mit mindestens zwei Teilnehmern belegt.

Nachwort

Es war noch nie so viel Mathematik wie heute. Bis vor nicht allzu langer Zeit waren beispielsweise Automobile im Wesentlichen rein chemisch-mechanische Gerätschaften, die geniale Tüftler ersonnen und findige Ingenieurinnen stetig weiterentwickelt hatten, ohne dass dabei tieferes mathematisches Wissen eingeflossen wäre. Nun gleichen Automobile eher Computern auf vier Rädern, für deren reibungsloses Funktionieren Algorithmen, die auf höheren zahlentheoretischen Erkenntnissen beruhen, ebenso wichtig sind wie kontrollierte Explosionsprozesse. Die Welt wird immer digitaler, und die praktische Bedeutung der Mathematik in unserem Alltag nimmt in rasantem Tempo zu.

Dies spiegelt sich jedoch keineswegs in einem gestiegenen öffentlichen Interesse an der Mathematik wider, zumindest nicht in all ihren Facetten. Unter diesen ist Nützlichkeit nur eine; Schönheit und Erhabenheit sind weitere, und sie sind mindestens ebenso wesentlich. Gesehen werden sie von einer größeren Öffentlichkeit aber kaum. Noch immer finden sich nicht wenige, die mit großer Neugierde Debatten in den unterschiedlichsten intellektuellen Disziplinen verfolgen, damit ab, von der Mathematik «keine Ahnung» zu haben. Andere begnügen sich damit, die Mathematik nur anzuwenden. Sie in einem tieferen Sinne verstehen zu wollen und sich von ihr zu eigentümlich esoterischen Gedankengängen inspirieren zu lassen, liegt ihnen fern.

Die Mathematik gleicht einem Orakel. Ihre Offenbarungen gibt sie freilich nicht in Trance mittels raunender Vagheiten preis, sondern bei klarstem Verstand in Form präzisester Wahrheiten. Was diese zu bedeuten haben, bleibt dennoch unklar. Man kann sie als reine Handlungsanweisungen verstehen, die erstaunlich oft zu einem praktischen Erfolg führen. Ihre höhere Bedeutungsebene im

Wechselspiel von Geist und Welt bleibt dabei allerdings außen vor. Auf dieser Ebene liegt die eigentliche Bedeutung, und auf dieser Ebene verfliegt alle Eindeutigkeit. Sagt uns die Mathematik bloß, was ohnehin in uns angelegt ist, oder verweist sie auf etwas da draußen oder gar jenseits davon? Oder stößt sie uns nicht gerade darauf, dass es da gar keine fundamentale Trennung gibt?

Diese Fragen werden niemals abschließend geklärt werden; sie werden immer wieder neu gestellt werden und werden müssen. Ich hoffe, dieses Buch leistet einen kleinen Beitrag dazu, dass Sie weiterhin mit regem Interesse daran teilhaben.

Danksagung

Ich danke Josua Faller, Ute Gillespie, Carolin Küppersbusch, Johannes Pilz, Martin Seeger und Marius Spamer für zahlreiche teils hitzige und stets anregende Gespräche zu vielen der in diesem Buch behandelten Themen. Ohne diese Gespräche wäre das Buch nicht zustande gekommen.

Alles, was darin grundfalsch ist, habe allein ich zu verantworten.

Anmerkungen

Einleitung: Zwischen den Kulturen

1 In seinen (zumindest in manchen Kreisen) berühmten *Vorlesungen zur Physik* stellt dies Richard Feynman auch gleich zu Beginn treffend und lapidar fest: «Die Mathematik ist aus unserer Sicht keine Wissenschaft, im Sinne einer *Natur*wissenschaft. Ihr Gültigkeitsmaßstab ist nicht das Experiment.»

2 Das heißt natürlich nicht, dass es keine guten Karten gibt; nur eben keine perfekt maßstabsgetreuen. (Es war übrigens derselbe Gauß, der die grundlegende Vorgehensweise entwickelte, mit der Ferdinand Lindemann 1882 die Unmöglichkeit der Quadratur des Kreises als Erster definitiv beweisen konnte.)

1. Vom Zählen und den Zahlen

1 Die Rolle der Eins-zu-eins-Beziehung für das Zählen war zwar schon vorher bekannt, spätestens seitdem David Hume sie in seinem *Traktat über die menschliche Natur* beschrieben hat. Doch Cantor hat sie als Erster konsequent zu Ende gedacht.

2 Nicht, dass nicht beides gleichermaßen rätselhaft wäre. Wie schaffen wir es überhaupt, im Geiste Beziehungen zwischen Dingen festzumachen – seien sie abstrakt oder konkret? Und was heißt das überhaupt genau? Diese Grundfrage der Philosophie des Geistes ist gewiss alles andere als trivial. Deshalb will ich hier auch gar nicht näher darauf eingehen.

3 Bei einer Gleichung wie «Drei plus drei ist gleich sechs» muss man ein bisschen aufpassen. Hier braucht es eine weitere Kopie der Drei, damit sechs Kreise zusammenkommen. Aber im Rahmen des Stellvertreter-Bildes der Zahlen ist das überhaupt kein Problem: Jede Zahl kann beliebig viele Stellvertreterinnen haben.

4 Wer mag, nehme sich gerne kurz die Zeit, sich in ähnlicher Weise das *Assoziativ-* und das *Kommutativgesetz* klarzumachen: $a + (b + c) = (a + b) + c$ und $a \cdot (b \cdot c) = (a \cdot b) \cdot c$ bzw. $a + b = b + a$ und $a \cdot b = b \cdot a$.

5 Mit Blick auf das Zitat meiner Oma vom Anfang sei hier auf folgende Analogie hingewiesen: Es gibt nur die *eine* physikalische Zeit (von relativistischen Komplikationen abgesehen, auf die ich später noch eingehen werde, die hier aber getrost ignoriert werden können). Es gibt aber viele verschiedene reale und mögliche Systeme zur Einteilung und Benennung von Zeitpunkten. Universell ist zwar die Zeitaufteilung in Tagen, aber das liegt nur an der von uns allen geteilten Erdrotation. Und bereits die Einteilung eines Tages in kleinere Abschnitte ist offenkundig kulturell bedingt und beruht nicht auf irgendeiner intrinsischen Eigenschaft der Zeit.

Insbesondere widerspricht auch die «Sommerzeit» nicht dem wahren Wesen der

Zeit. Sie ist schlicht eine Konvention zur veränderten Synchronisierung unser aller alltäglichen Tätigkeiten. Denselben Effekt könnte man auch dadurch erzielen, dass man alle Schulzeiten und sonstigen institutionellen und gewerblichen Öffnungszeiten um eine Stunde verschiebt und dergleichen mehr (zum Beispiel Tagesschau um 19:00 statt 20:00). Das wäre bloß viel umständlicher, als einfach an der Uhr zu drehen.

6 Üblicherweise «lesen wir Zahlen» von rechts nach links – übrigens ein babylonisches Erbe –, es geht aber auch so herum.

7 Zunächst (1.) merken wir uns die Eins. Danach (2.) multiplizieren wir die Eins mit zehn, merken uns das Produkt zehn und wechseln zur nächsten Ziffer. Dann (3.) passiert erst mal nichts, da wir aktuell bei der Ziffer «0» sind; das aktuelle Zwischenergebnis ist also immer noch zehn. Danach (4.) springen wir wieder zurück (2.), wo wir wieder das Zwischenergebnis mit zehn multiplizieren und einhundert als neues Zwischenergebnis erhalten. Nach erneutem Wechsel zur nächsten Ziffer addieren wir (3.) die Zwei zum Zwischenergebnis einhundert und erhalten als neues Zwischenergebnis einhundertundzwei. Wieder (4.) springen wir zurück (2.) und springen dann gleich zum Ende (5.), da wir die letzte Ziffer erreicht haben. Das Zwischenergebnis einhundertundzwei ist nun das Endergebnis.

8 Das soll keineswegs heißen, praktisches Dividieren sei genauso einfach wie Multiplizieren. Es heißt nur, dass theoretisch nichts Neues bei der Division hinzukommt. In der alltäglichen Rechenpraxis besteht die Schwierigkeit einer Divisionsaufgabe darin, die richtige Darstellung des Ergebnisses im Dezimalsystem zu finden. Was das genau beinhaltet, wird nebenbei im dritten Kapitel erklärt.

9 Also nicht nur, welche tatsächlichen und möglichen Bedingungen und Konsequenzen es hat, den Gedanken zu hegen, sondern auch, welche es haben *sollte*.

10 Dieser Zusammenhang war freilich schon lange vor Gauß bekannt. Man kann aber davon ausgehen, dass der kleine Gauß noch nicht davon gehört hatte und ihn selbständig für sich entdeckte.

2. Punkte, Geraden, Dreiecke & Co.

1 Ein Motto, das so manche Metaphysikerin und so mancher Wirtschaftswissenschaftler hätten beherzigen sollen, bevor sie ein ganzes Welterklärungs- bzw. Wirtschaftsmodell auf alles andere als trivialen Begrifflichkeiten und Postulaten errichteten. Allerdings gilt auch: Triviale Prämissen allein garantieren noch keine reiche Ernte an neuen Erkenntnissen; im Gegenteil, meistens folgt aus Trivialem nur Triviales. Dass es sich im Falle der Mathematik im Allgemeinen und der Geometrie im Besonderen ganz anders verhält, ist einer ihrer vielen faszinierenden Aspekte. Diesen richtig zu würdigen, ist auch für Vertreterinnen und Liebhaber anderer Disziplinen lohnend.

2 Deshalb hatten das (idealisierte) Lineal und der (idealisierte) Zirkel der antiken Geometer auch keine Kerben für etwaige Längen- bzw. Winkelmessungen; sie dienten ausschließlich dazu, (gedanklich) durch zwei gegebene Punkte eine Gerade zu ziehen bzw. durch den einen um den anderen herum einen Kreis.

3 Mit der sogenannten Infinitesimalrechnung, auf die ich im nächsten Kapitel näher eingehen werde, lässt sich die Länge einer beliebigen Strecke auf die Längen «un-

endlich vieler unendlich kurzer» gerader Teilstrecken zurückführen. Damit ist im Prinzip immer ein Längenvergleich möglich, auch ohne die betreffenden Strecken «anzufassen». Doch davon wussten die Griechen noch nichts, auch wenn der große Archimedes ganz nahe daran war, es zu entdecken.

4 Hilbert entwickelt darin die Euklidische (und auch die Nichteuklidische) Geometrie in moderner systematischer Strenge. Hilbert war Formalist in obigem Sinne und wollte daher die Geometrie der Griechen «rein logisch» aufbauen, ohne jegliche Bezugnahme auf unsere Anschauung vom Raum. Das hat den großen Vorzug, alle impliziten Annahmen der antiken Geometer explizit zu machen. Dabei bleibt allerdings auf der Strecke, dass die Geometrie nicht nur eine «deduktive Struktur» ist, sondern vor allem auch eine Beschreibung *einer ganz bestimmten Sache*, nämlich des Raumes.

5 Ich möchte gar nicht die gesamte Lehrerschaft schlechtreden. Es gibt engagierte und pädagogisch wie fachlich hochqualifizierte Lehrerinnen und Lehrer an vielen Schulen und in allen Fächern, für deren Arbeit ich großen Respekt hege. Zur Wahrheit gehört aber auch, dass es viele unengagierte und unqualifizierte Lehrerinnen und Lehrer gibt, insbesondere im Fach Mathematik. So behauptete besagter Lehrer, der Winkelsummensatz für Dreiecke sei ein *Axiom*, das man einfach «schlucken» müsse, obwohl der Satz überhaupt nicht *offensichtlich* wahr ist und vielmehr aus den Axiomen folgt, insbesondere dem Parallelenaxiom. Kein Wunder, dass jemand, der die Grundlagen seines eigenen Fachs so wenig durchdrungen hat, seinen Schützlingen die große Faszination, die davon ausgeht, nicht vermitteln kann.

6 Tatsächlich nahm da Vinci keine geometrischen Reckteck-Konstruktionen vor, um die Bildpunkte gegebener «realer» Punkte einer Szenerie auf der Leinwand zu bestimmen. Stattdessen nutzte er, wie seine Kollegen, diverse «Fluchtpunkte» mit darauf zulaufenden «Fluchtlinien». Deren Funktionsweise beruht aber letztendlich ebenso auf den Strahlensätzen.

7 Man denke etwa an die Höchstnoten, die Ratingagenturen noch kurz vor der Finanzkrise 2008 maroden Verbriefungen amerikanischer Hypothekenkredite verliehen. Die mathematischen Modelle, aus denen die Noten abgeleitet wurden, waren meist rein mathematisch, modellimmanent korrekt. Aber die *ökonomischen* Annahmen, die den Einsatz der Modelle zum gewünschten Zweck überhaupt erst hätten legitimieren können, waren schlicht nicht bzw. nicht mehr zutreffend. Die Ironie der Geschichte ist die, dass David X. Li, der Autor des Fachartikels, auf den sich die Modellierer der Ratingagenturen beriefen, in dem Artikel genau davor warnte, seinen Ansatz unkritisch zu implementieren, also ohne stets zu prüfen, ob die ökonomischen Voraussetzungen noch gegeben sind.

8 Ein rechter Winkel ist geometrisch so ausgezeichnet: Verlängert man die beiden Halbgeraden zu vollen Geraden, so haben die sich ergebenden zusätzlichen drei Winkel alle dieselbe Weite wie der Ausgangswinkel.

9 Wer mag, versuche sich anhand eines Rubik-Würfels – besser noch: anhand eines Würfels vor dem geistigen Auge – in ähnlicher Weise die geometrische Entsprechung der nicht umsonst sogenannten *kubischen* Binomischen Formel $(a + b)^3 = a^3 + 3a^2b + 3ab^2 + b^3$ zu vergegenwärtigen.

10 Dieser Nachteil war aber zugleich ein großer Vorteil. Denn der Zwang zur geometrischen Konstruktion schult die Anschauung ungemein, wohingegen sie beim

routinemäßigen Einsatz algebraischer Formeln schnell verkümmert. Mir ist es selbst so in meinem Mathematikstudium ergangen. Die Geometrie wurde dabei überwiegend so vermittelt, als ginge es um von vornherein zahlenbehaftete Größen, deren Gestalt eigentlich nebensächlich sei und nur vom Wesentlichen ablenke. Das hatte zur Folge, dass meine Kommilitonen und ich alles Mögliche ausrechnen konnten, wir aber kein richtiges Verständnis, sprich keine Anschauung von der jeweiligen Problemstellung hatten – so ähnlich wie jemand, der mit einem Navi zwar ans Ziel kommt, aber den Weg, den er zurückgelegt hat, nicht wirklich kennt, sprich im Geiste überblickt.

11 In unserem metrischen System ausgedrückt: Angenommen, die Seitenlänge des Quadrats beträgt $1m$, dann hat nach dem Satz des Pythagoras das Diagonalenquadrat die Fläche $1m^2 + 1m^2 = 2m^2$. Doch Vorsicht, so suggestiv die Schreibweise «m^2» ist, so missverständlich kann sie auch sein. Ein Quadratmeter ist schlicht die Fläche eines Quadrats mit der Seitenlänge $1m$, *nicht* das Produkt eines Meters mit sich selbst; es sei denn, man definiert dieses «Produkt» schlicht als jene Fläche. Deshalb ist es begrifflich sauberer, zum Beispiel die Abkürzung «qm» statt «m^2» zu verwenden. Der große Vorzug von «m^2» ist aber der, dass man damit so tun kann, als stünde «m» für eine Zahl, etwa in folgender Gleichung: $3m \cdot 4m = 12m^2$. Dieses So-tun-als-ob ist so lange kein Problem, solange man sich im Klaren darüber ist, wie diese und ähnliche Gleichungen zu verstehen sind – im konkreten Beispielfall: Ein Rechteck, dessen Seiten die Längenverhältnisse 3 bzw. 4 zur Einheitsstrecke $1m$ haben, hat das Flächenverhältnis 12 zum Einheitsquadrat $1m^2$. Hier werden also keine Längen multipliziert, sondern Zahlen in Form von Längenverhältnissen, deren Produkt ebenfalls eine Zahl ist (was sonst?), die hingegen als Flächenverhältnis aufzufassen ist. Deshalb ergibt zum Beispiel ein Ausdruck wie «$1m + 2m^2 + 3m^3$» keinen Sinn.

12 Prinzipiell lässt sich mit Zirkel und Lineal jeder Punkt der Ellipse exakt konstruieren, aber nicht die *gesamte* Kurve auf einmal.

13 Allgemein lauten die Lösungen: $x_{1/2} = -\frac{p}{2} \pm \sqrt{\frac{p^2}{4} - q}$.

14 Wenn einem die Form gerade nicht präsent ist, so denke man einfach behelfsmäßig an den Querschnitt eines Kegels mit abgerundeter Spitze (oder man blättert kurz vor zur ersten Abbildung im nächsten Kapitel).

15 Die 3 über dem Wurzelzeichen zeigt an, dass es um die «Kubik-» bzw. dritte Wurzel geht, also um die Zahl, die zweimal mit sich selbst multipliziert die Zahl unter der Wurzel ergibt. So gilt zum Beispiel: $\sqrt[3]{8} = 2$.

16 Nämlich die Zahl $\sqrt[6]{2}\ \frac{\sqrt{6} + \sqrt{2}}{2}$.

17 Die geometrische Entsprechung für die Multiplikation ist nicht so leicht ersichtlich wie für die Addition. Um sich davon zu überzeugen, bedarf es ein wenig Trigonometrie, auf die ich hier allerdings verzichten möchte.

18 Zum Beispiel die Mitte des 19. Jahrhunderts von William Hamilton entdeckten *Quaternionen*.

19 Heuser weist übrigens selbst an mehreren Stellen seines Lehrbuchs darauf hin, dass die axiomatische Form der Präsentation ein verzerrtes, allzu glattes Bild von den reellen Zahlen vermittelt.

3. Die Erkundung des Unendlichen

1 Das folgt aus dem ganz einfachen, aber erstaunlich mächtigen «Schubfachprinzip», welches besagt: Wenn bestimmte Gegenstände (Socken) auf bestimmte Gruppen (Schubfächer) verteilt werden und die Anzahl der Gegenstände größer als die der Gruppen ist, so müssen mindestens zwei der Gegenstände in derselben Gruppe landen.
Ein nettes Beispiel, um auf einer Party ins Gespräch zu kommen, bei der man nicht das Geringste über die anderen Gäste weiß, außer dass es mehr als 365 sind: Man weiß nach dem Schubfachprinzip zumindest, dass mindestens zwei der Gäste am selben (Kalender-)Tag Geburtstag haben. Noch netter: Damit auf einer Party mit einer Wahrscheinlichkeit von mehr als 50 % mindestens zwei Gäste am selben Tag Geburtstag haben, braucht es deutlich weniger Gäste. Halb so viele, also 182 oder 183? Klingt plausibel, liegt aber weit daneben; es sind nur 23 Gäste nötig.
Bei der Division mit Rest sind die Gegenstände die einzelnen errechneten Reste, und die Gruppen sind durch die möglichen Werte 0 bis m – 1 bestimmt. Ergo ergibt sich spätestens nach m+1 Schritten eine Wiederholung.

2 Zum Summenzeichen «Σ» sei aber jetzt schon Folgendes angemerkt: Man lässt einfach gedanklich den Index m, also die Nummer des betreffenden Summanden, von der unten am Summenzeichen angegebenen Zahl bis zur oben angegebenen Zahl in Einerschritten hochlaufen und addiert dabei der Reihe nach die Summanden auf. Somit gilt zum Beispiel: $\sum_{m=0}^{3} 10^{-m} = 10^0 + 10^{-1} + 10^{-2} + 10^{-3} = 1 + \frac{1}{10} + \frac{1}{100} + \frac{1}{1000}$. Und im Beispiel des kleinen Gauß aus dem Zahlenkapitel hätten wir anstelle von «1 + 2 + ··· + 100» auch den kürzeren Ausdruck «$\sum_{m=1}^{100} m$» schreiben können. Entsprechend gilt etwa auch für summierbare variable Größen $X_1, \ldots ,X_n$: $\sum_{m=1}^{n} X_m = X_1 + \ldots + X_n$.

3 Siehe zum Beispiel die gut lesbare Darstellung von Carlo Rovelli in *Die Wirklichkeit, die nicht so ist, wie sie scheint*.

4 Es handelt sich um die Funktion $f(x) = x \cdot \sqrt{\frac{1}{4} + x^2} + \frac{1}{4} ln \left(x + \sqrt{\frac{1}{4} + x^2}\right)$, wobei «ln» die *natürliche Logarithmusfunktion* (zur Basis e) bezeichne. Die Details sind hier nicht so wichtig.

5 Wenn ε beispielsweise ein Millionstel beträgt, so gilt das für alle $n \geq N = 1\,000\,001$.

6 Wie etwa der von Winona Ryder in *Alien 4* gespielte Cyborg.

7 Das Aufschreiben aller Zahlen dient nur der Anschaulichkeit. Man könnte zu Recht einwenden, dass sich keine der Zahlen, zumindest der irrationalen Zahlen, so aufschreiben ließe – nicht einmal prinzipiell. Das macht aber nichts. Denn die Grundidee ist vielmehr, dass jeder natürlichen Zahl n eindeutig eine reelle Zahl r_n zugeordnet ist und dieser wiederum eine eindeutige Binärentwicklung. Wenn man das aktual Unendliche akzeptiert, ist hiergegen nichts einzuwenden.

8 Ein Auto etwa ist, als bloße Menge seiner Einzelteile betrachtet, eben *kein* Auto mehr. Denn als Auto muss es sich gemäß einer bestimmten räumlichen Anordnung aus den Einzelteilen zusammensetzen. Für das Auto als Menge spielt die Anordnung hingegen keinerlei Rolle.

9 Interpretiert man die Symbole und Termini der Theorie so, dass sie die übliche Arithmetik als Untertheorie enthält, also die Theorie der natürlichen Zahlen, so

spricht man von der «intendierten» Deutung. Unter *dieser* Deutung gibt es einen Satz, der indirekt von sich selbst sagt – so hat ihn Gödel teuflisch geschickt konstruiert –, dass er nicht im Rahmen der Arithmetik formal beweisbar ist. Wäre dieser Satz unter der intendierten Deutung falsch, so wäre er also formal beweisbar und somit unter *jeder* Deutung wahr – Widerspruch! Also muss der Satz unter der intendierten Deutung wahr sein, aber eben nicht formal beweisbar.

10 Das gilt zumindest für den *Intuitionismus*, eine Form von Konstruktivismus, die auf den holländischen Mathematiker J. E. L. Brouwer zurückgeht. Andere Konstruktivismen mögen von anderen «Grundintuitionen» ausgehen. Das ändert aber nichts am Grundproblem ihres Projekts.

4. Die Geometrie der Speziellen Relativitätstheorie

1 Der Fachbegriff heißt *Kinematik*, «physikalische Geometrie» finde ich aber sprechender.

2 Im Beispiel des Hobbyphysikers wies die Raumachse nach oben und die Zeitachse nach rechts. Das ist aber eine reine Konvention, die in der Literatur zur Relativitätstheorie üblicherweise umgekehrt wird.

3 Das erklärt übrigens, weshalb Newton sein erstes Gesetz nicht einfach unter das zweite subsummiert hat. Auf den ersten Blick könnte man meinen, Newton hätte gut auf das erste Gesetz verzichten können, da es doch offenbar nur einen Spezialfall des zweiten darstellt: Wenn Kraft gleich null, dann auch Beschleunigung gleich null (da Masse ungleich null) und somit per Definition Geschwindigkeitsänderung gleich null. Doch gerade dieser Spezialfall ist prädestiniert dafür, diejenigen Koordinatensysteme auszuwählen, in denen sich dann erst das zweite Gesetz in voller Allgemeinheit als empirische Tatsache herausstellt. Es wäre ein Fehler, das zweite Gesetz schlicht als *Definition* der Kraft anzusehen. Zumindest einige Kräfte lassen sich anderweitig bestimmen: Zieht man beispielsweise zwei baugleiche Zugfedern um dieselbe Strecke auseinander, so üben sie offenbar eine doppelt so große gemeinsame Kraft aus wie jede für sich. Durch systematisches Hantieren mit Zugfedern etwa, lässt sich somit das zweite Newton'sche Gesetz *experimentell* überprüfen. Ist es dann erst einmal [für ein bestimmtes Bezugssystem] bestätigt, lassen sich *anschließend* weniger «greifbare» Kräfte (zum Beispiel elektromagnetische) über das zweite Gesetz bestimmen. Dieses Hin und Her bzw. wechselseitige Abhängigkeitsverhältnis zwischen Theorie und Experiment ist zuweilen sehr verwirrend, aber ganz typisch für die Physik im Allgemeinen.

4 In diesem Jahr veröffentlichte Albert Einstein nicht nur wesentliche Grundlagenarbeiten zur Speziellen Relativitätstheorie, sondern auch zur Quantenmechanik und zur Theoretischen Chemie.

5 Es gibt unzählige andere, kompliziertere Koordinatensysteme. Die Gemeinsamkeit ist aber stets die, dass mit ihnen in systematischer Weise jedem Punkt eindeutig drei (im Falle des dreidimensionalen Raums) Zahlen zugeordnet sind, und umgekehrt. (Ein gediegenes Koordinatensystem sollte darüber hinaus auch noch einige Minimalanforderungen hinsichtlich Stetigkeit und Differenzierbarkeit erfüllen.)

6 Aus dem Alltag kennt man den vielzitierten *Dopplereffekt:* Wenn ein Krankenwagen auf einen zukommt, hört man das Martinshorn in einer höheren Frequenz,

als nachdem er an einem vorbeigefahren ist. Für dieses akustische Phänomen gibt es auch ein visuelles Pendant, das als «Rotverschiebung» bezeichnet wird. Es ist verwandt, aber nicht identisch mit der scheinbaren Verkürzung des Zuges. Im einen Fall geht es um die wahrgenommene Frequenz des ausgesandten Lichts, im andern Fall eben um die wahrgenommene Länge des Objekts.

7 Falls Sie es konkreter mögen: Genau zu dem Zeitpunkt, als gegen elf Uhr am 28. Juni 1914 Gavrilo Princip in Sarajevo Erzherzog Franz Ferdinand erschoss, goss sich in New York gerade jemand einen Kaffee ein, bevor er zur Frühschicht aufbrach. Die meisten von uns würden dieser Aussage wohl zustimmen, ohne dabei einen Zusatz wie «relativ zur Erde» mitzudenken.

8 Nach wie vor träten dann E_1 und E_2 an derselben Stelle des Bahndamms ein (eine objektive Tatsache), aber eben nicht am selben *Ort* des Raums (keine objektive Tatsache).

9 Vorsicht, nach der simplen Umformung der zweiten Gleichung zu $x = x' + v_Z t$ könnte man zunächst wegen des Pluszeichens eine Asymmetrie zu erkennen meinen. Aber es muss noch v_Z durch v_B ersetzt werden – die Geschwindigkeit des Bahnhofs (und -damms) im Zugsystem. Und diese Geschwindigkeit entspricht offenbar jener, nur in entgegengesetzter Richtung, das heißt, $v_Z = -v_B$ – womit das Minuszeichen doch wieder hineinkommt.

10 Hier ist eine Anmerkung zu einem potentiell etwas verwirrenden Umstand angebracht, nämlich dem, dass man die Newton'sche Mechanik in ihrer elementaren Form durchaus auch in Nichtinertialsystemen betreiben kann. Das *Foucault'sche Pendel* sagt bestimmt dem einen oder anderen etwas. Mit diesem nach Jean Bernard Léon Foucault benannten Pendel zeigte dieser im Jahr 1851, dass sich die Erde tatsächlich um die eigene Achse dreht und nicht etwa der ganze Rest um die Erde – zumindest war das die damals allgemein akzeptierte Deutung. Das frei schwingende Pendel zeichnete im Pariser Panthéon nicht einfach am Boden eine feste gerade Strecke nach, sondern Schleifen, wie die Blütenblätter einer Kamille. Dies war ein untrüglicher Beleg dafür, dass ein fest mit der Erde verbundenes Koordinatensystem kein Inertialsystem sein kann. Denn die Erdanziehungskraft allein hätte die Schleifen nicht verursachen können, und es war schlicht keine andere Kraftquelle ersichtlich. Die Bewegung des Foucault'schen Pendels ließ sich aber sehr wohl mit dem zweiten Newton'schen Gesetz in seiner ursprünglichen Form – Kraft gleich Masse mal Beschleunigung – erklären. Hierzu musste man lediglich zwei *Schein*kräfte hinzunehmen: die *Zentrifugal-* und die *Corioliskraft*. Diese «Kräfte» sind rein rechnerische Größen, die es erlauben, ein erdgebundenes Koordinatensystem im praktischen Sinne als Inertialsystem zu behandeln. Dies darf aber nicht darüber hinwegtäuschen, dass es sich tatsächlich um kein Inertialsystem handelt. Denn die Zentrifugal- und die Corioliskraft entspringen eben keinen echten physikalischen Kraftquellen.

11 Erstaunlicherweise gilt das übrigens auch für die Gerichtetheit der Zeit. Die Newton'schen Gesetze allein reichen nicht aus, um die richtige, von der Vergangenheit in die Zukunft weisende Zeitrichtung als solche auszuzeichnen. In diesem Zusammenhang wird gern auf den zweiten Hauptsatz der Thermodynamik verwiesen, dessen Unbekanntheit in gewissen intellektuellen Kreisen C. P. Snow in seiner in der Einleitung erwähnten Rede zu Recht beklagte. Der Satz besagt – anschaulich gesprochen –, dass sich alle geordneten Strukturen langfristig auflö-

sen. Abgesehen davon, dass der Satz in dieser verkürzten Formulierung zu verfehlten soziologischen Analogieschlüssen verführt, ist fraglich, ob er allein unsere feste Überzeugung von einer inneren Gerichtetheit der Zeit begründen kann.

12 Man beachte: Wegen der ersten Transformationsgleichung ist $dt' = dt$.

13 Dass Licht zum Phänomenbereich der Elektrizität und des Magnetismus gehört, erschien vor Maxwell völlig abwegig. Wie Feynman in seinen Vorlesungen schreibt: «Maxwell hatte eine der großen Vereinigungen der Physik vollbracht. Vor seiner Zeit, da gab es Licht, und da gab es Elektrizität und Magnetismus. Letztere waren durch die experimentellen Arbeiten von Faraday, Oersted und Ampère vereinigt worden. Doch dann, auf einmal, war Licht nicht mehr ‹etwas anderes›, sondern nur Elektrizität und Magnetismus in einer neuen Form: kleine Päckchen elektrischer und magnetischer Felder, die sich von ganz allein durch den Raum fortpflanzen.»

14 Das erste behält weiterhin seine Gültigkeit; es dient nach wie vor dazu, Inertialsysteme als solche auszuzeichnen (siehe Anmerkung 3).

15 Außerdem sind die Achsen des gestrichelten Systems rechts mit dem Lorentz-Faktor λ skaliert, verglichen mit den Achsen des ungestrichelten Systems links.

16 Vom sogenannten *Welle-Teilchen-Dualismus* insbesondere des Lichts haben Sie vielleicht schon gehört. Dieses für die Entwicklung der Quantenphysik prägende Phänomen besteht grob darin, dass manche Resultate in Lichtexperimenten eher das Verständnis von Licht als Strahl kleinster Partikel nahelegen statt das Maxwell'sche Verständnis von Licht als Welle bzw. Schwingung elektrischer und magnetischer Felder. Davon will ich hier absehen. Stellen Sie sich Photonen einfach – in den Worten Feynmans – als «kleine Päckchen elektrischer und magnetischer Felder [bzw. Feldlinien vor], die sich von ganz allein durch den Raum fortpflanzen».

17 Bei Gleichheit würde durch $\lambda = \sqrt{1 - c^2 / c^2} = 0$ geteilt; für $v > c$ wäre hingegen λ eine imaginäre Zahl, somit auch t' und x', was physikalisch schlicht keinen Sinn ergibt.

18 Außerdem ist es für einige Zeit davor stets an zwei verschiedenen Orten zugleich.

19 Bloße «Feld-Päckchen» (siehe Anmerkung 13) haben keine Masse. Das zeichnet sie hinreichend aus, um einen qualitativen Unterschied zwischen ihnen und echten Teilchen wie Elektronen, Protonen oder Staubpartikeln unterstellen zu dürfen.

20 Vielleicht fragen Sie sich gerade, was denn zum Beispiel wäre, wenn die Relativgeschwindigkeit v des einmal gestrichelten Systems zum ungestrichelten System $0{,}9c$ betrüge und die Relativgeschwindigkeit v' eines weiteren, zweimal gestrichelten Systems zum einmal gestrichelten System ebenfalls $0{,}9c$. Wäre die Relativgeschwindigkeit v'' des zweimal gestrichelten Systems zum ungestrichelten System dann nicht größer als die Lichtgeschwindigkeit? Nein, wäre sie nicht! Denn unter der Lorentz-Transformation gilt nicht die Alltagsformel: $v'' = v + v'$; vielmehr gilt: $v'' = (v + v') / \left(1 + \frac{vv'}{c^2}\right) = 1{,}8c / 1{,}81 < c$. Diese Formel ist nur eine von vielen merkwürdigen Konsequenzen der Lorentz-Transformation. Sie garantiert, dass v'' kleiner als die Lichtgeschwindigkeit ist, sofern dies für v und v' gilt.

21 Das heißt, wie schon im dritten Kapitel, $\Delta x = x_2 - x_1$ usw.

22 Zwei Ereignissen, die durch ein und denselben Punkt in der Raum-Zeit repräsentiert werden (etwa der Einschlag eines Blitzes am Bahndamm und das Versterben

des davon getroffenen Gleisarbeiters), werden in *jedem* Koordinatensystem insbesondere dieselben Zeitkoordinaten zugeordnet.

23 Man beachte, dass die Achsen des Zugsystems in der Darstellung mit dem Lorentz-Faktor λ skaliert sind. Deshalb sind direkte optische Längenvergleiche jeweils nur innerhalb eines Systems möglich. Obwohl es so aussieht, als sei $\Delta c\tilde{t}'$ größer als Δct, sind sie tatsächlich gleich groß.

24 Das ist ja gerade, was das zweimal gestrichelte System zu einem Ruhesystem für diesen Weltlinienabschnitt macht.

25 Um keinen falschen Eindruck zu erwecken, die Ruders stellen an anderer Stelle ebenfalls klar, dass es nicht nur um unterschiedliches «Betrachten» und «Scheinen» geht.

26 Für die offizielle Sekundendefinition handelt es sich dabei um die Dauer einer Schwingung besagter Strahlung des Cäsiumatoms. Anders als im Fall der Bahnhofsuhr wird man leichte Schwankungen der Dauer eines komplexen Vorgangs wie zum Beispiel einer vollen Drehung der Erde um ihre eigene Achse nicht auf unterschiedliche Periodendauern jenes elementaren Prozesses zurückführen, sondern vielmehr durch Verschiebungen der Kontinentalplatten u. Ä. erklären.

27 Zur Erinnerung: Die zeitliche Reihenfolge von Ereignissen auf der Weltlinie ein und desselben Körpers ist gemäß Lorentz-Transformation eindeutig, also eine objektive Gegebenheit.

28 Ich beschränke mich hier der Einfachheit halber auf volle Perioden des Zeitprozesses. Diese Einschränkung könnte man aber prinzipiell aufheben, indem man statt einer Uhr ein ganzes Ensemble von Uhren mit zeitversetzten Perioden heranzieht, die idealisiert dieselbe Weltlinie teilen.

29 Insbesondere der dritte Schritt ist wenig praktikabel.

30 Ein und dieselbe Relativgeschwindigkeit kann etwa durch eine nur kurz wirkende, aber sehr starke Kraft erzielt werden oder durch eine langanhaltende schwache Kraft. Warum sollte aber beides zur selben Verzerrung der Maßstäbe führen? Ein Expander, an dem ein Bodybuilder kurzzeitig mit enormer Kraft zieht, verformt sich ja auch ganz anders als ein Expander, an dem ich mich über längere Zeit abmühe.

31 Sollte der Mechanismus kaputtgehen oder systematisch irgendwo haken, sprich nicht mehr korrekt zählen, so handelte es sich per Definition um kein Inertialsystem.

32 Die Größe κ ist eine bestimmte Naturkonstante, die inhaltlich nicht viel zur Sache tut.

33 Für elektromagnetische Kräfte etwa gilt das nicht. Würde die Physikerin im Raumlabor an einer starken elektrischen Ladungsquelle vorbeifliegen, so könnte sie die Raketentriebwerke so aufdrehen, dass ein elektrisch geladener Tischtennisball scheinbar kräftefrei im Labor schweben würde; sie könnte die Triebwerke aber nicht so aufdrehen, dass *jedes* Bällchen, unabhängig von seiner elektrischen Ladung, in Ruhe schweben würde.

34 Sie fragen sich, was überhaupt ein Koordinatensystem für einen *einzelnen* Punkt sein soll? Würde ein solches System nicht einfach willkürlich dem Punkt irgendwelche nichtssagenden Zahlen zuordnen, zum Beispiel lauter Nullen? Nein, das wäre in der Tat völlig witz- und erst recht nutzlos. Vielmehr handelt es sich um ein Koordinatensystem eines vollständigen Raumes (mit vielen weiteren Punk-

ten). Doch dieser ist nicht Teil des Ausgangsraumes, in dem der Punkt residiert, sondern es handelt sich um einen sogenannten *Tangentenraum*, einen abstrakten Raum gänzlich außerhalb jenes Raumes. (Ich habe ja gesagt, es ist kompliziert.) Die Herausforderung besteht nun darin, über verschiedene Tangentenräume hinweg einen «Differenzenquotienten» sinnvoll zu definieren. Bei dem Quotienten dy/dx von Newton und Leibniz ist die Sache einfach: Es werden für zwei (infinitesimal) benachbarte Punkte deren y- bzw. x-Koordinaten voneinander subtrahiert und ins Verhältnis gesetzt. Dabei handelt es sich aber um Punkte innerhalb *eines* Raumes und Koordinaten innerhalb *eines* Koordinatensystems. Wie sollte man das aber auf verschiedene Räume mit je eigenen Koordinatensystemen übertragen können? Kommen dabei nicht zwangsläufig völlig nichtssagende Zahlenverhältnisse heraus, so wie wenn man den Preis einer Birne in einer Währung durch den Preis eines Apfels in einer anderen Währung teilt? Nein, Gauß und Riemann fanden einen Weg, Punkte in nicht willkürlicher Weise von einem Tangentenraum in den anderen zu «transportieren», in einer Weise, die nur von der intrinsischen Krümmung des Ausgangsraumes abhängt.

35 Interessanterweise heben sich die Effekte der Speziellen und der Allgemeinen Relativitätstheorie hier sogar teilweise auf. Denn gemäß der Speziellen Theorie vergeht die Zeit in den Satelliten etwas langsamer als auf der Erde, da sie diese mit sehr hohen Geschwindigkeiten umkreisen. Andererseits weist die Allgemeine Theorie ein neues «Zwillingsparadoxon» auf, wonach nämlich die Physikerin im Weltraumlabor schneller altert als die Physikerin im erdnahen Labor. Das heißt, die Zeit in den Satelliten vergeht aufgrund ihrer beträchtlichen Entfernung von der Erde ein wenig schneller. Dieser «Zeitdilatationseffekt» überkompensiert jenen.

5. Welt und Modell

1 Ob die Prämissen wahr sind, ist eine ganz andere Frage als die, ob die Schlussfolgerung korrekt ist. Obwohl die Begründung des Kommissars für seine Prämisse $\neg(p \wedge (q \vee r))$ einem fragwürdigen Männlichkeitsideal der 1950er Jahre geschuldet ist und man somit die Prämisse (und damit auch die Konklusion) zu Recht in Zweifel ziehen kann, ist die Schlussfolgerung des Kommissars aus den Prämissen dennoch korrekt.

2 Deshalb das umgedrehte «A» und «E».

3 «Objekt» kann hierbei sehr weit gedeutet sein, sodass etwa auch die Schönheit als ein Objekt gilt oder das allzu Menschliche.

4 Die Widerspruchsfreiheit bestünde darin, dass sich keine mathematische Aussage zusammen mit ihrer Negation, etwa $0 = 1$ und $0 \neq 1$, aus den Grundaxiomen formallogisch folgern ließe. Und die Vollständigkeit bestünde darin, dass für jede (wohlformulierte) mathematische Aussage entweder diese selbst oder ihre Negation gefolgert werden könnte.

5 Allerdings müssen beide – was gern vergessen wird – in «natürlicher» Sprache aufschreiben, um welche Größen es sich bei x und y überhaupt handeln soll. Selbst rein mathematische Texte, in denen es ausschließlich um mathematische Größen geht, kommen nicht ohne eine geeignete Einbettung in einen natürlich-

sprachlichen Kontext aus. Dieser bestimmt erst, was die vielen Formeln überhaupt zu bedeuten haben.

6 Die vollendetsten mathematischen Abhandlungen haben durchaus auch einen sprachstilistischen Anspruch (was leider Gottes im Mathematikstudium überhaupt nicht thematisiert wird), der womöglich nicht ohne weiteres bei einer Übersetzung von der Originalsprache in eine andere gewahrt bleibt. Die eigentlichen mathematischen Gedankengänge dürften davon aber meist unberührt bleiben.

7 Es wird ja immer wieder gern das Klischee von der entmystifizierten Welt bemüht, die von Mathematik und Naturwissenschaften all ihrer «Poesie» beraubt worden sei. Ich weiß nicht, wie es Ihnen geht, für mich nimmt die von Gestirnen, Gebirgen und Auenwäldern ausgehende Faszination umso mehr zu, je mehr Astrophysik, Geologie und Biologie über ihre ganz ungewöhnlichen Eigenschaften, komplexen Entstehungsgeschichten und vielfältigen Abhängigkeitsverhältnisse zutage fördern. Dass etwa die Alpen einst ein Meeresboden waren, der über Jahrmillionen durch gewaltige tektonische Kräfte in alpine Höhen emporgehoben wurde, finde ich deutlich spannender als die Vorstellung, ein Gott habe sie gleich einem Modelleisenbahner – zack! – fix und fertig zwischen Mittelmeer und Niederbayern aufgestellt.

8 Drei bzw. zwei zu sechs Einheitslängen e.

9 Damit will ich keineswegs gesagt haben, die Abstraktionsleistung, die fürs Wandern durch eine dreidimensionale natürliche Landschaft relevanten Aspekte derselben in einer zweidimensionalen Karte zusammenzufassen, sei nicht *an sich* erstaunlich. Aber im Vergleich zu zahllosen anderen Abstraktionsleistungen des menschlichen Geistes, die wir meist als selbstverständlich hinnehmen, ist sie nicht so besonders. Man denke allein an unsere Grundfähigkeit, existente und nichtexistente Gegenstände unter einen gemeinsamen Begriff zu fassen.

10 Benannt nach Francis Galton, der nicht nur dieses schöne Instrument zur Veranschaulichung einer bestimmten Gesetzmäßigkeit des Zufalls ersann, sondern auch einer der intellektuellen Wegbereiter der weniger schönen Disziplin namens *Eugenik* war. Für die Darstellung des Galton-Brettes wurde folgende Quelle verwendet: https://commons.wikimedia.org/wiki/File: Galton-Brett.svg

11 Davon können wir in der Tat absehen; Pi käme auch dann ins Spiel, wenn wir statt runder Erbsen eckige Klötzchen durch das Brett fallen lassen würden (sofern die sich nicht darin verhaken).

12 Ich möchte ein letztes Mal betonen, dass ich die Sprachmetapher gar nicht in Bausch und Bogen ablehne. Meines Erachtens taugt sie nur nicht, um das Funktionieren angewandter Mathematik zu erklären. In diesem Zusammenhang finde ich die Metapher von mathematischen Modellen viel sprechender.

13 Genau genommen kommt vor der Rückübersetzung noch eine Anwendung eines noch grundlegenderen Satzes der Wahrscheinlichkeitstheorie, nämlich des *Gesetzes der großen Zahlen*. Dieses besagt in diesem Fall, dass für hinreichend viele durchs Galton-Brett fallende Erbsen die beobachteten Anteile der verschiedenen möglichen Wegesummen nur geringfügig von deren jeweiligen theoretischen Wahrscheinlichkeiten gemäß der mathematischen Verteilung abweichen. An einem noch einfacheren Beispiel veranschaulicht: Das Gesetz der großen Zahlen besagt, dass, je öfter Sie einen Würfel werfen, desto mehr werden sich langfristig

die jeweiligen Häufigkeiten der gewürfelten Augenzahlen angleichen und deren Verhältnis zur Gesamtzahl an Würfen 1/6 nähern. Ein ziemlich einleuchtendes Gesetz.

14 Bei einer Ebene gibt es offenbar nur zwei Wege. (Die Erbse fällt nur einmal, und zwar entweder nach links oder nach rechts.) Bei zwei Ebenen verdoppelt sich die Wegezahl offenbar auf vier. Und auch mit jeder weiteren Ebene verdoppelt sich die Wegezahl.

15 Wenn man zum Beispiel fünf Äpfel in einer länglichen Obstschale nebeneinander von links nach rechts anordnen will, so gibt es dafür $5! = 1 \cdot 2 \cdot 3 \cdot 4 \cdot 5 = 120$ Möglichkeiten. Und wenn man zwei Äpfel fürs Müsli braucht, so hat man $\binom{5}{2} = \frac{5 \cdot 4}{1 \cdot 2} = 10$ verschiedene Möglichkeiten, die zwei Äpfel aus den fünfen (auf einmal) herauszugreifen.

16 «{» und «}» sind die sogenannten *Mengenklammern*. Wenn etwa «a», «b» und «c» drei verschiedene Objekte bezeichnen, so bezeichnet «{a, b, c}» die Menge dieser Objekte.

17 Kombinatorik ist die mathematische Kunst des geschickten Zählens. Zählen kann jeder, aber *geschicktes* Zählen ist eine wissenschaftlich untermauerte Kunst.

18 Überführt man dieses analog in ein dreieckiges Gitter, steckt es gleichsam zweifach im Nervengeflecht.

19 Für diejenigen, die das Relativitätskapitel übersprungen haben: Das zweite Newton'sche Gesetz besagt, dass die auf einen Körper wirkende Kraft zahlenmäßig gleich dem Produkt der Masse des Körpers und der durch die Kraft hervorgerufenen Beschleunigung ist.

20 Das besagt das bisher unterschlagene dritte Newton'sche Gesetz, bekannt als «Actio est Reactio»: Übt ein Körper auf einen anderen Körper eine bestimmte Kraft aus, so übt auch dieser auf jenen eine gleich starke Kraft in entgegengesetzter Richtung aus. (Fragen Sie nicht, welche Kraft Henne und welche Ei ist.)

21 Der Abstand r wird kleiner, und damit wächst die Größe $1/r^2$ an – sogar überproportional, eben quadratisch.

22 Das heißt, ein erdbeschleunigter Körper erhöht (vom Luftwiderstand abgesehen) seine Geschwindigkeit pro Sekunde um ca. 9,81 m/s, was wiederum in etwa 35 km/h entspricht.

23 Vorsicht! Es ist durchaus *denkbar*, dass man hinreichend viele Erbsen durch ein Galton-Brett mit vielen Ebenen fallen lässt und dabei eine Verteilung herauskommt, die stark von der Normalverteilung abweicht. Es ist nur sehr, sehr *unwahrscheinlich*.

24 So sind die Kräfteverhältnisse in einem konkreten Galton-Brett mit konkreten durchfallenden Erbsen so spezifisch, dass sie einzig von diesem einen Galton-Brett und diesen Erbsen physisch realisiert werden.

25 Die Knotentheorie gehört zur *Topologie*, die noch grundlegendere Eigenschaften des Raums bzw. «raumähnlicher» Strukturen untersucht als die Geometrie. In der Knotentheorie geht es beispielsweise um Fragen wie die, ob zwei (idealisierte) Schnüre, die jeweils in sich verschlungen und deren Enden miteinander verbunden sind, ineinander überführt werden können, ohne die Schnüre zu zerschneiden.

26 «Zulässig» im engen metaphysischen Sinne verstanden; in einem weiteren, pragmatischen Sinne wären auch solche Modelle weiterhin zulässig, die zwar auf

keine «echten» Strukturen abzielen, aber dennoch «funktionieren» – so wie etwa das Newton'sche Modell in Verbindung mit dem Gravitationsgesetz, das eine nicht existente Kraft postuliert.

27 *Das Ende aller Theorie: Die große Datenflut macht die wissenschaftliche Methode überflüssig.*

28 $\hbar$ ist die Naturkonstante namens *Planck'sches Wirkungsquantum*, geteilt durch 2π.

29 Sowohl Ψ als auch die Einschränkung von Ψ auf einen Zeitpunkt wird als «Wellenfunktion» bezeichnet. Streng genommen sollte man sie unterschiedlich bezeichnen, da es sich um unterschiedliche Funktionen handelt. Aber meist ist klar, was im jeweiligen Kontext gemeint ist.

30 Siehe Anmerkung 2 zum dritten Kapitel.

31 Die Unterscheidung zwischen zu untersuchendem System und Messapparatur spielt natürlich auch in der klassischen Physik eine wichtige praktische Rolle. Anders als in der Quantenmechanik unter der Kopenhagener Deutung ist sie aber nicht *theoretisch* relevant. Das Verhalten des Systems kann zwar durch die Präsenz der Messapparatur mit beeinflusst werden. Aber wenn dieser Einfluss bezüglich der interessierenden Aspekte des Systemverhaltens gering ist, so kann man das System isoliert betrachten. Die zu lösenden Differentialgleichungen bleiben von der Gegenwart der Messapparatur völlig unberührt.

32 Den Älteren ist sofort klar, dass ich hier schamlos eine kühne These Erich von Dänikens für meine Zwecke missbrauche.

6. Geist und (mathematische) Abstraktion

1 P(A) = 100 % oder P(A) = 0 % heißt dann, dass man mit maximaler Gewissheit vom Eintreten bzw. Nichteintreten von A ausgehen kann. P(A) = 50 % heißt hingegen, dass das Eintreten von A maximal ungewiss ist; man muss im gleichen Maße vom Eintreten wie vom Nichteintreten von A ausgehen.

2 $P(\neg B \mid \neg A)$ ist die Wahrscheinlichkeit, dass der Test nicht anschlägt, falls der Millionär nicht erkrankt ist. Diese soll ebenfalls 99,99 % betragen. Daher beträgt $P(B \mid \neg A)$, die Wahrscheinlichkeit, dass der Test fälschlicherweise anschlägt, obwohl der Millionär nicht erkrankt ist, nur 0,01 %.

3 In seiner ursprünglichen Form handelt es von einer Quizshow, in der der Kandidat am Ende ein Auto gewinnen kann. Das Auto steht allerdings hinter einer von drei Türen; hinter den beiden anderen steht jeweils eine Ziege. Der Kandidat soll eine der drei Türen wählen, ohne jeglichen Anhaltspunkt, hinter welcher der Türen sich das Auto befindet. Hat er eine Tür gewählt, öffnet die Quizmasterin (die selbstverständlich weiß, wo die Ziegen und das Auto stehen) eine der beiden anderen Türen – hinter der natürlich eine Ziege zum Vorschein kommt. «Bleiben Sie bei Ihrer ersten Wahl, oder wollen Sie zur anderen geschlossenen Tür wechseln?», fragt sie darauf den Kandidaten.

4 Die kinetische Gastheorie erklärt das makroskopische Verhalten von Gasen ganz im Sinne des mechanistischen Weltbildes aus dem letzten Kapitel, also im Wesentlichen durch das mikroskopische Verhalten der Gasmoleküle – als winzige miteinander kollidierende Kügelchen gedacht.

5 Arbitrage ist in diesem Zusammenhang das Erzielen eines Gewinns ohne jegliches

Verlustrisiko, allein durch geschicktes Kaufen und Verkaufen von Finanztiteln. Ein Markt ist (annähernd) arbitragefrei, wenn sämtliche für die Preisfindung relevanten Informationen allen Marktteilnehmern (nahezu) gleichzeitig zur Verfügung stehen und diese (in einem ökonomischen Sinne) *rational* agieren.

6 Da reicht es beispielsweise nicht, den Leuten einen Fragebogen vorzulegen, auf dem sie irgendeine Zahl zwischen 1 und 10 ankreuzen sollen, um den Nutzen für sich selbst einzustufen. Offenkundig sind wir alle keine instrumentell-rationalen Maximierer unserer so bestimmten Nutzenfunktion.

7 In einer Anmerkung im Geometriekapitel habe ich auf das Beispiel der Modelle verwiesen, mit denen Ratingagenturen seinerzeit Verbriefungen von Hypothekenkrediten bewerteten. Unter den Bedingungen, für die die Modelle ursprünglich entwickelt worden waren, lieferten sie durchaus zutreffende Ergebnisse. Dann schlug aber irgendwann das Modellrisiko in Form einer grundlegend veränderten Schuldnerstruktur zu – mit den bekannten Folgen im Rahmen der Finanzkrise 2008.

8 Descartes beantwortete diese Frage im Wesentlichen so: Nur über die Sinne. Doch die sinnliche Verknüpfung von geistigem Inhalt mit weltlichem Sachverhalt kann nie eindeutig sein. Deshalb ist der Geist letztendlich das einzige, wovon der Geist wahre Kenntnis haben kann. So gelangte Descartes zu seinem berühmten «cogito ergo sum».

9 Wohlgemerkt, *begriffliche* Gleichursprünglichkeit hat hier nichts mit *zeitlicher* Ordnung zu tun. Natürlich gab es schon Objekte, die in Raum und Zeit miteinander interagierten, lange bevor es Menschen oder sonstige geistesbegabte Wesen gab, die die Welt entsprechend strukturiert auffassen konnten. Zumindest muss man es nicht bestreiten, wenn man im Anschluss an Kant lediglich feststellt, dass sich die Möglichkeit begrifflicher Welterfahrung nicht durch eine vorgängige entsprechende Strukturiertheit der Welt erklären lässt – ebenso wenig, wie sich etwa die Möglichkeit, Dinge in der Welt zu zählen, durch Zahlenverhältnisse erklären ließe, die vermeintlich unabhängig von jeglicher Setzung in eine Eins-zu-eins-Beziehung bestehen.

10 Wie bereits im ersten Kapitel bemerkt, heißt das keineswegs, nur (aktive) Mitglieder einer Sprachgemeinschaft könnten denken. Es geht vielmehr um eine *begriffliche* Ordnung: Den Begriff des Denkens versteht man nur, wenn man den Begriff der Sprache versteht. Ein Wesen muss aber nicht unbedingt über den Begriff des Denkens verfügen, geschweige denn ihn verstehen, um denken zu können.

11 So hätten unterschiedliche Muskelfasern in unterschiedlichem Maße und unterschiedlicher Reihenfolge stimuliert werden können, und dies schöpft die verschiedenen Möglichkeiten bei weitem noch nicht aus.

12 Es geht bei diesem Argument selbstverständlich nicht um die Farben der Felder an sich. Es geht vielmehr darum, dass in der typischen Färbung eines Schachbretts die Farben ein *strukturelles* Merkmal anzeigen: Auf den Horizontalen und Vertikalen wechseln sich Schwarz und Weiß von Feld zu Feld ab, wohingegen die Felder auf einer Diagonalen alle dieselbe Farbe aufweisen. Der Beweis zeigt also, dass eine Überdeckung des Schachbretts mit Dominosteinen unter Aussparung zweier Felder immer dann unmöglich ist, wenn die beiden Felder über Diagonalen miteinander verbunden sind.

13 Als Geistlicher und Kind seiner Zeit sah es Darwin nicht ganz so neutral; vielmehr sah er den Evolutionsprozess als *zielgerichtet* an, hin zu einer gottgefälligen «Vervollkommnung». Das ist aber bloß protoreligiöser Ballast, der vom Eigentlichen ablenkt.

14 Die Aufgabe und Lösung habe ich den *Problemlöse-Strategien* von Arthur Engel entnommen.

Literaturverzeichnis

Anderson, Chris: The End of Theory: The Data Deluge Makes the Scientific Method Obsolete, Wired Magazine, 2008; Titelwiedergabe in eigener Übersetzung

Aquin, Thomas von: Die Summa theologiae, hrsg. v. Andreas Speer, De Gruyter, 2005

Bell, John Stewart: How to Teach Special Relativity, in: Speakable and Unspeakable in Quantum Mechanics, Cambridge University Press, 2013; zitiert in eigener Übersetzung

Bergson, Henri: Dauer und Gleichzeitigkeit, Philo Fine Arts, 2014

Berkeley, George: Schriften über die Grundlagen der Mathematik und Physik, Suhrkamp, 1969

Blumenberg, Hans: Paradigmen zu einer Metaphrologie, Suhrkamp, 2021

Cantor, Georg: Beiträge zur Begründung der transfiniten Mengenlehre, in: Mathematische Annalen 46, Teubner, 1895

Davis, Philip u. Hersh, Reuben: Erfahrung Mathematik, Birkhäuser, 1994

Dedekind, Richard: Was sind und was sollen die Zahlen, Vieweg, 1888

Einstein, Albert: Über die spezielle und die allgemeine Relativitätstheorie, Vieweg, 1969

Engel, Arthur: Problem-Solving Strategies, Springer, 1998; Titelwiedergabe in eigener Übersetzung

Feynman, Richard: The Feynman Lectures on Physics, California Institute of Technology, 2010; zitiert in eigener Übersetzung

Goethe, Johann Wolfgang von: Faust, C.H.Beck, 1996

Harper, Kyle: Fatum, C.H.Beck, 2020

Hegel, Georg Wilhelm Friedrich: Wissenschaft der Logik, Suhrkamp, 2021

Heidegger, Martin: Sein und Zeit, Niemeyer, 1993

Heuser, Harro: Lehrbuch der Analysis, Teubner, 1988

Hilbert, David: Grundlagen der Geometrie, Teubner, 1903

Hume, David: Ein Traktat über die menschliche Natur, Meiner, 2013

Kant, Immanuel: Die Kritik der reinen Vernunft, Meiner, 2003

Kehlmann, Daniel: Die Vermessung der Welt, Rowohlt, 2005

Keyenes, John Maynard: The General Theory of Employment, Interest and Money, Palgrave Macmillan, 1936; zitiert in eigener Übersetzung

Lacroix, Sylvestre François: Handbuch der Differential- u. Integralrechnung, De Gruyter, 2018

Lagrange, Joseph-Louis: Leçons Élémentaires sur la Mathematiques, in: J. A. Serret (Hrsg.), Œuvres de Lagrange, 1877; zitiert in eigener Übersetzung

Laplace, Pierre-Simon: Essai philosophique sur les probabilités, 1814; zitiert in der Übersetzung aus Höfling, Oskar: Physik, Dümmlers, 1994

Leibniz, Gottfried Wilhelm: Brief an den Herzog von Braunschweig-Wolfenbüttel, 1697

Li, David X.: On Default Correlation: A Copula Function Approach, RiskMetrics Group, 1999

Linnebo, Øystein: Philosophy of Mathematics, Princeton University Press, 2017; zitiert in eigener Übersetzung

Mach, Ernst: Die Mechanik in ihrer Entwicklung, Xenomoi, 2012

Maddy, Penelope: Second Philosophy, Oxford University Press, 2007; zitiert in eigener Übersetzung

Mann, Thomas: Der Zauberberg, Fischer, 2010

Maudlin, Tim: Philosophy of Physics – Space and Time, Princeton University Press, 2021; zitiert in eigener Übersetzung

Musil, Robert: Die Verwirrungen des Zöglings Törleß, Wiener Verlag, 1906

Newton, Isaac: Philosophiae Naturalis Principia Mathematica, 1687; zitiert aus Heuser, Harro: Lehrbuch der Analysis und de.wikipedia.org/wiki/Newtonsche_Gesetze

Padova, Thomas de: Alles wird Zahl, Hanser, 2021

Rademacher, Hans u. Toeplitz, Otto: Von Zahlen und Figuren, Springer, 1968

Rorty, Richard: Der Spiegel der Natur, Suhrkamp, 1994

Rovelli, Carlo: Die Wirklichkeit, die nicht so ist, wie sie scheint, Rowohlt, 2016

Ruder, Hanns u. Margret: Die Spezielle Relativitätstheorie, Vieweg, 1993

Russel, Bertrand: Das ABC der Relativitätstheorie, Rowohlt, 1984. Philosophie des Abendlandes, Piper, 2004

Schopenhauer, Arthur: Parerga u. Paralipomena, Diogenes (detebe), 1977

Sellars, Wilfrid: Empiricism and the Philosophy of Mind, Harvard University Press, 1997; zitiert in eigener Übersetzung

Snow, Charles Percy: The Rede Lecture, Cambridge University Press, 1959; zitiert in eigener Übersetzung

Stifel, Michael: Vollständiger Lehrgang der Arithmetik, hrsg. v. Eberhard Knobloch u. Otto Schönberger, Königshausen & Neumann, 2007

Strogatz, Steven: In Moskowitz, Clara (Hrsg.): The 11 most beautiful mathematical equations, www.livescience.com, 2017

Wallace, David Foster: Die Entdeckung des Unendlichen, Piper, 2020

Wigner, Eugene: The Unreasonable Effectiveness of Mathematics in the Natural Sciences, in: Communications in Pure and Applied Mathematics 13, Wiley, 1960; zitiert in eigener Übersetzung

Wittgenstein, Ludwig: Bemerkungen über die Grundlagen der Mathematik, Suhrkamp, 2011. Philosophische Untersuchungen, Suhrkamp, 2019